Lecture Notes in Mathematics

Edited by A. Dold and B. Eckmann

681

Séminaire de Théorie du Potentiel Paris, No. 3

Directeurs: M. Brelot, G. Choquet et J. Deny

Rédacteurs: F. Hirsch et G. Mokobodzki

Springer-Verlag
Berlin Heidelberg New York 1978

Editeurs
Francis Hirsch
E.N.S.E.T.
61, Avenue du Président Wilson
F-94230 Cachan

Gabriel Mokobodzki
Université Paris VI
Equipe d'Analyse
Tour 46-0, 4ème
4, Place Jussieu
F-75230 Paris Cedex 05

AMS Subject Classifications (1970): 31BXX, 31CXX, 31DXX, 60H05, 60J45, 47D05

ISBN 3-540-08947-0 Springer-Verlag Berlin Heidelberg New York
ISBN 0-387-08947-0 Springer-Verlag New York Heidelberg Berlin

Printed in Germany

Printing and binding: Beltz Offsetdruck, Hemsbach/Bergstr.
2141/3140-543210

Le Séminaire de Théorie du Potentiel, créé en 1957 par les Professeurs M.BRELOT, G.CHOQUET, J.DENY, se réunit une fois par semaine et accueille les mathématiciens étrangers et français qui s'intéressent à la Théorie du Potentiel et à ses prolongements dans diverses branches des mathématiques. Les conférences qui sont données dans ce cadre portent, la plupart du temps, sur des résultats très récents exposés par l'auteur lui-même.

Ce volume de Théorie du Potentiel de Paris, le troisième sous sa nouvelle présentation, est constitué essentiellement d'articles originaux développant des exposés faits en 1976 et 1977. Une note en bas de page indique, pour chaque article, la date de la conférence correspondante.

Nous espérons que la rapidité de publication et l'ampleur de la diffusion ainsi réalisées inciterons de plus en plus les mathématiciens travaillant dans le domaine de la Théorie du Potentiel à choisir ce mode de publication pour faire connaître leurs travaux. D'ores et déjà, nous tenons à remercier tous ceux qui, par leurs exposés, leur participation aux discussions, les articles qu'ils nous ont confiés, contribuent au fonctionnement et à la vie du Séminaire. Nous remerçions aussi tout particulièrement Mme STAUDENMANN qui a assuré avec beaucoup de soins et de compétence , la réalisation matérielle de ce volume.

G.MOKOBODZKI , F.HIRSCH

La présente collection prend la suite du "Séminaire Brelot-Choquet-Deny - Théorie du Potentiel" publié à l'Institut Poincaré jusqu'en 1972.

On peut se procurer les volumes de l'ancienne série à la librairie :

O F F I - L I B
48, rue Gay-Lussac
75005 - PARIS

ou en s'adressant au

Secrétariat Mathématique
de l'Institut Henri Poincaré
11,rue Pierre et Marie Curie
75005 - PARIS

TABLE DES MATIERES

LISTE DES CONFERENCES (1976-1977) NON DEVELOPPEES DANS LE PRESENT VOLUME.

DINKIN E.B.	Boundary Theory of Markov processes.
GROSS L.	Inégalités de Sobolev logarithmiques.
HANSEN W.	Sur les relations de la théorie axiomatique du potentiel avec les processus de Markov.
ITO M.	Sur les noyaux complètement harmoniques en dehors de l'ensemble diagonal. Sur un cône convexe divisible formé de noyaux de Hunt. Sur les noyaux de convolution conditionnellement sous-médians.
LEJAN	Formule de Douglas pour une forme de Dirichlet.
Mme MASTRANGELO	Propriété de Lindeberg forte sur un ouvert fin.
NGUYEN XUAN LOC	Sur un théorème de Doob appliqué aux fonctions finement harmoniques.
PAQUET.	Holomorphie de semi-groupes solutions d'équations d'évolution.
de La PRADELLE	Espaces harmoniques de Brelot associés à un espace de Dirichlet
Ben SAAD	Caractérisation simpliciale des espaces elliptiques de Bliedner-Hansen.
SJÖGREN P.	Intégrales de Poisson généralisées et L^1-faibles.
SUNYACH	Principe semi-complet du maximum et noyaux potentiels.
TAYLOR J.C.	Sur quelques exemples de frontière de Martin.
VEECH	Fonctions harmoniques et marches aléatoires.

PRINCIPE DE L'ENVELOPPE INFERIEURE POUR DES POTENTIELS PRIS PAR RAPPORT A UNE FORME DE DIRICHLET

par A.ANCONA*

CADRE : Dans toute la suite H est un espace vectoriel réel ordonné par un cône convexe saillant H^+ , et a une forme bilinéaire réelle sur H. La relation d'ordre sur H est notée $x \leq y$. On fait les deux hypothèses suivantes :

1°- $(H,\leq)$ est un espace de Riesz.

On posera $x_+ = \sup(x,o)$, $x_- = \sup(-x,o)$

2)- a est positive, et la contraction module opère sur (H,a), c'est à dire que :

$$\text{(i)} \quad \forall u \in H \qquad a(u,u) \geq 0$$

$$\text{(ii)} \quad \forall u \in H \qquad a(u^+,u^-) \leq 0.$$

On introduit un cône convexe $\mathcal{P}_a$ (cône des a-potentiels) en posant :

$$\mathcal{P}_a = \{u \in H;\ \forall v \in H^+ ,\ a(u,v) \geq 0\} .$$

On se propose de montrer ici que sous certaines conditions le cône $\mathcal{P}_a$ est inf-stable, ce qui constitue une extension, et une

* Transmis le 5/12/77.

nouvelle démonstration d'une propriété bien connue des espaces de Dirichlet de Beurling et Deny ([1], [3],[4]). Nous utiliserons pour cela deux définitions :

DEFINITION 1 :

a) - On dira que l'application $u \rightsquigarrow u^+$ est faiblement hémicontinue, si pour tout triplet $(\varphi,\psi,u) \in H^3$, l'application $t \to a((\varphi+t\psi)^+,u)$ est continue sur $\mathbb{R}$.

B - On dira que a est pseudo symétrique, s'il existe une constante $M \geqslant 0$ telle que

$$\forall u,v \in H \qquad |a(u,v)|^2 \leqslant M \quad a(u,u)\ a(v,v)$$

(Exemple : a symétrique et positive !)

THEOREME 2 : *Si l'application $u \rightsquigarrow u^+$ est a-faiblement hémicontinue, ou si a est pseudo-symétrique, le cône $\mathcal{P}_a$ est inf-stable.*

La démonstration repose sur le lemme suivant :

LEMME : *Dans l'une ou l'autre des hypothèses du théorème, on a, pour $(u,\varphi) \in H^+ \times H^+$*

$$a(u,\varphi) \leq \liminf_{\begin{cases}\varepsilon \to 0\\ \varepsilon > 0\end{cases}} a(u,\varphi \wedge \frac{u}{\varepsilon})$$

[Remarquer que ce lemme exprime d'une certaine façon que u est "sous-harmonique" sur l'ensemble $\{u = 0\}$]

Comme la contraction module opère sur (H,a), on a

$$a((u-\varepsilon\varphi)^+,\ (\frac{u}{\varepsilon}-\varphi)^-)) \leqslant 0$$

d'où

$$a((u-\varepsilon\varphi)^+,\varphi) \leqslant a((u-\varepsilon\varphi)^+,\varphi \wedge \frac{u}{\varepsilon})$$

Comme $(u-\varepsilon\varphi)^+ = u - (\varepsilon\varphi) \wedge u$

on a

$$a(u,\varphi) \leqslant a(u,\varphi \wedge \frac{u}{\varepsilon}) + a(\varepsilon\varphi \wedge u,\ \varphi - \varphi \wedge \frac{u}{\varepsilon}).$$

Le lemme découlera donc facilement de la majoration :

$$\limsup_{\varepsilon \to 0} a(\varepsilon\varphi \wedge u,\ \varphi - \varphi \wedge \frac{u}{\varepsilon}) \leqslant 0$$

a) Supposons que a est pseudo-symétrique; posons $a(v,v) = \|v\|^2$; on a, pour une constante $M > 0$ convenable :

$$\varepsilon > 0 : a(\varepsilon\varphi \wedge u,\varphi - \varphi \wedge \frac{u}{\varepsilon}) \leqslant M.\|\varepsilon\varphi \wedge u\| - \frac{\|\varepsilon\varphi \wedge u\|^2}{\varepsilon}$$

d'où, par une majoration élémentaire du trinôme $Mt - \frac{t^2}{\varepsilon}$,

$$a(\varepsilon \quad \wedge u,\ - \quad \wedge \frac{u}{\varepsilon}) \leqslant \frac{M^2\varepsilon}{2} - \frac{1}{\varepsilon}\,\frac{M^2\varepsilon^2}{4} = \frac{M^2}{2}(1-\frac{1}{2}) = \frac{M^2\varepsilon}{4}$$

et la majoration voulue s'ensuit.

b) Supposons que $u \rightsquigarrow u^+$ est a-faiblement hémicontinue: on a alors

$$a(\varepsilon\varphi \wedge u,\varphi - \varphi \wedge \frac{u}{\varepsilon}) \leqslant a(\varepsilon\varphi \wedge u,\varphi)$$

et par hypothèse

$$\lim_{\varepsilon \to 0} a(\varepsilon\varphi \wedge u,\varphi) = 0$$

Ce qui achève d'établir le lemme.

Démonstration du théorème :

Il s'agit d'établir que si $p,q \in \mathcal{P}_a$, et $\varphi \in H^+$, on a :

$$a(p \wedge q,\varphi) \geqslant 0$$

ou ce qui revient au même

$$a((p-q)^+,\varphi) \leqslant a(p,\varphi) \qquad (1)$$

Posons à cet effet, pour $\varepsilon > 0$, $\psi_\varepsilon = \varphi \wedge \frac{(p-q)^+}{\varepsilon}$

D'après le lemme précédent :

$$a((p-q)^+,\varphi) \leqslant \liminf_{\varepsilon \to o} a((p-q)^+,\psi_\varepsilon) \qquad (2)$$

Comme $(p-q)^-$ et ψ_ε sont des éléments étrangers de H^+, il vient

$$a((p-q)^+,\psi_\varepsilon) \leqslant a(p-q)^+ - (p-q)^-,\psi_\varepsilon) = a(p-q)\psi_\varepsilon)$$

On sait que $a(q,\psi_\varepsilon) \geqslant 0$ (car $q \in \mathcal{P}_a$), d'où

$$a((p-q)^+,\psi_\varepsilon) \leqslant a(p,\psi_\varepsilon)$$

Mais $p \in \mathcal{P}_a$, et $\psi_\varepsilon \leqslant \varphi$, donc :

$$a((p-q)^+,\psi_\varepsilon) \leqslant a(p,\varphi) \qquad (3)$$

Utilisons alors, la relation (2): on obtient la relation cherchée (1).

Exemples :

1) Lorsque (H,a) est un espace de Dirichlet (i.e a est pseudo-symétrique définie > 0 , H complet et H_+ fermé par rapport à la norme $\|u\| = \sqrt{a(u,u)}$, on sait que les deux hypothèses du théorème ont lieu simultanément ($u \to u^+$ est même fortement continue sur H) ([1] ,[2]).

2) Prenons pour H l'espace de Sobolev $H^1_o(\Omega)$, associé à un ouvert bornée Ω de $\mathbb{R}^{n+1}$, et obtenu par complétion de l'espace des fonctions de classe C^∞ et à support compact dans Ω pour la norme $\|\varphi\| = \sqrt{\int_\Omega \vec{\nabla\varphi}^2 dx}$, et posons

$$a(u,v) = \int_\Omega \left(\frac{\partial u}{\partial x_{n+1}} . V + \sum_{i=1}^{n} \frac{\partial u}{\partial x_i} . \frac{\partial v}{\partial x_i}\right) dx.$$

a n'est pas pseudo-symétrique, néanmoins $u \to u^+$ est a-faiblement hémicontinue.

Le théorème montre l'inf-stabilité du cône des éléments

$u \in H^1_o(\Omega)$ qui vérifient l'inégalité (au sens des distributions)

$$\frac{\partial u}{\partial x_{n+1}} - \sum_{i=1}^{n} \frac{\partial^2 u}{\partial x^2} \geqslant 0 \quad \text{sur } \Omega .$$

3) Donnons un exemple où a est symétrique où l'application $u \rightsquigarrow u^+$ n'est pas a-faiblement hémicontinue :

On prend pour H l'espace des fonctions réelles affines par morceaux, continues sur l'intervalle $[-1, +1]$ et on pose ($u'_d(o)$ et $v'_d(o)$ désignant les dérivées à droites en o de u et v respectivement)

$$a(u,v) = u'_d(o)v'_d(o) + \int_{-1}^{+1} u(t)v(t)dt.$$

Posons aussi, $\varphi(t) = 1+t$, $u(t) = |t|$; alors $a(\varepsilon\varphi \wedge u,\varphi)$ tend vers 1 quand $\varepsilon \to 0$, ce qui contredit l'hémicontinuité faible.

4) Voici enfin un exemple, qui montre qu'en général, sans hypothèses supplémentaires dans le cadre où on s'est placé, le cône $\mathcal{P}_a$ n'est pas inf-stable :

Continuons à désigner par H l'espace des fonctions réelles affines par morceaux sur $(-1,+1)$, par $u'_g(o)$, $u'_d(o)$ les dérivées à gauche et à droite de $u \in H$ au point O; posons :

$$a(u,v) = v(o)[u'_d(o) - u'_g(o)] - u(o)[v'_d(o) - v'_g(o)]$$

On vérifie facilement que a est $\geqslant 0$ sur H, et que la contraction module opère sur H; on détermine le cône $\mathcal{P}_a$:

$$\mathcal{P}_a = \{u \in H^+;\ u(o) = 0,\ u'_d(o) - u'_g(o) \geqslant 0\}.$$

Il est clair que $\mathcal{P}_a$ n'est pas inf-stable.

B I B L I O G R A P H I E

[1] A. ANCONA:
Contraction module et principe de Réduite dans les espaces ordonnés à forme coercive.
C.R.A.S., t. 275, Série A, p. 701.

[2] A. ANCONA:
Continuité des contractions dans les espaces de Dirichlet.
Séminaire de théorie du potentiel N°2, Paris - Springer 1976.

[3] A. BEURLING, J.DENY:
Dirichlet Spaces.
Proc. Nat. Acad. Sci. 45(1959) p.259-271.

[4] J. DENY:
Méthodes hilbertiennes en théorie du potentiel.
Centre internazionale Matematico Estivo, Stresa 1969.

par A. ANCONA
Equipe d'Analyse - ERA 294
Université Paris VI
4, place Jussieu
75005 PARIS

APPLICATIONS DE LA THEORIE DU POTENTIEL

A DES PROBLEMES DE CONTROLE

par Jean-Michel BISMUT *

Nous avons étudié dans [3] un jeu sur des temps d'arrêt, et montré qu'on se ramenait à résoudre un système dont les inconnues sont deux fonctions excessives f et f' d'un processus droit donné. Nous avons par ailleurs donné des formules permettant de calculer f et f' comme les fonctions gains de deux problèmes d'optimisation. Ces formules ont été étendues dans [6] par Mokobodzki et par nous dans [2].

Le présent exposé donne brièvement les principaux résultats obtenus dans [2] . Ceux-ci concernent :

a) - l'extension des résultats de [3] dans le cadre de la théorie générale des processus, et donc à des processus de Markov plus généraux que les processus étudiés dans [3] .

b) - la construction de la solution du système étudié en [3]

* Cet article est la rédaction détaillée de l'exposé du 20/OI/77.

lorsqu'on considère deux ou n processus au lieu d'en considérer un seul.

c) - la régularité des solutions de ce système.

L'ensemble de ces résultats est appliqué dans [2] à des problèmes de contrôle alternatif ou impulsionnel. Les preuves sont développées dans [2] .

I.- UN JEU STOCHASTIQUE

Soit (Ω,F,P) un espace probabilisé complet, muni d'une suite croissante et continue à droite de sous-tribus $\{F_t\}$ complètes de F.

X et X' sont deux processus bornés optionnels cadlag sur $[0, +\infty]$, tels que $X_{+\infty} = X'_{+\infty} = 0$.

Si Y est un processus optionnel borné, RY est l'enveloppe de Snell de Y au sens de Mertens [4] , i.e. la plus petite surmartingale optionnelle forte $\geq Y$.

On suppose qu'il existe deux surmartingales optionnelles fortes et bornées $\tilde{Z}$ et $\tilde{Z}'$ telles que :

(1.1) $\quad X \leq \tilde{Z} - \tilde{Z}' \leq -X'$.

On considère la suite de surmartingales cad ≥ 0 :

$$Z_1 = RX \qquad Z'_1 = RX'$$

$$\text{(I.2)} \qquad Z_{i+1} = R(Z'_i+X) \qquad Z'_{i+1} = R(Z_i+X')$$

On a :

THEOREME 1. $\{Z_i\}$ *et* $\{Z'_i\}$ *sont des suites croissantes de surmartingales* ≥ 0 *cadlag convergeant vers les surmartingales bornées* ≥ 0 *cadlag* Z *et* Z'. *On a :*

$$\text{(I.3)} \qquad Z = R(Z'+X) \qquad Z' = R(Z+X')$$

Si $(\tilde{Z}_1,\tilde{Z}'_1)$ *est un couple de surmartingales bornées* ≥ 0 *cadlag telles que :*

(1.4) $X \leq \tilde{Z}_1 - \tilde{Z}'_1 \leq -X'$

(resp.

(1.5) $\tilde{Z}_1 = R(\tilde{Z}'_1 + X) \qquad \tilde{Z}'_1 = R(\tilde{Z}_1 + X')$)

alors :

(1.6) $Z \leq \tilde{Z}_1 \qquad Z' \leq \tilde{Z}'_1$

(resp.

(1.7) $Z - Z' = \tilde{Z}_1 - \tilde{Z}'_1 \qquad Z << \tilde{Z}_1 \qquad Z' << \tilde{Z}'_1$)

Soit ^{3} l'opérateur de projection prévisible. Si $^3X \geq X^-$ (resp. $^3 X' \geq X'^-$), Z (resp. Z') est une surmartingale régulière.

<u>Preuve</u> : La régularité de Z ou Z' est difficile à démontrer. Nous renvoyons à [2].

Lorsque X <u>et</u> X' vérifient les dernières hypothèses du théorème 1, on montre que le jeu

(I.8) $\inf_{T'} \sup_{T} E(1_{T \leq T'} X_T - 1_{T' < T} X_{T'})$

a une solution donnée par

(1.9) $T = D_B \qquad T' = D_{B'}$

où B et B' sont les fermés optionnels droits

(1.10) $B = (Z - Z' = X) \qquad B' = (Z - Z' = -X')$.

On peut appliquer ces résultats aux processus de Markov droits. On retrouve en particulier les résultats de Bensoussan et Friedman [1] sous des hypothèses plus faibles.

2.- <u>UN SCHEMA ITERATIF COMPLEXE</u>

E est un espace lusinien métrisable, auquel on adjoint un point cimetière $\{\delta\}$, où toutes les fonctions s'annulent. Ω est l'espace des fonctions définies sur R^+ à valeurs dans $E \cup \{\delta\}$ qui sont cad .

x et x' sont deux processus droits transients à valeurs dans $E \cup \{\delta\}$, à durée de vie finie, ayant tous deux comme cimetière δ . Si λ est une mesure ≥ 0 bornée sur E, P_λ et P'_λ désignent les mesures sur Ω associées à x et x', quand la mesure d'entrée est λ .

Pour des raisons techniques,on fait l'hypothèse que les fonctions excessives pour x et pour x' sont boréliennes (cette hypothèse est inutile si $x = x'$).

K et K' sont les cônes de fonctions fortement surmédianes pour x et x'.

En suivant Rost [7] , on pose la définition suivante :

<u>DEFINITION 2.1</u>: Si λ et μ sont des mesures bornées sur E, on écrit $\lambda < \mu$ (resp. $\lambda \overset{\prime}{<} \mu$) si pour tout $f \in K$(resp.K'), on a:

$$(2.1) \qquad \langle \mu, f \rangle \leq \langle \lambda, f \rangle$$

Si $\lambda < \mu$ (resp. $\lambda \overset{\prime}{<} \mu$) avec λ et $\mu \geq 0$, on sait par Rost [7] que μ est une mesure d'arrêt associée à P_λ(resp.P'_λ).

R et R' sont les opérateurs de réduite relativement à K et K'.

<u>DEFINITION 2.2</u>: Soit M une suite de mesures $\mu_n \geq 0$ finies sur E. On écrit $|M| << n$ si, pour $i \geq n+1$, $\mu_i = 0$. Si λ est une mesure ≥ 0 finie, on écrit $\lambda << M$(resp. $\lambda << M'$) si

$$(2.2) \qquad \lambda < \mu_1 \overset{\prime}{<} \mu_2 < \mu_3 \overset{\prime}{<} \ldots$$

(resp.

$$(2.2') \qquad \lambda \overset{\prime}{<} \mu_1 < \mu_2 \overset{\prime}{<} \mu_3 \quad \ldots$$

Soient G et G' deux fonctions boréliennes bornées. Si $M = (\mu_n)$ est telle que $|M| < +\infty$, on pose :

(2.3) $\quad < M,(g,g') > \;=\; \sum_{0}^{+\infty} \mu_{2i+1}\, g + \sum_{1}^{+\infty} \mu_{2i}\, g'$

On définit la suite (f_i, f_i') par récurrence :

(2.4) $\quad f_1 = Rg \quad f_1' = R'g' \quad f_{i+1} = R(f_i'+g) \quad f_{i+1}' = R'(f_i+g')$

On vérifie par récurrence que les (f_i, f_i') sont des fonctions boréliennes. On a alors :

PROPOSITION 2.1 : *Pour toute mesure ≥ 0 finie λ, on a :*

(2.5) $$\langle \lambda, f_i \rangle = \sup_{\substack{|M| \leq i \\ \lambda << M}} < M,(g,g') >$$

L'interprétation de la formule (2.5) est très simple. En effet soit $T_1, ..T_n...$ une suite croissante de temps d'arrêt algébriques sur Ω . On peut alors construire sur Ω la loi d'un nouveau processus obtenu par concatenation des processus x et x', i.e. le processus suit la loi de x du temps 0 jusqu'à T_1, puis la loi de x' de T_1 à T_2 avec $x'_{T_1} = X_{T_1}$, puis la loi de x de T_2 à T_3 etc.... La formule (2.5) indique que f_i est la fonction gain d'un problème d'optimisation où le critère dépend des temps de transition $T_1, ...T_i$.

La suite (f_i, f_i') est trivialement croissante. Elle converge donc vers un couple de fonctions boréliennes (f,f'). On a alors :

THEOREME 2.1: *Pour toute mesure ≥ 0 finie sur E, on a :*

(2.6) $$< \lambda, f > = \sup_{|M| < \infty \;\; \lambda << M} < M,(g,g') >$$

(2.7) $\quad f = R(f'+g) \qquad f' = R'(f+g')$

Preuve : Il suffit de passer à la limite dans (2.4)-(2.5).

On suppose désormais que f et f' sont finies partout. On vérifie qu'une condition nécessaire et suffisante pour que cette propriété soit satisfaite est qu'il existe $\tilde{f} \in K$ et $\tilde{f} \in K'$ finies telles que :

(2.8) $\quad g \leqslant \tilde{f}-\tilde{f}' \leqslant -g'$

Alors :

(2.9) $\quad f \leqslant \tilde{f} \qquad f' \leqslant \tilde{f}'$.

On a le résultat intermédiaire suivant :

PROPOSITION 2.2. Soit λ une mesure $\geqslant 0$ finie sur E, M une suite de mesures $\mu_n \geqslant 0$ finies telles que $|M| < \infty$ $\lambda << M$. On pose :

(2.10) $\quad m = \sum_{0}^{+\infty} \mu_{2i+1} \qquad m' = \sum_{1}^{+\infty} \mu_{2i}$

Alors

(2.11) $\quad \lambda < m-m' \overset{,}{<} 0$

On en déduit immédiatement le résultat qui généralise le Théorème III.4 de [3] et qui a été obtenu indépendamment par Mokobodzki [5] quand $x = x'$:

THEOREME 2.2. Pour toute mesure $\lambda \geqslant 0$ finie sur E, on a :

(2.12) $$f = \sup_{\substack{m,m' \geqslant 0 \text{ finies} \\ \lambda < m-m' \overset{,}{<} 0}} \langle m,g\rangle + \langle m',g'\rangle$$

Preuve : On utilise le Théorème 2.1 et la Proposition 2.2.

L'interprétation du Théorème 2.2 est intéressante. En effet :

Proposition 2.3. Soient m et m' deux mesures $\geqslant 0$ finies sur E telles que $\lambda < m-m' \overset{,}{<} 0$. Il existe $M=(\mu_n)$ telle que $\lambda << M$ et deux mesures $\geqslant 0$ finies m_1 et m_1' telle que :

$$m = \Sigma\, \mu_{2i+1} + m_1$$

$$(2.13) \qquad m' = \Sigma\, \mu_{2i} + m_1'$$

$$m_1 \overset{'}{<} m_1' < m_1$$

<u>Preuve</u> : On utilise les résultats de Meyer-Mokobodzki-Rost dans [5].

Si $x = x'$, $m_1 = m_1' = 0$. Dans le cas général, on a :

$$(2.14) \qquad \langle m_1, g\rangle + \langle m_1', g'\rangle \leqslant 0$$

On a donc bien élucidé le rapport entre les Théorèmes 2.1 et 2.2 Le théorème 2.1 dit en effet que f est la fonction gain d'un problème d'optimisation où on fait alterner les processus x et x' un nombre fini de fois. Grâce aux Propositions 2.2 et 2.3, la formule (2.12) est quasiment équivalente. On peut en effet éliminer (m_1, m_1') dans la décomposition (2.13) pour atteindre le sup dans (2.12). L'identité de (2.6) et (2.12) montre que f est la fonction gain du problème d'optimisation quand l'espérance $\langle m+m', 1\rangle$ du nombre d'alternances est finie. Il est pour le moins paradoxal que, lorsque $x = x'$, grâce aux résultats de la partie 1 , on a résolu un problème de jeu qui est apparemment indépendant du problème d'optimisation posé ici.

3.- <u>REGULARITE DU COUPLE (f,f')</u>

Lorsque $x = x'$ est un processus fortement fellerien, si g et g' sont des potentiels de fonctions boréliennes bornées, grâce aux résultats de 1, on peut montrer que f et f' sont continues. Dans le cas général où $x \neq x'$, on ne peut généralement rien dire sur la régularité de f et f'.

Toutefois supposons que x et x' sont deux diffusions de Stroock et Varadhan [8] à valeurs dans R^d , tuées respectivement par les fonctionnelles e^{-pt} et $e^{-p't}$ avec $p, p' > 0$.

g et g' sont deux fonctions continues(resp. s.c.s.) bornées définies sur R^d à valeurs dans R .

On suppose qu'il existe $\tilde{f}$ p-excessive pour x et $\tilde{f}'$ p'-excessive pour x' , continues et bornées, et $\beta > 0$, tels que :

(3.1) $g+\beta \leq f-f' \leq -g'-\beta$

THEOREME 3.1. *Si g et g' sont continues(resp. s.c.s.), les fonctions (f_i, f'_i) forment une suite croissante de fonctions continues(resp. s.c.s.) convergeant uniformément sur tout compact (resp. simplement) vers les fonctions continues(resp. s.c.s.) (f,f').*

Preuve : La difficulté essentielle réside dans la démonstration du fait que f et f' sont s.c.s. On utilise des techniques plus fines qu'en [3] où on pouvait démontrer directement la convergence uniforme. On utilise ici une forme du Théorème de Hahn-Banach, et la compactification de Čech de R^d .

Soient A et B les fermées :

$$A = (f-f'= g) \qquad B = (f-f'= -g')$$

THEOREME 3.2. *(f,f') est le seul couple de fonctions s.c.s. bornées tel que :*

(3.2) $f = R(f'+g) \qquad f' = R'(f+g')$

De plus, pour toute mesure $\lambda \geq 0$ finie sur R^d , le sup dans (2.12) est atteint par les séries convergentes

(3.3) $m = \lambda(Q^A + Q^A Q'^B Q^A + \dots)$

(3.3') $m' = \lambda(Q^A Q'^B + (Q^A Q'^B)^2 + \dots)$

où Q^A et Q'^B sont les noyaux associés aux temps d'arrêt D_A et D_B pour x et x' .

On peut alors démontrer des résultats de dépendance continue des solutions de (3.2) par rapports aux drifts des diffusions, et par rapport à g et g'.

4.- LE CAS CONTRAINT

On se replace sous les hypothèses de 2 . Si A et B sont des fermés de E , on peut remplacer R et R' par $R1_A$ et $R'1_B$ dans 2.

Dans (2.2) et (2.5) on supposera que μ_{2i+1} est portée par A et μ_{2i} par B. On remplacera (3.1) par :

(4.1) $\quad g \leqslant \tilde{f}-\tilde{f}'$ sur $A \qquad g' \leqslant \tilde{f}'-f$ sur B .

On aura également des résultats de régularité comparables aux résultats de 3 quand A et B sont disjoints ou égaux.

On peut naturellement étendre tous les résultats précédents à des chaînes alternantes de processus de longueur n au lieu de chaînes de longueur 2 .

5.- UNE EQUATION FONCTIONNELLE

Considérons le système

(5.1) $\quad f = R(g-f') \qquad f'= R(g'-f)$

On constate qu'une méthode itérative ne donne aucun résultat pour résoudre (5.1).

On se place alors sous les hypothèses de 3, avec $x = x'$. On suppose de plus que g et g' sont les p-potentiels de fonctions boréliennes bornées L et L'. On a alors :

THEOREME 5.1. *Il existe au moins un couple de fonctions continues bornées (f,f') solution de (5.1).*

Preuve : On utilise le Théorème de point fixe de Brouwer-Kakutani.

Il n'y a en général pas unicité. En effet si $g = g'$, $(f=0, f'=Rg)$ et $(f=Rg, f'=0)$ sont solutions de (5.1).

Soient A^+ et B^+ les fermés

(5.2) $\qquad A^+ = (g \geqslant 0) \qquad B^+ = (g' \geqslant 0)$

On suppose que $d(A^+, B^+) > 0$. Si λ est $\geqslant 0$ finie, si $\lambda << M$ avec μ_{2i+1} portées par A^+ et μ_{2i} par B^+, on peut définir sans ambiguité $\langle M, (g, -g') \rangle$.

Si C et D sont des boréliens, on pose :

(5.3) $\qquad M_\lambda^{(C,D)} = (\lambda Q^C, \lambda Q^C Q^D, \lambda Q^C Q^D Q^C \ldots)$

Pour $C \subset A^+$, $D \subset B^+$, on pose :

(5.4) $\qquad F_\lambda(C,D) = \langle M_\lambda^{(C,D)}, (g, -g') \rangle$

<u>THEOREME 5.2.</u> *Il existe un seul couple (f, f') de fonctions continues bornées solution de (5.1). Si A et B sont les fermés*

(5.5) $\qquad A = (f + f' = g) \qquad B = (f + f' = g')$

alors $A \subset A^+$, $B \subset B^+$. Pour toute mesure $\lambda \geqslant 0$ finie, et tout couple de boréliens C et D tels que $C \subset A^+$, $D \subset B^+$, on a :

(5.6) $\qquad F_\lambda(C,D) \leqslant F_\lambda(A,B) \leqslant F_\lambda(A,D)$

f peut être définie par la formule :

(5.7) $\qquad f(x) = \inf_{D \subset B^+} \sup_{C \subset A^+} F_x(C,D) = \sup_{C \subset A^+} \inf_{D \subset B^+} F_x(C,D)$

<u>Preuve</u> : Nous renvoyons au Théorème 2.11 de [2].

REFERENCES

[1] BENSOUSSAN A. et FRIEDMAN A.
Non linear variational inequalities and differential games with stopping times.
J.funct. Anal., 16, 305-352. (1974)

[2] BISMUT J.M.
Processus alternants et applications. A paraître.

[3] BISMUT J.M.
Sur un problème de Dynkyn.
Z. Wahrscheinlichkeitstheorie verw. Gebiete,39,31-53(1977)

[4] MERTENS J.F.
Théorie des processus stochastiques généraux.Applications aux surmartingales.
Z. Wahrscheinlichkeitstheorie verw. Gebiete,22,45-68(1972)

[5] MEYER P.A.
Le schéma de remplissage en temps continu d'aprèsH.Rost. Séminaire de Probabilités n°VI, Lecture Notes in Mathématics n°258, 130-150. Berlin-Heidelberg-New-York : Springer 1972.

[6] MOKOBODZKI G.
Exposé figurant dans ce volume

[7] ROST H.
The stopping distribution of Markov process. Inventiones Inventiones Math., 14, 1-16(1971).

[8] STROOCK D.W. and VARADHAN S.R.S.
Diffusion processes with continuous coefficients.
Comm. Pure and Applied Math., XXII, 345-400, 479-530(1969).

Jean-Michel BISMUT
191 Rue d'Alésia
75014 - Paris

EQUATION DE WEINSTEIN ET POTENTIELS DE MARCEL RIESZ

par Marcel BRELOT *

1. L'équation

$$(1) \qquad L_k(u) = \Delta u + \frac{k}{x_n} \frac{\partial u}{\partial x_n} = 0$$

de Euler-Poisson-Darboux, dite parfois équation de Weinstein qui l'a beaucoup étudiée avec ses élèves, dans le demi-espace $E(x_n > 0)$ de R^n (k réel quelconque), importante en mécanique des fluides, a déjà été étudiée dans ce séminaire (1972-74) en résumant deux articles du Bulletin de l'Académie royale (Sciences) de Belgique ([1],[2]) en collaboration avec Mme B. Brelot-Collin).

On y donne grâce à l'axiomatique des fonctions harmoniques, une réprésentation intégrale des solutions positives et une étude d'allure à la frontière du type Fatou modernisé. Depuis, un 3ème article ([3] , même collaboration) a développé une question analogue mais locale, dans une demi-boule centrée sur le plan $P(x_n = 0)$ et la conférence du séminaire a porté surtout sur ce point. Il est d'ailleurs plus facile pour l'allure à la frontière de se ramener au cas du demi-espace au moyen d'un prolongement, à une solution locale près s'annulant sur P, prolongement obtenu par un procédé alterné. Mais cela ayant été publié en détail dans [3], il est inutile de l'exposer ici.

* Cet article est une rédaction détaillée de l'exposé du 17/03/77.

Je vais rappeler d'abord quelques résultats dans le demi-espace, soit anciens soit récents de [1][2] et remarquer que la représentation intégrale dans le demi-espace met en évidence des potentiels de M. Riesz dans R^n pour des masses $\geqslant 0$ sur P. Cela va fournir des résultats nouveaux de ces potentiels particuliers et inspirer une étude directe de ces potentiels de mesure quelconque > 0 dans R^n, étude déjà esquissée au Séminaire et ailleurs et bien plus développée dans une conférence récente à Bielefeld (12 juillet 77). Nous allons compléter et détailler ce sujet en donnant des démonstrations. Grâce aux moyens modernes utilisés et à une adaptation convenable des études anciennes sur l'effilement classique [4], on peut apporter des résultats paraissant nouveaux que l'on ne trouve pas dans les exposés classiques anciens de Frostman [12] ou récents de Landkoff [16].

Ière PARTIE

APPLICATION DIRECTE DE L'EQUATION (1) AUX POTENTIELS DE M. RIESZ

2-Rappels

a) Si u est solution de $L_k(u) = 0$, ux_n^{k-1} est solution de $L_{2-k}(u) = 0$ (principe de correspondance), ce qui permet de se ramener au cas de $k \leqslant 1$ où l'on dispose de plus de moyens directs.

b) D'ailleurs si k est un entier > 0 et u solution > 0, $u(x_1, \ldots, x_{n-1}, \sqrt{x_n^2 + \ldots + x_{n+k}^2})$ est harmonique au sens usuel dans l'espace R^{n+k} diminué de la variété (d'ailleurs ensemble polaire): $x_n = 0 \ldots x_{n+k} = 0$.

c) Enfin la transformation de Kelvin généralisée $x \Longleftrightarrow x'$ (inversion de centre O, puissance 1) et nouvelle fonction $\dfrac{v(x')}{|x'|^{n-2+k}}$ avec $v(x') = u(x)$ établit une correspondance commode entre les études à l'infini et au voisinage d'un point de P (par ex. O).

d) Si l'on part du demi-espace $E(x_n > 0)$ avec topologie euclidienne (donc à base dénombrable d'ouverts) et qu'on y place le faisceau des solutions de $L_k(u) = 0$, dites L_k-harmoniques, on voit que celles-ci satisfont aux axiomes de l'axiomatique de Brelot [6, 7, 8]. Définition évidente des fonctions L_k-surharmoniques et des L_k-potentiels. L'existence de deux solutions > 0 non proportionnelles montre a priori celle de L_k-potentiels > 0.

Il y a même L_k-harmonicité des constantes, la propriété de proportionnalité locale", celle des boules d'être complètement déterminantes (et même la validité de l'axiome D inutile ici).

e) On sait encore que l'expression de Weinstein, si $k \leqslant 1$

$$(2) \qquad W_{x^o}(x) = x_n^{1-k} \int \frac{\operatorname{Sin}^{1-k} t\,dt}{(|x - x^\circ|^2 + 2x_n x^\circ_n (1-\cos t))^{\frac{n-k}{2}}}$$

est un potentiel de support ponctuel $x^\circ(x_1^\circ, x_2^\circ \ldots, x_n^\circ)$, d'ailleurs unique à un facteur près)

f) On sait que les fonctions de x, L_k-harmoniques > 0 "minimales"[(1)] sont proportionnelles :

pour $k \leqslant 1$ à x_n^{1-k} et $x_n^{1-k}|x - y|^{k-n}$,

pour $k \geqslant 1$ à 1 et $|x - y|^{2-k-n}$ $y \in P$.

Les pôles[(2)] correspondants sur la frontière euclidienne sont d'ailleurs le point à l'infini $\mathcal{A}$ et $y \in P$ et cela permet

---

(1) c. à d. telles que toute minorante L_k-harmonique > 0 soit proportionnelle.

(2) X de $P' = P \cup \{A\}$ est pôle de u minimale si $u = \inf v$ pour les v L_k-surharmoniques $\geqslant 0$ telles que lim inf v/k en X soit $\geqslant 1$, en topologie euclidienne complétée selon Alexandroff (voir à ce sujet (14)).

d'obtenir la représentation intégrale générale unique des fonctions L_k-harmoniques $\geqslant 0$ soit :

$$(3) \quad K \leqslant 1 \quad C.x_n^{1-k} + x_n^{1-k} \int |x-y|^{k-n} d\mu(y)$$

(μ mesure $\geqslant 0$ sur P)

$$K \geqslant 1 \quad C \quad + \quad \int |x-y|^{2-k-n} d\mu(y).$$

Les masses sont sur $P' = P \cup \{\mathcal{A}\}$, d'ailleurs homéomorphe à la frontière de Martin. La mesure sera notée μ_u dont la partie précédente μ sur P.

On voit apparaitre le potentiel de M.Riesz

$$\int |x-y|^{k-n} d\mu(y) \quad (k \leqslant 1 \ , \ \mu \text{ sur } P)$$

g) Le L_k-effilement (minimal) d'un ensemble e dans E en un point $X \in P'$ est défini par la condition

$$(4) \quad R^e_{K_X} \neq K_X \ ^{(3)} \qquad (K_X \text{ fonction minimale de pôle } X)$$

ou encore l'existence d'un L_k-potentiel majorant K_X sur e.

On voit que les L_k et L_{2-k}-effilements sont identiques.

Une limite L_k-fine (minimale) en X d'une fonction sur E est la limite selon le filtre des complémentaires (dans E) des effilés en X au sens précédent. On sousentendra "minimal" pour l'effilement ou les limites fines relatifs à L_k en $X \in P'$.

D'après Gowrisankaran [13] qui a étendu à l'axiomatique un résultat de Doob en théorie classique, si u est L_k-surharmonique $\geqslant 0$ et h L_k-harmonique > 0, $\frac{u}{h}$ admet une limite L_k-fine finie en tout X de P' sauf sur un ensemble de μ_h-mesure nulle (C. à d. pour la mesure correspondant à h dans la représentation intégrale de h.)

---

(3) $R^e_{K_X}$ vaut l'enveloppe inférieure des L_k-surharmonqiues $\geqslant 0$ majorant K_X sur e.

D'où des énoncés variés en particularisant X et h. Ainsi pour $k < 1$, $h = 1$, la mesure associée à h est proportionnelle à la mesure de Lebesgue sur P et u admet une limite L_k-fine finie presque partout sur P.

h) Etendant un résultat classique de Brelot-Doob ($k = 0$), on a établi dans [2] que la limite L_k-fine d'une fonction L_k-harmonique > 0 ou du quotient de deux telles fonctions en un point de P ou en $\mathcal{A}$ entraine la limite angulaire(4) égale en ce point.

Lorsque k est entier $\geqslant 1$, on a même pu montrer, en utilisant la propriété (b), que si u est L_k-harmonique > 0, il y a limite angulaire en tout point de P(comme d'ailleurs en $\mathcal{A}$)

3 - Applications aux potentiels de M. Riesz

a) En faisant le quotient de deux solutions de (1), on trouve que l'expression pour $k \leqslant 1$

$$\frac{C_1 + \int |x - y|^{k-n} d\mu_1(y)}{C_2 + \int |x - y|^{k-n} d\mu_2(y)} \qquad \begin{matrix} C_1, C_2 \\ \mu_1, \mu_2 \end{matrix} \geqslant 0 \text{ sur } P.$$

avec dénominateur $\neq 0$, les intégrales étant finies sur E, admet une limite L_k-fine finie, donc aussi angulaire p.p-$d\mu_2$ sur P.

Si $C_2 > 0$, la mesure associée à la solution égale au produit par x_n^{1-k} du dénominateur n'est pas nulle sur $\{\mathcal{A}\}$, et l'expression a en $\mathcal{A}$ une limite L_k-fine finie et limite angulaire égale, en particulier $\int |x - y|^{k-n} d\mu(y)$ $(x \in E)$.

Si μ_2 se réduit à une mesure ponctuelle de masse $\lambda > 0$ en

(4) En $\mathcal{A}$ la limite angulaire signifie limite en $\mathcal{A}$ sur tout cône $\{\frac{x_n}{|x|} > \varepsilon\}$

X de P, on trouve que

$$\frac{c_1 + \int |x - y|^{k-n} d\mu_1(y)}{c_2 + \lambda |x - X|^{k-n}}$$

a une limite L_k-fine, finie, donc aussi angulaire égale en tout $X \in P$, en particulier, et c'est équivalent, pour $|x - X|^{n-k} \int |x-y|^{k-n} d\mu(y)$ (μ sur P) quotient d'un potentiel de M.Riesz par le noyau de pôle en X.

Noter que cela se déduit aussi du résultat qui précédait sur la limite en $\mathcal{A}$, par une inversion qui conserve le L_k-effilement et les limites angulaires.

b) Il est plus difficile de voir que

$$\int |x - y|^{k-n} d\mu(y) \qquad k \leqslant 1 \qquad \mu \geqslant 0 \text{ sur } P.$$

admet sur E en tout point X de P une limite L_k-fine (égale à la lim inf euclidienne sur E en ce point) et une limite angulaire égale.

Comme l'intégrale est s.c.i. en x de R^n, la valeur en X est > 0 si $\mu_1 \not\equiv 0$, donc aussi la limite fine précédente.

On considère le L_k-potentiel $P_{x^\circ}(x) = W_{x^\circ}(x) \cdot (x_n^\circ)^{1-k}$ de support x° qui est symétrique en x, x°. D'après la théorie des faisceaux adjoints de Mme Hervé, qui s'applique à notre espace harmonique dans E basé sur (1), le faisceau adjoint défini à partir du choix de $P_{x^\circ}(x)$ est identique au faisceau initial(5) et l'espace

---

(5) La représentation potentielle des fonctions L_k-surharmoniques > 0 avec les potentiels $P_{x^\circ}(x)$ permet le raisonnement classique de symétrie de la fonction de Green d'un domaine régulier [5], qui prouve ici que la mesure harmonique dans un domaine régulier est aussi la mesure adjointe c. à d. celle qui définit le faisceau adjoint. Et cela montre l'identité avec le faisceau initial.

de Martin adjoint homéomorphe à l'espace de Martin initial, bien que (1) ne soit pas autoadjointe.

Or on sait (11), en axiomatique avec théorie adjointe que si v est harmonique (ou surharmonique) $\geqslant 0$ et P_y potentiel de support y, $\frac{v(x)}{P_y(x)}$ admet en tout point minimal de la frontière de Martin adjointe, une limite fine minimale adjointe (égale à lim inf en topologie Martin adjointe). Donc ici v étant L_k-harmonique > 0 quelconque, $\frac{v}{P_{X^\circ}}$ admet en tout point $X \in P$ une limite L_k-fine (égale à la lim inf euclidienne en ce point).

On prend v de la forme

$$x_n^{1-k} \int |x - y|^{k-n}\, d\mu(y) \qquad (\mu \geqslant 0 \text{ sur } P).$$

$P_{X^\circ}(x)$ est le produit de x_n^{1-k} par une fonction de x qui admet sur le plan P une limite euclidienne finie > 0 .

D'où le résultat annoncé de limite fine pour $\int |x - y|^{k-n} d\mu(y)$ avec μ quelconque $\geqslant 0$ sur P, rendant l'intégrale finie sur E) De plus, cela étant le quotient de deux fonctions L_k-harmoniques > 0 , il y a limite angulaire égale.

REMARQUE. On pourrait utiliser aussi le fait que le changement de fonction $u = v.x_n^{-\frac{k}{2}}$ transforme l'équation (1) (5) $\Delta v = \frac{q}{x_n^2} v$ avec $q = \frac{k(k-2)}{4}$, équation autoadjointe.

La multiplication par $x_n^{\frac{k}{2}}$ d'une solution de (1) et d'un potentiel correspondant donne une solution de (5) et un potentiel correspondant. Le quotient n'est pas changé mais on peut alors utiliser le faisceau de (5) et le faisceau adjoint identique.

c) Soit $u = x_n^{1-k} \int |x-y|^{k-n} d\mu(y)$ $(\mu \geqslant 0$ sur $P)$; $\frac{1}{u}$ admet une limite L_k-fine finie p.p. $d\mu$ sur P; donc u a une limite L_k-fine > 0 p.p $d\mu$.

Si $k < 1$, $\int |x-y|^{k-n} d\mu$ admet donc une limite L_k-fine infinie p.p.$d\mu$.
Si $k = 1$, on conclut seulement à une limite L_k-fine > 0 p.p $d\mu$ sur P.
(On a déjà trouvé l'existence d'une limite en tout point de P)

4 - Remarque directe sur le potentiel de M. Riesz

La limite angulaire de $|x - X|^{n-k} \int |x - y|^{k-n} d\mu(y)$ en $X \in P$ ($X \in E$, $\mu \geqslant 0$ sur P) suggère le résultat plus général que voici avec démonstration élémentaire. Si $\mu \geqslant 0$ dans R^n ne charge que le complémentaire d'un cône C ouvert, par exemple de révolution et de sommet O, $|x|^{n-k} \int |x - y|^{k-n} d\mu(y)$ admet une limite euclidienne) en O ($x \to O$) dans tout cône C_1 contenu ainsi que sa frontière (sauf O) dans C et cette limite est $\mu(\{O\})$.

On se ramène au cas où $\mu(\{O\}) = 0$ et où C est contenu dans un demi-espace et même d'angle arbitrairement petit.

Alors si $x \in C$, et y hors de C et de son opposé (-C) assez petit, considérons le triangle Oxy, l'angle γ en O et l'angle θ en y. Alors $|x - y| = |x|\frac{\sin \gamma}{\sin \theta}$ et le potentiel $U^{\mu'}$ de la restriction μ' de μ à $\complement(-C)$ vaut dans C_1 $|x|^{k-n} \int (\frac{\sin \theta}{\sin \gamma})^{n-k} d\mu'(y)$ (θ, γ fonctions de x,y). $\sin\gamma$ majore un $\alpha > 0$ fixe et θ tend vers O pour y fixé ($x \to O$)($x \in C_1$). Le quotient de ce potentiel par $|x|^{k-n}$ tend bien vers O ($x \to O$, $x \in C_1$).

Considérons la restriction μ'' de μ à (-C); pour $x \in C$ et $y \in (-C)$, on a $|x - y| \geqslant |x|$ parce que l'angle en O du triangle Oxy est obtus si l'on a supposé C assez délié; dans C_1 le potentiel $U^{\mu''}(x)$ est donc $< |x|^{k-n}. \|\mu''\|$ .Finalement on peut décomposer μ en une restriction au voisinage de O de total ε et à un reste dont le potentiel donne un quotient satisfaisant à la propriété cherchée. La restriction se décompose en une partie dont le potentiel fournit un quotient $< \varepsilon$ et une autre dont le potentiel fournit un quotient de limite O. On conclut aussitôt.

Nota. Cette remarque directe est valable $\forall$ k < n. De plus et de même, le potentiel $\int |x - y|^{k-n} \, d\mu(y)$ tend vers sa valeur en 0 pour $(x \in C_1, x \to 0)$.

IIème PARTIE

FAMILLE DES POTENTIELS DE M.RIESZ ET TOPOLOGIE k-FINE DANS $R^n (n \geq 2)$

5 - Etudions les potentiels de famille $\mathcal{F}$:

$$(6) \quad U^{\mu}(x) = \int \frac{d\mu(y)}{|x-y|^{n-k}} \text{ , } \mu \text{ mesure } \geq 0 \text{ dans } R^n \text{ (k réel fixé)}$$

On remarque que U^{μ} est $+\infty$ partout pour un μ convenable. D'autre part, si $k \geq n$, U^{μ} est continu, ce qui supprime l'intérêt topologique des discontinuités des potentiels.

Aussi supposera-t-on $k < n$

On constate aussitôt que sont satisfaites les propriétés suivantes à la base de la théorie abstraite de la topologie fine (voir [10])

1) $u \in \mathcal{F}$ implique $\lambda u \in \mathcal{F}$, $\lambda > 0$

2) U^{μ} est semi-continu inférieurement

3) Si $u_p \in \mathcal{F}$, $\Sigma u_p \in \mathcal{F}$ (propriété d'additivité dénombrable) car pour la mesure correspondante μ_p, ou bien sur un ouvert borné ω, $\Sigma\mu_p(\omega)$ est infini et cela entraine $\Sigma u_p = \infty$ partout, ou bien $\Sigma\mu_p(\omega)$ est fini pour tout ω et définit une mesure μ; alors Σu_p en est le potentiel.

On fera correspondre à $\mathcal{F}$ (comme Landkoff [16] p. 307-312) la topologie sur R^n la moins fine rendant continues toutes les fonctions de $\mathcal{F}$ et qu'on appellera topologie k-fine, plus fine que la topologie euclidienne.

L'effilement correspondant selon les généralités de ([10] chap.1) appliquées à la famille $\mathcal{F}$ est dit k-effilement; il est caractérisé pour $e \not\ni x_0$ en x_0 par l'existence de $\mu \geqslant 0$ telle que

$$(7) \qquad U^{\mu}(x_0) < \liminf_{x \in e,\ x \to x_0} U^{\mu}(x)$$

(ce qui contient le cas de $x_0 \notin \bar{e}$). Si $k \leqslant 0$, on constate que $C(\{x_0\})$ est k-effilé en tout x_0, car une densité continue > 0 hors 0 donne un potentiel infini sauf peut être en x, où on l'obtient fini avec une densité s y annulant assez vite. Mais alors la topologie fine est discrète et la théorie triviale.

6 - On supposera donc désormais : $0 < k < n$

On sait [16] et on voit facilement que U^{μ} est localement intégrable (pour la mesure de Lebesgue), donc fini presque partout si $\int_{CB_0^R} \frac{d\mu(y)}{|y|^{n-k}}$ est fini pour une boule B_0^R (centre 0, rayon R); sinon U^{μ} est infini partout.

On sait aussi ([16] p. 72) que $U^{\mu}(x_0)$ vaut la limite de sa moyenne sur la boule $B_{x_0}^r$ pour $r \to 0$, de sorte que

$$U^{\mu}(x_0) = \liminf_{x \neq x_0\ x \to x_0} U^{\mu}(x)$$

et $C(\{x_0\})$ n'est pas k-effilé; $U^{\mu}(x_0)$ vaut la lim k-fine de $U^{\mu}(x)$ en $x_0 (x \neq x_0)$.

Quelques propriétés fondamentales ($0 < k < n$)

On commencera par des critère de k-effilement en adaptant des raisonnements du cas newtonien classique [6] .

LEMME. *Considérons une mesure* $\mu \geqslant 0$ *à support compact ne chargeant pas l'origine* O, *et un nombre* $s > 1$. *Les masses non portées par le domaine* d_p: $s^{p-1} < |x|^{k-n} < s^{p+2}$ *(restriction de* μ *à* $\complement d_p$*) ont un k-potentiel majoré sur le compact* σ_p : $s^p \leqslant |x|^{k-n} \leqslant s^{p+1}$:

1°) *par* λs^p (λ *indépendant de* p)

2°) *si* $U^\mu(0)$ *est fini, par* $\lambda' U^\mu(0)$ *où* λ' *est indépendant de* p *et de* μ.

En effet: si $x \in \sigma_p$ et $|y|^{k-n} \leqslant s^{p-1}$ alors

$$|x - y| \geqslant s^{\frac{p-1}{k-n}} - s^{\frac{p}{k-n}}$$

$$|x - y|^{k-n} \leqslant s^p (s^{-\frac{1}{k-n}} - 1)^{k-n} ;$$

si $x \in \sigma_p$ et $|y|^{k-n} \geqslant s^{p+2}$ alors

$$|x - y| \geqslant s^{\frac{p+1}{k-n}} - s^{\frac{p+2}{k-n}} ,$$

$$|x - y|^{k-n} \leqslant s^p (s^{\frac{1}{k-n}} - s^{\frac{2}{k-n}})^{k-n} .$$

D'où la première conclusion.

Puis si $x \in \sigma_p$ et $|y|^{k-n} \geqslant s^{p+2}$ alors

$$s^{p+3+i} > |y|^{k-n} \geqslant s^{p+2+i}$$

D'où

$$|x - y| \geqslant s^{\frac{p+1}{k-n}} - s^{\frac{p+2+i}{k-n}} ,$$

$$\frac{|x-y|^{k-n}}{|y|^{k-n}} \leqslant \frac{s^{p+2+i}(s^{-\frac{1+i}{k-n}} - 1)^{k-n}}{s^{p+2+i}} \leqslant (s^{\frac{1}{n-k}} - 1)^{k-n}$$

Raisonnement analogue si $|y|^{k-n} \leqslant s^{p-1}$ et $2^{\text{ème}}$ conclusion.

THEOREME 1 *Critères de k-effilement de $e \not\ni x_0$ en x_0.* ($x_0 \in \bar{e}$).

a) *A coté de la définition d'existence au voisinage de x_0 d'une mesure $\mu \geq 0$ (par ex. à support compact) telle que*

$$(8) \qquad U^{\mu}(x_0) < \liminf_{x \in e,\ x \to x_0} U^{\mu}(x),$$

on peut remplacer le premier membre par $\liminf_{x \neq x_0,\ x \to x_0} U^{\mu}(x)$ *(qui lui est égal, comme on l'a vu)*

b) $\exists\, \mu$ *telle que :*

$$U^{\mu}(x_0) \text{ fini} \quad \text{et} \quad U^{\mu}(x) \underset{x \in e,\ x \to x_0}{\to} +\infty$$

a') $\exists\, \mu$ *telle que :*

$$\mu(\{x_0\}) = 0 \quad \text{et} \quad (9)\ \ 0 < \liminf_{x \in e,\ x \to x_0} U^{\mu}(x).\, |x - x_0|^{n-k}$$

b') $\exists\, \mu$ *telle que :*

$$\mu(\{x_0\}) = 0 \quad \text{et} \quad U^{\mu}(x).|x - x_0|^{n-k} \underset{x \in e,\ x \to x_0}{\to} +\infty$$

Dans (a') (b') on peut évidement ne plus supposer $\mu(\{x_0\})$ *nul et le mettre au* 1er *membre de l'inégalité (9) au lieu de 0.*

D'ailleurs $\mu(\{x_0\})$ *vaut* $\liminf_{x \neq x_0,\ x \to x_0} U^{\mu}|x - x_0|^{n-k}$ *puisque* $\complement(\{x_0\})$ *n'est pas k-effilé, ce qui donne une autre forme pour les critères (b) (a') (b').*

Partons de (a) et montrons (a) ⇒ (b).

Soit δ la différence des deux membres de (8). Si μ_r est la restriction de μ à $B_{x_0}^{r}$ son potentiel v_r donne la même discontinuité δ en x_0. On choisit $r_p \to 0$ tel que $\Sigma v_{r_p}(x_0)$ soit fini. La somme des $\|\mu_{r_p}\|$ est finie et la somme des μ_{r_p} est une mesure de potentiel Σv_{r_p}.

Comme pour p fixé quelconque, $v_{r_1}, \dots v_{r_p}$ majorent $\frac{\delta}{2}$ sur $e \cap B^{\rho}_{x_0}$ pour ρ assez petit, $\sum_1^{\infty} v_{r_i}$ majore $p\,\frac{\delta}{2}$. Ainsi $\sum_{i=1}^{\infty} v_{r_i} \to \infty$ sur e en x_0.

La mesure $\sum_1^{\infty} \mu_{r_p}$ répond au critère (b).

Puis (a') $\Rightarrow$ (b') par un raisonnement analogue. Si

$$\lambda = \liminf_{x \in e,\ x \to x_0} U^{\mu} |x - x_0|^{n-k}$$

de même pour $v_r = U^{\mu_r}$, μ_r étant la restriction de μ à $B^r_{x_0}$.

On choisit $r_p \to 0$ pour que $\Sigma \| \mu_{r_p} \|$ soit fini. Les quotients par $|x - x_0|^{k-n}$ des potentiels de $\mu_{r_1}, \dots \mu_{r_p}$ (p fixé) majorent $\frac{\lambda}{2}$ sur $e \cap B^{\rho}_{x_0}$ pour ρ assez petit. Le même quotient du potentiel de $\Sigma \mu_{r_i}$ y majore $p\,\frac{\lambda}{2}$. D'où (b') avec cette mesure.

Ainsi (a)$\Longleftrightarrow$(b), (a')$\Longleftrightarrow$(b').

Voyons que (b) $\Rightarrow$ (b') en se servant du lemme. La mesure de (b) restreinte à $\complement d_p$ a un potentiel majoré par $\lambda' U^{\mu}(x_0)$ sur σ_p (lemme 2). La mesure restreinte à d_p a donc un potentiel majorant $U^{\mu} - \lambda' U^{\mu}(x_0)$ sur σ_p ($\forall p$). On multiplie la mesure μ restreinte à la couronne $s^p \leq |x - x_0|^{k-n} < s^{p+1}$ par s^p et on obtient en sommant les mesures obtenues, une mesure (puisque le total est majoré par $U^{\mu}(x_0)$ fini). Son potentiel majore $s^{p-1}(U^{\mu} - \lambda' U^{\mu}(x_0))$ sur tout σ_p et le quotient par $|x - x_0|^{k-n}$ tend vers $+\infty$ en x_0 sur e comme U^{μ}.

Enfin (b') $\Rightarrow$ (b) par un raisonnement un peu analogue en utilisant le lemme (partie 1°). La mesure de (b') restreinte à d_p a un potentiel dont le quotient par s^p tend vers $+\infty (p\ \infty)$ sur $\sigma_p \cap e$. On divise par s^p la mesure initiale restreinte à $s^{p+1} \leq |x - x_0|^{k-n} < s^p$ et on obtient une mesure répondant à (b).

On peut donner des variantes inspirées du cas classique (voir [4])

COROLLAIRE *Le k-effilement équivaut d'après (b) à l'hypereffilement relatif à $\mathcal{F}$, donc est fort ([10] p. 13 et prop. II, 10) ce qui se verrait aussi en utilisant [10] prop. II, 8.*

Application aux limites. D'après [10] théor. 1 et 2, une limite k-fine d'une fonction réelle sur un ensemble $E_0 \not\ni x_0$ en x_0 (E_0 non effilé en x_0) équivaut à une limite euclidienne en x_0 hors d'un ensemble convenable k-effilé en x_0; de même pour la lim sup ou inf.

Remarque. Noter qu'a priori une valeur d'adhérence k-fine est une valeur d'adhérence euclidienne et que la lim inf k-fine majore la lim inf euclidienne.

THEOREME 2 *Si μ est une mesure ≥ 0 à support compact au voisinage de x_0, $U^{\mu}(x)|x - x_0|^{n-k}$ admet en x_0 une limite k-fine ($x \neq x_0, x \to x_0$) égale à sa $\liminf_{x \neq x_0,\ x \to x_0}$ et à $\mu(\{x_0\})$.*

Il suffit de traiter le cas où $\mu(\{x_0\}) = 0$.

Mais alors pour tout $\varepsilon > 0$, l'ensemble de $\complement\{x_0\}$ où $U^{\mu}|x - x_0|^{n-k} > \varepsilon$ est k-effilé en x_0 d'après le critère (a') du théor. 1.

Donc

$$\limsup_{x \neq x_0,\ x \to x_0} \text{k-fine}\ U^{\mu}(x)|x - x_0|^{n-k} \leq \varepsilon$$

et comme ε est arbitraire, cette lim sup vaut 0 et il y a limite k-fine 0.

Mais $\liminf_{x \neq x_0,\ x \to x_0}$ euclidienne de $U^{\mu}(x)|x - x_0|^{n-k}$ minore la lim inf k-fine et vaut aussi 0.

Application. Si μ_1, μ_2 sont des mesures ≥ 0 non nulles à support compact, le quotient des potentiels U^{μ_1}, U^{μ_2} a une limite k-fine en tout $x_0 (x \neq x_0, x \to x_0)$) sauf peut être si à la fois $\{x_0\}$ a des mesures μ_1 et μ_2 nulles et $U^{\mu_1}(x_0) = U^{\mu_2}(x_0) = +\infty$

7 - Comparaison du k-effilement et du L_k-effilement

THEOREME 3. Reprenant l'équation de Weinstein, en tout X de P, le L_k-effilement ($k \leq 1$) de e dans E entraine le k-effilement. Donc une limite L_k-fine en X est aussi une limite k-fine.(6)

En axiomatique de Brelot, avec les hypothèses de la théorie adjointe de Mme Hervé (base dénombrable d'ouverts de l'espace Ω, potentiels > 0, "proportionnalité", base de domaines complétement déterminants), on considère une base B du cône S^+ des surharmoniques, définie par la condition $\int u d\rho_{y_0}^{\omega_0} = 1$, $y_0 \in \omega_0$ complètement déterminant et $d\rho_{y_0}^{\omega_0}$ mesure harmonique, et la topologie T de Mme Hervé qui rend B compacte métrisable, contenant l'espace de Martin et y induisant la topologie Martin.

On note $p_x(y)$ le potentiel de support ponctuel x et situé dans B, et p_X la fonction minimale de pôle $X \in \Delta_1$ (partie minimale de la frontière de Martin Δ) située aussi dans B.

On sait, [9], théor.2, étendant un résultat de théorie classique de Naïm [17], que l'effilement minimal d'un ensemble e en $X \in \Delta_1$ équivaut à l'existence d'une mesure $\mu \geqslant 0$ sur Ω, telle

---

(6) Plus généralement, une valeur d'adhérence k-fine est valeur d'adhérence L_k-fine et euclidienne et la lim inf k-fine majore la lim inf L_k-fine qui majore la lim inf euclidienne. Ces propriétés de limites sont des conséquences banales des généralités topologiques de [10]. Il y aurait lieu d'approfondir. Notons enfin que les résultats de lim L_k-fine donnés pour des potentiels de M.Riesz particuliers sont a priori meilleurs que les lim k-fines impliquées.

que, selon la topologie Martin T :

$$(10)\quad \int p_X(y)\,d\mu(y) < \liminf_{x\in e,\, x\to X} \int p_x(y)\,d\mu(y) \qquad (\mu \geqslant 0 \text{ sur } \Omega)$$

Appliquons cela à notre espace harmonique déduit de l'équation (1) dans le demi-espace E, pour $k \leqslant 1$: reprenons l'expression

$$W_x(y) = y_n^{1-k} \int_0^{\pi} \frac{\sin^{1-k} t\, dt}{[|x-y|^2 + 2x_n y_n(1-\cos t)]^{\frac{n-k}{2}}}$$

qui est un potentiel de support $x \in E$ et que l'on conservera pour x en $X \in P$, $y \in E$.

On doit prendre

$$p_x(y) = \frac{W_x(y)}{W'_x(y_\circ)}$$

où

$$W'_x(y_\circ) = \int W_x(y)\, d\rho_{y_\circ}^{\omega_\circ}(y).$$

On sait que p_X vaut la limite quand $x \to X$.

D'après la continuité de $W_x(y)$ au voisinage de X pour y fixé $\in E$,

$$p_X(y) = \frac{W_X(y)}{W'_X(y_\circ)}$$

et la condition (10) supposé satisfaite dans notre cas pour un μ est équivalente à

$$\int W_X(y)\,d\mu(y) < \liminf_{x\in e,\, x\to X} \int W_x(y)\,d\mu(y)$$

Comme

$$W_x(y) \leqslant \frac{y_n^{1-k}}{|x-y|^{n-k}} \int_0^{\pi} \sin^{1-k} t\, dt$$

on obtient en changeant de mesure la condition

$$\int \frac{d\nu(y)}{|X-y|^{n-k}} < \liminf_{x\in e,\, x\to X} \int \frac{d\nu(y)}{|x-y|^{n-k}} \qquad (\nu \text{ mesure } \geqslant 0 \text{ sur } E)$$

Le premier membre est fini, donc il existe une demi-boule ouverte b de centre X et mesure finie. On restreint ν à cette demi-boule, ce qui concerve l'inégalité, puis on prolonge cette mesure par 0 en prenant pour tout borélien la mesure de son intersection avec la demi-boule.

On obtient ainsi l'inégalité pour une mesure $\nu \geq 0$ dans R^n, ce qui montre le k-effilement de e en X (à priori évident si $k \leq 0$).

8 - k-effilement au point $\mathcal{A}$ à l'infini

On dira que $e \subset R^n$ est k-effilé en $\mathcal{A}$ s'il existe une mesure ≥ 0 sur R^n telle que

$$\text{(11)} \qquad \liminf_{x \in R^n,\, x \to \mathcal{A}} U^{\mu}(x) < \liminf_{x \in e,\, x \to \mathcal{A}} U^{\mu}$$

THEOREME 4. Un autre critère est l'existence de μ *telle que* $U^{\mu} \underset{x \in e,\, x \to \mathcal{A}}{\to} +\infty$ *. Cela résulte d'une inversion qui montre aussi l'équivalence avec le k-effilement à l'origine de l'inverse e' de e.*

Comme l'inversion conserve aussi le L_k*-effilement, on voit que ce dernier en* $\mathcal{A}$ *implique encore le k-effilement en* $\mathcal{A}$*.*

D'où les mêmes conséquences que plus haut pour les diverses limites (voir Note (4)).

L'inversion $x \Leftrightarrow x'$ de pôle O, puissance 1 donne

$$\frac{|x-y|}{|x'-y'|} = \frac{1}{|x'|\,|y'|}$$

d'où avec la mesure transformée μ' (qui ne charge pas O) :

$$U^{\mu}(x) = |x'|^{n-k} \int |x'-y'|^{k-n} \, |y'|^{n-k} \, d\mu'(y')$$

ce qui montre l'équivalence avec le critère (théor. 1, a') donc aussi (b') pour e en 0, d'où en revenant en $\mathcal{A}$, la forme $\underset{x \to \mathcal{A}}{U^{\mu} \to} + \infty$.

Une comparaison plus approfondie de ces effilements demanderait l'usage de critères du type Wiener.

Terminons seulement par quelques suggestions d'une extension possible du passage des L_k-harmoniques aux potentiels de M. Riesz.

On remarque que $|x-y|^{k-n}$ est le quotient de deux fonctions L_k-harmoniques de x positives minimales qui sont le produit de ce noyau par x_n^{1-k} et cette dernière fonction. On songera donc pour un espace harmonique Ω contenu dans un espace Ω_o, à introduire le quotient de deux fonctions de x harmoniques positives minimales, l'une fixe et l'autre de pôle variable y, et à prolonger cette fonction de x et y dans $\Omega_o \times \Omega_o$.

Comme x_n^{1-k} est aussi, à une fonction finie continue près, un potentiel de pôle fixé y, on pourra dans l'extension, remplacer le dénominateur fonction minimale fixe, par un tel potentiel. Ainsi apparaissent effectivement, avec assez d'hypothèses, une extension du noyau de M. Riesz et des propriétés analogues à celles de ce travail.

B I B L I O G R A P H I E

[1] Mme B. BRELOT-COLLIN et M. BRELOT :

Représentation intégrale des solutions positives de $L_k(u) = \Delta u + \frac{k}{x_n}\frac{\partial u}{\partial x_n} = 0$ (k constante réelle) dans le demi-espace $E(x_n > 0)$ de R^n.
(Bulletin Acad. royale (sciences) de Belgique 58, 1972/3 p. 317).

[2] Mme B. BRELOT-COLLIN et M. BRELOT :

Allure à la frontière des solutions positives de l'équation de Weinstein $L_k(u) = \Delta u + \frac{k}{x_n}\frac{\partial u}{\partial x_n} = 0$ dans le demi-espace $E(x_n > 0)$ de R^n $(n \geqslant 2)$.
(Bull. Acad. royale (sc.) de Belgique, 59, 1973/11 p. 1100).

[3] Mme B.BRELOT-COLLIN et M. BRELOT :

Allure à la frontière des solutions locales positives de l'équation $L_k(u) = \Delta u + \frac{k}{x_n}\frac{\partial u}{\partial x_n} = 0$ dans le demi-espace $E(x_n > 0)$ de $R^n (n \geqslant 2)$.
(Bull. Acad. royale (sc.) de Belgique 62, 1976/5-6 p.322).

[4] M. BRELOT :

Sur les ensembles effilés.
(Bull. Sc. math. 68, janv.-fév. 1944).

[5] M. BRELOT :

Eléments de la théorie classique du potentiel.
(C.D.U., Paris, 1959, 4 ème édition 1969).

[6] M. BRELOT :

Lectures on potential theory.
(Tata Institute of F.R. Collection math., N°19, 1960, 2 ème édition 1966).

[7] M. BRELOT :

Axiomatique des fonctions harmoniques et surharmoniques dans un espace localement compact.
(Séminaire de théorie du potentiel, Paris, 2 ème année, 1958).

[8] M. BRELOT :

Axiomatique des fonctions harmoniques.
(Cours d'été 1965, Univ. Montreal, les presses de l'Université, 1966).

[9] M. BRELOT :

Recherches sur la topologie fine et ses applications. (théorie du potentiel).
(Annales de l'Institut Fourier 17/2, 1967 p. 395)

[10] M. BRELOT :

On topologies and boundaries in potential theory. (Lecture Notes 175, 1971). Traduction russe améliorée, par Landkoff (Editions Mir Moscou 1974)

[11] M. BRELOT :

Allure des potentiels à la frontière et fonctions fortement sousharmoniques.
(Séminaire, théorie du potentiel, 14 ème année, 1970-71, n° 11).

[12] O. FROSTMAN :

Potentiel d'équilibre et capacité des ensembles.
(Thèse, Lund, 1935, Séminaire math. de l'Université)

[13] K. GOWRISANKARAN :

Fatou-Naïm-Doob limit theorems in the axiomatic system of Brelot.
(Annales Inst. Fourier 16/2, 1966, p. 455).

[14] K. GOWRISANKARAN :

On minimal positive harmonic functions.
(Sém. du potentiel, Paris, 11 ème année, 1966-67 n°18).

[15] Mme R.M. HERVE :

Recherches axiomatiques sur la théorie des fonctions harmoniques et du potentiel. (thèse)
(Annales Inst. Fourier 12, 1962, p. 415-571)

[16] N.S. LANDKOFF :

Foundations of modern potential theory.
(Grundlehren...Bd 180, 1972).

17] L. NAIM :

Sur le rôle de la frontière de Martin dans la théorie du potentiel. (thèse)
(Annales Inst. Fourier 7, 1957, p. 183-285).

M.BRELOT

EQUIPE D'ANALYSE - E.R.A. 294
Université Paris 6 - Tour 46

4 Place Jussieu
75005 - PARIS

FRONTIERE DE MARTIN DES RESOLVANTES RECURRENTES

par François Bronner *

Nous donnons dans ce travail une construction et quelques propriétés de la frontière de Martin associée à une résolvante vérifiant la condition de récurrence de Harris. Ce qui suit est l'adaptation aux résolvantes des méthodes exposées pour une chaine de Markov récurrence au sens de Harris dans [6] à laquelle nous avons ajouté quelques résultats complémentaires.

NOTATIONS ET RAPPELS Soit $(E, \mathcal{E})$ un espace séparable mesurable muni d'une résolvante $(U_p)_{p>0}$, $\mathcal{E}_+$ (respt. b $\mathcal{E}_+$) désigne l'ensemble des fonctions mesurables positives (respt. positives et bornées). Pour toute $h \in b\,\mathcal{E}_+$. et tout nombre $p \geqslant h$ le noyau positif

$$U_h = \sum_{n \geqslant 0} (U_p M_{p-h})^n U_p,$$

et si $k < h$ on a l'équation résolvante

$$U_k = \sum_{n \geqslant 0} (U_h M_{h-k})^n U_h$$

* Cet article est une rédaction détaillée de l'exposé du 26/05/77

(pour une fonction $f \in \mathcal{E}_+$ M_f est le noyau de multiplication par f).

Dans toute la suite la résolvante $(U_p)_{p>0}$ vérifie la condition de récurrence de Harris relativement à une mesure σ-finie positive m,

$$(\forall h \in b\,\mathcal{E}_+) \quad (m(h) > 0 \Rightarrow U_h(h) \equiv 1)$$

Nous renvoyons à Neveu [4] pour les propriétés qui en découlent, nous notons μ l'unique (à un coefficient multiplicateur près) mesure invariante positive. Nous notons aussi $\mathcal{S}$ (respt. $\mathcal{S}_b$) l'ensemble des fonctions spéciales (respt. spéciales bornées)

$$\mathcal{S} = \{f \in \mathcal{E}_+ \,|\, (\forall h \in b\,\mathcal{E}_+)\ \mu(h) > 0 \Rightarrow \sup_E U_h(f) < \infty\}.$$

Neveu a montré l'existence de fonctions $h \in b\,\mathcal{E}_+$ telles que $U_h \geq 1 \otimes \mu$ ces fonctions sont spéciales et l'on a la réciproque suivante, dont on trouvera la démonstration dans Neveu, [4].

<u>PROPOSITION</u> *Si $f \in \mathcal{S}_b$, il existe pour tout nombre $\theta \in \left]0, \frac{1}{\|f\|_\infty}\right[$ une mesure positive μ' équivalente à μ telle que $U_{\theta f} \geq 1 \otimes \mu$.*

I RESULTATS ALGEBRIQUES

1) Mesures h-excessives

Introduisons la définition suivante.

<u>DEFINITION (I,1)</u> Soit $h \in b\,\mathcal{E}_+$, une mesure positive ν sur E est dite h-excessive (resp. h-invariante) si

(i) $\nu(h) < \infty$

(ii) $\forall p > 0$ $p\nu U_{p+h} \leq \nu$ (resp. $p\nu U_{p+h} = \nu$).

Nous notons C_h (resp. I_h) le cône convexe des mesures h-excessive (resp. h-invariantes). Les mesures de C_h admettent une décomposition de Riesz et les potentiels de C_h sont de la forme pU_h où p est une mesure positive finie.

PROPOSITION (I,2) *Pour tout couple (h,h') de $\mathcal{S}_b$ tel que $\mu(h)$ et $\mu(h')$ sont non nulles l'application $u_{h',h}: \nu \to \nu + \nu M_{h-h'}U_{h'}$ est une isomorphisme de C_h sur $C_{h'}$, tel que*

i) $u_{h',h}(pU_h) = pU_{h'}$, $u_{h',h}(I_h) = I_{h'}$

ii) $[u_{h',h}(\nu)](h') = \nu(h)$

iii) $u_{h',h''} \circ u_{h'',h} = u_{h',h}, (u_{h',h})^{-1} = u_{h,h'}$

La proposition repose sur le lemme suivant

LEMME. *Soit $0 \leq h \leq h' \in b\,\mathcal{E}_+$, pour tout $\nu \in C_h$; $\nu M_{h'-h}U_{h'} \leq \nu$.*

Si $h \in \mathcal{S}_b$, est telle que $\mu(h) > 0$, pour toute $h' \in \mathcal{S}_b$ il existe une constante $a > 0$ telle que pour toute mesure ν de C_h. $\nu(h') \leq a\nu(h)$. En particulier les mesures de C_h sont σ-finies.

Démonstration du lemme Lorsque $\nu = \rho U_h$ le lemme résulte de l'équation résolvante. Il reste donc à supposer que $\nu \in I_h$. Alors

$$\nu = \nu U_{h'+1} + \nu M_{h'-h}U_{h+1}$$

par récurrence

$$\nu \geq \nu M_{h'-h} \sum_{n=1}^{N} (U_{h+1})^n$$

En faisant tendre N vers l'infini on obtient la première formule. Pour démontrer le second résultat du lemme on peut supposer que h' vérifie $U_{h'} \geq 1 \otimes \mu'$ où μ' est une mesure équivalente à μ. Alors d'après la formule précédente

$$\nu(h' - h)\,\mu(h) \leq \nu(h)$$

ce qui permet de conclure puisque $\mu'(h) \neq 0$.

Démonstration de la proposition Il suffit de construire les isomorphismes $u_{h',h}$ et $u_{h,h'}$ lorsque $h' \geq h$, puisque l'on rattrapera le cas générale par l'intermédiaire de $h+h'$. D'après le lemme précédent, pour tout ν de C_h l'expression

$$\nu' = \nu - \nu M_{h'-h} U_{h'}$$

définie une mesure positive, finie sur $\mathcal{S}_b$ et telle que $\nu'(h') = \nu(h)$. Posons alors $u_{h',h}(\nu) = \nu'$, on voit que $u_{h',h}(\rho U_h) = \rho U_{h'}$ et $u_{h',h}(I_h) = I_{h'}$ en appliquant l'équation résolvante. Si maintenant on pose pour tout $\nu' \in C_{h'}$ $u_{h',h}(\nu')$ $= \nu' + \nu' M_{h'-h} U_h$ il est facile de voir que les deux applications précédentes ont pour image respective $C_{h'}$ et C_h et que $u_{h',h} \circ u_{h,h'} = id_{C_{h'}}$. Il reste donc a vérifier que $u_{h,h'} \circ u_{h',h}$ $= id_{C_h}$. Mais il résulte du lemme que toute mesure ν de C_h est excessive relativement au noyau $M_{h'-h} U_h$.

Ecrivons la décomposition de Riesz de ν pour ce noyau :

$$\nu = u_{h',h}(\nu)[I + M_{h'-h} U_h] + p ,$$

où p est $M_{h'-h} U_{h'}$-invariante. Mais l'équation résolvante montre que p est aussi h invariante. Comme $(u_{h',h}(\nu))(h') = \nu(h)$ il vient $p(h) = 0$ ce qui impose $p = 0$, et donc que $u_{h,h'} \circ u_{h',h}$ $= id_{C_h}$. La composition des applications $u_{h',h}$ se démontre aisément.

2) Mesures extrêmales

Considérons pour tout $h \in \mathcal{E}_+$ le chapeau

$$\hat{C}_h = \{\nu \in C_h \mid \nu(h) \leq 1\}.$$

Il est facile de voir que tout élément extrêmal non nul ν de C_h vérifie $\nu(h) = 1$.

Parmi ces mesures extrémales, il y a les potentiels $\{U_h(x,\circ),\ x \in E\}$ et éventuellement des mesures h-invariantes extrémales.

Supposons maintenant que h parcours $\mathcal{S}_b$ les isomorphismes $u_{h',h}$ de la proposition (I,2) conservent les chapeaux $\hat{C}_h$ et les éléments extrêmaux de ces chapeaux. Ceci justifie la notation suivante:

Nous introduisons l'ensemble S appelé <u>frontière de Martin de la résolvante</u> $(U_\alpha)_{\alpha>0}$ en notant pour toute fonction h spéciale bornée $\{U_h(s,\circ); s \in S\}$ l'ensemble des mesures h-invariantes extrêmales non nulles du chapeau $\hat{C}_h$, avec la condition de compactibilité.

$$(\forall\ h,h' \in \mathcal{S}_b) \quad u_{h',h}[U_h(s,\circ)] = U_{h'}(s,\circ).$$

On remarquera que la frontière S peut être vide, cela sera par exemple si la fonction 1 est spéciale. La terminologie "frontière de Martin" sera justifié au paragraphe suivant lorsque nous donnerons une représentation intégrale.

Nous allons maintenant étendre la notation $U_h(s,\circ)$ $(s \in S)$ à toute les fonctions de b $\mathcal{E}_+$.

<u>*PROPOSITION (I,3)*</u> *Soit* $h \in \mathcal{E}_+$ *avec* $\mu(h) \neq 0$, *pour toute fonction de* $\mathcal{S}_b$ $k \leq h$, *l'expression*

$$(I,3,1) \qquad U_h(s,\circ) = U_k(s,\circ) - U_k(s,\circ)M_{h-k}U_h$$

définie une mesure positive $U_h(s,\circ)$ *finie sur* $\mathcal{S}_b$ *(donc* σ-*finie ne dépendant pas de* k *et telle que*

(*i*) $U_h(s,h) = \begin{cases} 0 \\ ou \\ 1 \end{cases}$ *et* $U_h(s,h) = 1$ *si et seulement si la mesure* $U_h(s,\circ)$ *est non nulle.*

(*ii*) $U_h(s,\circ)$ *est h-invariante,*

(iii) Si $U_h(s,h) = 1$, *alors pour toute fonction de* $\mathcal{S}_b$ $k \leq h$

$$(I,3,2) \qquad U_k(s,\cdot) = U_k(s,\cdot)[I + M_{h-k}U_k].$$

Une partie de la proposition repose sur le résultat suivant.

LEMME : *Si* $h \in b\,\mathscr{C}_+$ *et si* $k \in \mathcal{S}_b$ *est telle que* $k \leq h$ *pour toute mesure* ν *k-invariante* $\nu' = \nu - \nu M_{h-k}U_h$ *est une mesure positive h-invariante,* σ*-finie indépendante de* k *et telle que* $\nu'(h) \leq \nu(k)$.

Démonstration du lemme D'après le lemme de la proposition (I,2) la mesure ν' est positive, comme elle est majorée par une mesure k-invariante elle est σ-finie. Montrons qu'elle ne dépend pas de k, soit, $k' \leq k \leq h$, posons $\nu_1 = u_{k',k}(\nu)$ et $\nu'' = \nu_1 - \nu M_{h-k'}U_h$ il vient compte tenu de ce qui précède,

$$\nu + \nu M_{k-k'}U_{k'} = \nu'' + [\nu + \nu M_{k+k'}U_{k'}] M_{h-k'}U_h$$

$$= \nu'' + \nu M_{h-k}U_h + \nu M_{k-k'}U_{k'}.$$

Ceci montre que $\nu' = \nu''$.

Si maintenant $k \leq h$ est fixé, il existe une suite (k_n) croissante de fonctions de $\mathcal{S}_b$ telle que $\lim\uparrow k_n = h$ alors si $\nu_n = u_{k_n,k}(\nu)$, $\nu_n(k_n) = \nu(k)$ et,

$$\nu'(h) = \lim_n \uparrow \nu'(k_n) \leq \lim_n\uparrow \nu_n(k_n) = \nu(k).$$

Il en résulte que $\nu'(h)$ est finie. Il reste à voir l'invariance, or, pour tout $p > 0$,

$$\nu = p\,\nu U_{p+h} + \nu M_{h-k}U_{p+k},$$

il vient donc en remplaçant

$$\nu = p\,\nu' U_{p+h} + \nu M_{h-k}\,[\,pU_p U_{p+k} + U_{p+h}]$$

$$= p\,\nu' U_{p+h} + \nu\, M_{h-k} U_h\ .$$

Ce qui montre bien que $p\,\nu' U_{p+h} = \nu'$.

<u>Démonstration de la proposition</u> Du lemme résulte (ii), nous allons montrer (iii) et nous en déduirons (i). Montrons que si $U_h(s,\circ)$ est une mesure non nulle la formule (I,3,2) est vrai. Posons pour simplifier $\nu = U_k(s,\circ)$, $\nu = U_h(s,\circ)$. La décomposition de Riesz de ν pour le noyau $M_{h',h}U_{h'}$ donne

$$\nu = \nu'[\,I + M_{h-k}U_k] + \lim_n\!\downarrow\ \nu(M_{h-k}U_h)^n$$

$$= \nu_1 + p\ .$$

L'équation résolvante montre facilement que ν_1 et p sont k-invariante mais

$$\nu_1(k) + p(k) = \nu(k) = 1\ .$$

Comme on peut encore écrire,

$$\nu = \nu_1(k)\,[\,\frac{1}{\nu_1(k)}\ \nu_1] + p(k)\,[\,\frac{1}{p\ (k)}\ p]$$

l'extremalité de ν dans C_h impose $\nu_1 = 0$ ou $p = 0$. Mais, ν_1 est non nulle puisque ν' l'est, il vient donc

$$\nu = \nu'(I + M_{h-k}U_k)$$

qui est la formule (I,3,2).

De la formule (I,3,2) résulte que $U_k(s,k) = U_h(s,h) = 1$. Il reste donc à montrer que $U_h(s,\circ)$ est non nulle si et seulement si $U_h(s,h)$ est non nulle. Or si $\nu' = U_h(s,\circ)$

$$\nu'[\,\sum_{,}^{N} (U_{1+h})^n(h)] = 0$$

d'où comme $1 = U_h(h) = \lim_N \uparrow \sum_1^N (U_{1+h})^n(h), \nu'(1) = 0$ ce qui montre bien que $U_h(\circ,h)$ ne peut valoir que 0 ou 1.

3) Equation de Poisson

Nous allons appliquer ce qui précède à la détermination des solutions d'une équation de Poisson aux mesures:

$$(I,4,1) \qquad \eta(I - U_1) = -\tilde{h}.\mu U_1$$

où $\tilde{h} = \frac{h}{\mu(h)}$ et h est une fonction de $\mathcal{S}_b$ vérifiant $U_h \geq 1 \otimes \mu$.

Pour une telle fonction h, Neveu [4] a construitun noyau potentiel W_h définie par la formule

$$W_h = \sum_{n \geq 0} [(U_h - 1 \otimes \mu)M_h]^n (U_h - 1 \otimes \mu).$$

On trouvera les propriétés de ce noyau positif W_h dans et dans Revuz .

PROPOSITION (I,4) *Soit* $h \in \mathcal{S}_b$ *telle que* $U_h \geq 1 \otimes \mu$. *Les solutions positives* η *finies sur les fonctions spéciales bornées de l'équation (I,4,1) sont données par la formule*

$$(I,4,2) \qquad \eta = k \; [\nu + \nu M_h W_h]$$

où ν *décrit l'ensemble des mesures* h*-invariantes.*

Démonstration L'égalité

$$[\nu + \nu M_h W_h] \; U_1 = \nu + \nu M_h W_h + \nu(h) \; \frac{h}{\mu(h)} \; \mu U_1$$

écrite pour tout $\nu \in I_h$ montre que les mesures données par (I,4,2) sont solutions de (I,4,1).

Pour montrer la réciproque, on remarque d'abord que si η est une solution de (I,4,1) vérifiant les conditions indiquées, alors

$$\eta(U_h - 1 \otimes \mu) \leq \eta$$

à condition de supposer que $\eta(h) = \frac{1}{\mu(h)}$. En effet, on obtient

$$(I,4,3) \qquad \eta + \frac{1}{\mu(h)} h.\ \mu U_{h+1} = \eta M_{h+1} U_{h+1} .$$

et en multipliant par $\sum_{p=0}^{n} (U_{h+1})^p$,

$$\eta + \frac{1}{\mu(h)} h.\mu \sum_{p=1}^{n+1} (U_{h+1})^p = \eta M_h \sum_{p=0}^{n+1} (U_{h+1})^p + \eta (U_{h+1})^{n+1} .$$

Mais $\sum_{n \geqslant 0} (U_h - 1 \otimes \mu)^n = I + M_h W_h$ et pour des raisons de finitude η ne peut être qu'un potentiel pour le noyau $u_h - 1 \otimes \mu$, donc

$$(I,4,4) \qquad \eta = \nu\ (I + M_h\ W_h)$$

Il reste a voir que la mesure ν est h-invariante. Mais cela s'obtient en remplaçant dans (I,4,3) η par (I,4,4) et en utilisant les propriétés des noyaux W_h et U_h.

<u>Remarque 1</u> Le second membre de (I,4,1) peut paraître insolite, mais, lorsque la résolvante $(U_\alpha)_{\alpha > 0}$ est associée à un processus de Markov on peut généraliser la notion de mesure h-invariante à celle de mesure A-invariante où A est une "fonctionnelle additive". On défini (Brancovan [1]) des fonctionnelles additives spéciale et la proposition (I,4) se généralise dans ce cadre [8] ou peut alors obtenir lorsque le temps local en un point x existe les solutions, par une formule analogue à (I,4,2), de l'équation $\eta(I - U_1) = U_1(x,\circ)$.

<u>Remarque 2</u> Nous nous sommes limité aux fonctions h de $b\mathscr{E}_+$, cela n'est pas nécessaire, mais il faut alors introduire une classe de fonctions h pour lesquelles l'équation résolvante reste vérifié entre les opérateurs U_h, comme cela est fait dans [8].

I. - Hypothèses topologiques et représentation intégrales

1) Représentation intégrale

Nous allons maintenant supposer que E est un espace L.C.D., $\mathcal{E}$ la tribu des boréliens avec les notations classique la résolvante $(U_p)_{p>0}$ de Harris vérifie les hypothèses topologiques :

$$\text{(i)} \quad (\forall p > 0) \quad U_p(\mathcal{C}_K(E)) \subset \mathcal{C}_b(E)$$

(ii) La mesure μ charge tous les ouverts

Sous ces hypothèses on sait que toute fonction bornée à support compact est spéciale. Il en résulte que toute mesure h-excessive (h spéciale) est de Radon.

PROPOSITION (II,1) *Si h est spéciale continue et bornée, pour toute fonction f spéciale continue et bornée $U_h(f)$ est continue. En particulier $U_h(\mathcal{C}_K) \subset \mathcal{C}_b$.*

Démonstration Si f est majoré par un multiple de h, et positive $U_h(f)$ est continue cf [3] . Maintenant on peut supposer pour f queconque que fvh est telle que $U_{f+h} \geq i \otimes \mu'$ où μ' est équivalente à μ mais

$$\text{(II,1,1)} \qquad U_h(f+h) = \sum_{n \geq 0} (U_{f+h} M_f)^n \, (1)$$

pour tout n, la fonction $(U_{f+h}M_f)^n(1)$ est continu et comme

$$\sup_E U_{f+h}(f) \leq 1 - \mu'(h) \underset{\neq}{<} 1$$

la série (II,1,1) est uniformément convergente. Ceci montre que $U_h(f+h)$ est continue il reste a remarquer alors que

$$U_h(f) + 1 = U_h(f+h)$$

Les espaces de mesures sont supposés munis de la topologie

de la convergence vague.

PROPOSITION (II,1) *Pour tout* $h \in \mathcal{C}_K(E)$ *le cône* C_h *est vaguement fermé et la base* $\hat{C}_h$ *est vaguement compact. Si* $h' \in \mathcal{C}_K(E)$ $u_{h',h}$ *est vaguement continue.*

Démonstration Le fait que C_h est vaguement fermé est classique Pour voir que $\hat{C}_h$ est vaguement compact, on remarque que si K est un compact de E 1_K est spéciale et donc que d'après le lemme de la proposition (I,2)

$$\sup_{\nu \in \hat{C}_h} \nu(K) \leq a .$$

où a est une constante ne dépendant que de K et de h.

Nous allons maintenant munir l'espace $E + S$ d'une topologie Considérons pour cela, pour tout $h \in \mathcal{S}_b$ l'application

$$\varphi_h : E + S \longrightarrow \hat{C}_h$$
$$x \longmapsto U_h(x,\circ)$$

PROPOSITION (II,2) *La moins fine des topologies sur* $E + S$ *rendant continue pour un* $h \in \mathcal{C}_K(E)$ *l'application* φ_h *et induisant sur* E *la topolgie de* E *ne dépend pas de* h*, est métrisable,* S *est fermée dans* $E + S$*,* E *est dense dans* $E + S$*. Pour qu'une suite* (x_n) *de points de* E *converge vers un point* $s \in S$*, il faut et il suffit que* (x_n) *converge au sens de* E *vers le point d'Alexandroff* Δ *de* E *et que les mesures* $U_h(x_n,\circ)$ *convergent vaguement vers* $U_h(s,\circ)$.

Démonstration La topolgie ne dépendra pas de h d'après la proposition (II,1). Maintenant en posant

$$\forall (x,y)\in E \quad d(x,y) = \begin{cases} d'(x,y) + d''(\varphi_h(x), \varphi_h(y)) & (x,y) \in E \\ d'(x,\Delta) + d''(\varphi_h(x), \varphi_h(y)) & (x \in E,\ y \in \Delta) \\ d''(\varphi_h(x), \varphi_h(y)) & (x,y) \in S \end{cases}$$

où d' est une distance sur le compactifié de E et d" une distance sur $\hat{C}_h$ compatible avec la topologie de la convergence vague. On voit que l'on obtient une distance sur E + S compatible avec la topologie annoncée. Les propriétés de la proposition s'en déduisent facilement. (Le fait que E est dense dans E + S résulte de ce que tout élément de C_h est limite d'une suite croissante de potentiel.).

Les hypothèses topologiques qui viennent d'être faites permettent d'appliquer aux cônes C_h, $h \in \mathcal{C}_K(E)$, le théorème de Choquet. La représentation intégrale de ces cônes se transporte par les isomorphismes $u_{h',h}$ aux cônes C_h, avec h dans $\mathcal{S}_b$. Nous pouvons donc énoncer le résultat suivant.

<u>PROPOSITION (II,3)</u> *Pour tout $h \in \mathcal{S}_b$, l'application*

$$\psi_h : m \longrightarrow \nu_m = \int_{E+S} dm(y)\, U_h(y,\circ)$$

défini sur l'espace $\mathcal{M}_+^b(E+S)$ des mesures positives bornées sur E + S est une bijection de $\mathcal{M}_+^b(E+S)$ sur C_h. La mesure ν_m est h-invariante si et seulement si m est portée par S. Enfin

$$\nu_m(h) = m(E+S)$$

$$\forall (h,h') \in \mathcal{S}_b \quad u_{h',h} \circ \psi_h = \psi_{h'} .$$

<u>COROLLAIRE</u> *Soit $h \in b\mathcal{E}_+$ telle que $U_h \geq 1 \otimes \mu$. Les solutions η positive de l'équation de Poisson aux mesures*

$$\eta(I - U_1) = \tilde{h}.\mu U_1$$

vérifiant $\eta(h) = 1$ et finie sur $\mathcal{S}_b$ sont en bijection avec les *probabilités* m *sur* S *par la formule*

$$\eta = \mu(h) \int_S [U_h(s,\circ) + U_n(s,\circ) M_h W_h] \, m(ds)$$

Ces deux résultats justifient la terminologie de "frontière de Martin".

2) Quelques résultats de convergence

Il résulte de ce qui précède que les fonctions $x \to U_h(x,\circ)$ sont vaguement continues sur $E + S$ pour tout $h \in \mathcal{E}_K(E)$. Supposons maintenant qu'il existe une fonction $h \in \mathcal{E}_K(E)$ telle que $U_h \geq 1 \otimes \mu$. Cette hypothèse est automatiquement vérifiée sous des hypothèses de dualité car il existe des fonctions continues à support compact spéciales et ω-spéciales; nous notons toujours W_h le noyau potentiel associée.

PROPOSITION (II,4) *Pour tout* $h \in \mathcal{E}_K(E)$ *telle que* $U_h \geq 1 \otimes \mu$ *l'application* $x \to W_h(x,\circ)$ *se prolonge continuement à* $E + S$ *(pour la topologie de la convergence vague). Les mesures* $W_h(s,\circ)$ *sont positive et de Radon et*

$$(II,4,1) \qquad W_h(s,\circ) = [U_h(s,\circ) - \mu](I + M_h W_h)$$

Enfin les mesures $W_h(s,\circ)$, $s \in S$ *sont solutions de l'équation de Poisson* (I,4,2).

Démonstration En posant

$$W_h(s,\circ) = [U_h(s,\circ) - \mu](I + M_h W_h)$$

on obtient le prolongement cherché.

Remarque. En appliquant ce qui précède il est facile de voir que toute les solutions positives η finies sur les fonctions de $\mathcal{S}_b$ et telle que $\eta(h) = 1$, admettent la représentation

$$\eta = \frac{\mu(h)}{1-\mu(h)} \int_S W_h(s,\circ)\ m(ds)$$

où m est une probabilité sur S.

On notera aussi

PROPOSITION (II,5) *Pour tout $p > 0$ et tout $s \in S$*

$$\lim_{\substack{x \to s \\ x \in E}} U_p(s,\circ) = 0$$

Démonstration Le nombre p étant fixé, les mesures $(U_p(x,\circ))_{x \in E}$ forment un ensemble vaguement relativement compact, il suffit donc de montrer que toute valeur d'adhérence vague de la famille $(U_p(x,\circ))_{x \in E}$ est nulle. Soit λ une valeur d'adhérence vague lorsque x se tend vers s. Il existe une suite $(x_n)_{n \in \mathbb{N}}$ de E convergeant vers s telle que $U_p(x_n,\circ)$ converge vers λ. Si $k \in \mathscr{C}_K(E)$, $U_k(x_n,\circ)$ converge vers $U_k(s,\circ)$ et d'après l'équation résolvante

$$0 \leqslant U_h(s,f) + \lambda(f) \leqslant U_h(s,f)$$

pour tout $f \in \mathscr{C}_K(E)$. Ceci démontre que $\lambda = 0$.

Remarque La proposition (II,4) fait le lien avec la compactification de Martin faite dans [3] par Brunel et Revuz.

Nous ne développerons pas ici la théorie des frontières pour les cônes de fonctions. Disons simplement que l'on introduit de façon analogue à la définition (I,1) les cônes de fonctions h-excessives et h-invariantes.

Des hypothèses de dualité,forte, Blumenthalet Getoor [2] (Chap. IV) permettent de montrer que le cône des fonctions h-invariantes, h spéciale et co-spéciale, est isomorphe au cône des mesures h-co-invariantes (i.e. invariante pour la résolvante h) et que par suite on peut transporter la représentation intégrale obtenue précédement pour les mesures aux fonctions.

BIBLIOGRAPHIE

[1] BRANCOVAN M.
Fonctionnelles additives spéciales d'un processus de Harris. C.R. acad. Sc. Paris t. 283 série A. 1976 p.5 t. 59.

[2] BLUMENTHAL M. et GETOOR J.C.
Markov Processes and potential theory. Accad. Press 1968

[3] BRUNEL A. et REVUZ D.
Marches récurrentes au sens de Harris sur les groupes localement compact I.
Ann. Scient. Ec. norm. sup. 4 ème série, 7, fasc. 1. 1974

[4] NEVEU J.
Potentiel Markovien récurrent des chaines de Harris.
Ann. Inst. Fourier t. 22. 2 1972 p. 85-130.

[5] REVUZ D.
Markov Chaines. North Holland 1975.

[6] BRONNER F.
Représentation à la frontière en théorie du potentiel récurrent.
C.R. acad. Sc. Paris t. 281 série A. 1975

[7] BRONNER F.
Sur la frontière de Martin un processus récurrent et l'équation de Poisson.
C.R. acad. Sc. Paris t. 283 série A 1976

[8] BRONNER F.
Fonctionnelle additives, changements de temps et frontière récurrente.
C.R. Acad. Sc. de Paris 1977.

F. BRONNER

Dept. mathématique
Université Paris Nord
C S P

93430 VILLETANEUSE

ESPACES COMPLETEMENT RETICULES DE PSEUDO-NOYAUX. APPLICATIONS AUX RESOLVANTES ET AUX SEMI-GROUPES COMPLEXES

par D. FEYEL *

INTRODUCTION Cet article a pour but d'étendre au cas des noyaux - a pseudo-noyaux-complexes des résultats connus dans le cas réel positif. Les théorèmes principaux sont les théorèmes 13 et 14 du chapître II qui sont en gros une généralisation d'un théorème de Roth (cf. [6] p. 18 et 22).

On commence par analyser la structure de l'espace des opérateurs continus de $\mathbb{L}^1$ dans le chapître I, ce qui permet déjà de faire des majorations de familles résolvantes.

Le chapître II est une longue suite de lemmes et de propositions qui forment la démonstration des théorèmes 13 et 14. On a systèmatiquement utilisé la notion d'espace compact stonien (cf. [1] p. 32). Il semble que cela simplifie considérablement le langage et les notations.

* Cet article est une rédaction détaillée des exposés du 10/02/77 et du 5/05/77.

On obtient dans le chapître III des résultats sur la convergence presque sûre (théorème de dérivation, ou théorème ergotiques), et des théorèmes du type Hille-Yosida et Ray généralisant ceux de [4].

CHAPITRE I

(Ω, $\mathcal{B}$, σ) est un espace mesuré, où σ est une mesure σ-finie.

Nous commencerons par le lemme suivant qui est un résultat de [2] :

1. LEMME *Soit T (resp. S) une contraction de $\mathbb{L}^1(\sigma, \mathbb{C})$ (resp. $\mathbb{L}^\infty(\sigma, \mathbb{C})$), alors pour $f \in \mathbb{L}^1(\sigma)$, $f \geq 0$, la fonction*

$$Pf = \text{ess sup } \{ \ |Tg| \ / \ |g| \leq f \ \}$$

est intégrable, et $f \rightsquigarrow Pf$ définit une contraction positive de $L^1(\sigma, \mathbb{R})$.

De même, pour $\varphi \in \mathbb{L}^\infty(\sigma)$, $\varphi \geq 0$:

$$\mathcal{Q}\varphi = \text{ess sup } \{ \ |S\psi| \ / \ |\psi| \leq \varphi \ \}$$

est bornée, et $\varphi \rightsquigarrow \mathcal{Q}\varphi$ définit une contraction positive de $\mathbb{L}^\infty(\sigma, \mathbb{R})$.

Si de plus on a $S = T^*$, alors $\mathcal{Q} = P$ (l'étoile désigne la transposition).

DEMONSTRATION Commencons par le cas $\mathbb{L}^\infty$. On sait que

$L^\infty(\sigma)$ est isomorphe à $\mathcal{C}(X)$ où X est un espace compact stonien (cf. [1], p. 32) i.e. $\mathcal{C}(X)$, espace des fonctions continues sur X est complétement réticulé). Pour $x \in X$, $\varepsilon_X \circ S$ est une mesure complexe sur X. Posons $\mu_x = |\varepsilon_X S|$. On voit aisément que pour $\varphi \geqslant 0$, $x \rightsquigarrow \mu_x(\varphi)$ est une fonction s.c.i. sur X dont la régularisée supérieure qui est continue n'est autre que $\mathcal{Q}\varphi$, et $\varphi \rightsquigarrow \mathcal{Q}\varphi$ est une contraction positive de $\mathcal{C}(X) \simeq L^\infty(\Omega,\sigma)$.

Passons au cas $\mathbb{L}^1$. Calculons l'intégrale $\int Pf.d\sigma$.

Soient $g_1, g_2, \quad , g_k, |g_i| \leqslant f$, g_i complexes, et soit

$$h = \sup_{i \leqslant k} |Tg_i|$$

Si E_i est une partition de Ω telle que $h = |Tg_i|$ sur E_i, on a :

$$\int hd\sigma = \sum_i \int_{E_i} |Tg_i|d\sigma = \sum_i \int \overline{\alpha}_i \, Tg_i \, d\sigma$$

où pour tout $i > k$, α_i est une fonction complexe nulle hors de E_i, et de module $|\alpha_i| = 1$ sur E_i.

On obtient :

$$\int hd\sigma = \sum_i \int g_i \, \overline{T^*(\alpha_i)} \, d\sigma \leqslant \sum_i \int |g_i| \, |T^*(\alpha_i)|d\sigma$$

$$\leqslant \sum_i \int f|T^*\alpha_i|d\sigma$$

Soit $\mathcal{Q}$ la contraction positive de L^∞ associée à T^*, on a :

$$\int hd\sigma \leqslant \sum_i \int f|T^*\alpha_i|d\sigma \leqslant \sum_i \int f \quad (|\alpha_i|)d\sigma$$

$$= \int f \quad (1)d\sigma \leqslant \int fd\sigma$$

et finalement :

$$\int Pf\, d\sigma = \sup_h \int h d\sigma \leqslant \int f d\sigma$$

Soit $f_o \in \mathbb{L}^1$, $f_o > 0$, alors $\varphi \rightsquigarrow \dfrac{T(\varphi f_o)}{f_o + Pf_o}$ est une contraction de $\mathbb{L}^\infty$: on déduit du cas $\mathbb{L}^\infty$ que $f \rightsquigarrow Pf$ est linéaire, c'est donc une contraction positive de $\mathbb{L}^1$.

Supposons maintenant que $S = T^*$. On démontre exactement comme ci-dessus que pour f, et $\varphi \geqslant 0$, $f \in \mathbb{L}^1$, $\varphi \in \mathbb{L}^\infty$, on a :

$$\int \varphi Pfd\sigma \leqslant \int f\,\mathcal{Q}(\varphi)d\sigma \leqslant \int \varphi Pfd\sigma\ ,$$

et par suite $\mathcal{Q} = P^*$.

2. COROLLAIRE *L'espace $\mathcal{E}_R$ des opérateurs continus de $\mathbb{L}^1_{\mathbb{R}}(\Omega, \mathcal{B}, \sigma)$ est complètement réticulé pour son ordre naturel.*

Il en est de même pour $\mathbb{L}^\infty_{\mathbb{R}}$.

DEMONSTRATION Soit d'abord $T \in \mathcal{E}_{\mathbb{C}}$ (opérateurs complexes de $\mathbb{L}^1_{\mathbb{C}}$). Il est clair que l'opérateur P construit au lemme 1 est le plus petit opérateur positif P tel que

$$P \geqslant \text{Ré}(zT) \quad \text{pour tout} \quad z \in \mathbb{C}\ ,\ |z| = 1\ .$$

Nous le désignerons donc par $|T|$.

Si alors $T \in \mathcal{E}_{\mathbb{R}}$, posons $T^+ = \dfrac{T + |T|}{2}$, $T^- = \dfrac{|T| - T}{2}$.

On va montrer que T^+ est le plus petit opérateur $\geqslant 0$ majorant T. Si $f \geqslant 0$, on a $T(-f) \leqslant |T|(f)$ donc $T^+f \geqslant 0$.

Si $|g| \leqslant f$, et si $R \in \mathcal{E}_{\mathbb{R}}$ et $R \geqslant T$ avec $R \geqslant 0$, on a :

$$|Rg - Tg| \leqslant Rf - Tf \quad \text{car} \quad R - T \geqslant 0$$

d'où
$$|Tg| - |Rg| \leqslant |Rg - Tg| \leqslant Rf - Tf$$

puis $|Tg| \leqslant |Rg| + Rf - Tf \leqslant 2Rf - Tf$

et $|T|(f) \leqslant 2Rf - Tf$, soit $T^+f \leqslant Rf$.

Ainsi $\mathcal{E}_{\mathbb{R}}$ est réticulé.

Soit $(P_i)_{i \in I}$ une famille filtrante croissante, $0 \leqslant P_i \leqslant \mathcal{Q}$.
Posons pour $f \geqslant 0$: $Pf = \operatorname{ess\,sup}_i P_i f \leqslant \mathcal{Q} f$.

P est évidement un opérateur et est la borne supérieure des P_i.

De plus, on vérifie facilement la relation $||T| - |S|| \leqslant |T - S|$ et $\| |T| - |S| \| \leqslant \| T - S \|$.

Enfin, il est clair que $T \mapsto T^*$ est un isomorphisme de $\mathcal{E}_{\mathbb{R}}$ sur un sous-espace épais de $\mathcal{E}^*_{\mathbb{R}}$ ([1]p. 27)

<u>3.THEOREME</u> *Soit $(R_\lambda)_{\lambda > 0}$ une famille résolvante à contraction dans $\mathbb{L}^1_{\mathbb{C}}(\Omega,\sigma)$. Il existe une unique famille résolvante positive à contraction $(V_\lambda)_{\lambda > 0}$ dans $\mathbb{L}^1_R(\Omega,\sigma)$ ayant les propriétés suivantes :*

a) $V_\lambda \geqslant |R_\lambda|$ pour tout $\lambda > 0$.

b) Si V'_λ est une autre résolvante à contraction vérifiant a), alors on a $V_\lambda \leqslant V'_\lambda$ pour tout $\lambda > 0$.

<u>DEMONSTRATION</u> Posons $\mathcal{Q}_\lambda = |R_\lambda|$ pour $\lambda > 0$: $\lambda \mathcal{Q}_\lambda$ est une contraction positive de $\mathbb{L}^1_R$, et l'on a (corollaire 2) :

$$\| \mathcal{Q}_\lambda - \mathcal{Q}_\mu \| \leqslant \| R_\lambda - R_\mu \| \leqslant \frac{\mu - \lambda}{\lambda\mu}$$

donc $\lambda \mapsto \mathcal{Q}_\lambda$ est continue à valeurs dans $\mathcal{E}_{\mathbb{R}}$.

Posons alors par récurrence : $V_{\lambda,0} = \mathcal{Q}_\lambda$ et

$$V_{\lambda,n+1} = \int_{\lambda}^{+\infty} V_{t,n}^2 \, dt$$

On voit par récurrence que pour tout n , l'intégrale converge en norme et que $\lambda V_{\lambda,n}$ est une contraction positive de $\mathbb{L}^1_{\mathbb{R}}$.

La suite $V_{\lambda,n}$ est croissante : en effet, soit $f \geqslant 0$ et soit $g \in \mathbb{L}^1_{\mathbb{C}}$, $|g| \leqslant f$.

On a :

$$|R_\lambda g| \leqslant V_{\lambda,0} f = \mathcal{Q}_\lambda f \quad \text{et} \quad |R_\lambda^2 g| \leqslant V_{\lambda,0}^2 f = {}^2_\lambda f$$

donc

$$|R_\lambda g| = \left| \int_{\lambda}^{+\infty} R_t^2 g \, dt \right| \leqslant \int_{\lambda}^{+\infty} \mathcal{Q}_t^2 f \, dt = V_{\lambda,1} f$$

d'où

$$V_{\lambda,0} f \leqslant V_{\lambda,1} f \ , \quad \text{et} \quad V_{\lambda,0} \leqslant V_{\lambda,1} \ ,$$

puis $$V_{\lambda,0}^2 \leqslant V_{\lambda,1}^2$$

et par récurrence

$$V_{\lambda,n} \leqslant V_{\lambda,n+1} \ .$$

Soit $f \geqslant 0$. $V_\lambda f = \sup_n V_{\lambda,n} f$ est intégrable de norme $\leqslant \frac{1}{\lambda} \| f$ et λV_λ est ainsi une contraction positive de $\mathbb{L}^1_{\mathbb{R}}$.

Or $V_{\lambda,n} f$ converge fortement vers $V_\lambda f$: il s'ensuit que $V_{t,n}^2 f$ converge fortement et en croissant vers $V_t^2 f$, et l'on obtient à la limite :

$$V_\lambda f = \int_{\lambda}^{+\infty} V_t^2 \, f \, dt$$

Ce qui montre que $(V_\lambda)_{\lambda > 0}$ est une résolvante à contraction vérifiant le a).

Si V'_λ est une autre résolvante à contraction vérifiant a), on a par récurrence $V'_\lambda \geq V_{\lambda,n}$, d'où $V'_\lambda \geq V_\lambda$, ce qui prouve b) et l'unicité de V_λ.

c.q.f.d.

4.REMARQUES a) Soit $(R^*_\lambda)_{\lambda > 0}$ la résolvante adjointe à R_λ. Il est clair que $(V^*_\lambda)_{\lambda > 0}$ possède les propriétés analogues par rapport à $(R^*_\lambda)_{\lambda > 0}$.

b) On pourrait déjà démontrer les théorèmes de convergence de type dérivation ($\lambda \to \infty$) ou ergodiques ($\lambda \to 0$), nous préférons attendre le chapître III, après que nous aurons démontré le théorème 14.

CHAPITRE II

Construction d'une famille résolvante sur $\Gamma \times \Omega$(Γ = cercle unité dans $\mathbb{C}$)

Le but de ce chapitre est la démonstration des théorèmes 13 et 14 dont nous tirerons les conséquences au chapitre III.

D est le disque unité fermé dans $\mathbb{C}$, $\Gamma = \partial D$ est le cercle unité.

5.PROPOSITION *Soit $\mathcal{E}$ un espace de Riesz complètement réticulé, on note $\mathcal{E}_C$ son complexifié.*

Soit $P \in \mathcal{E}$, $P \geq 0$ et soit $T \in \mathcal{E}_{\mathbb{C}}$, vérifiant $|T| \leq P$

Il existe une mesure vectorielle $\Theta : \mathcal{B}(D) \to \mathcal{E}$, unique avec *les propriétés suivantes :*

a) $\theta \geqslant 0$ *et* $\theta(1) = P$

b) $\theta(Z) = T$ *(Z est l'application identique de D)*

c) si η *vérifie a) et b), alors* $\theta(\varphi) \leqslant \eta(\varphi)$ *pour toute fonction* φ *convexe sur D.*

<u>DEMONSTRATION</u> Comme on a $|T| \leqslant P$, on voit que l'application $\text{Ré}(aZ + b) \rightsquigarrow \text{Ré}(aT + bP)$ est linéaire $\geqslant 0$ sur l'espace des fonctions affines sur D. Notons la θ . Pour φ convexe, posons $\theta(\varphi) = \sup \{\theta(f) \ / \ f \text{ affine} \leqslant \varphi\}$. On a

$$\theta(\varphi + \psi) \geqslant \theta(\varphi) + \theta(\psi)$$

pour φ et ψ convexes. Or, si f est affine $\leqslant \varphi + \psi$, f s'écrit sous la forme $f = g + h$ où g et h sont affines et $g \leqslant \varphi$, $h \leqslant \psi$ (théorème de Hahn -Banach géomètrique dans $\mathbb{R}^3$), d'où

$$\theta(\varphi + \psi) \leqslant \theta(\varphi) + \theta(\psi)$$

Pour $\varphi \leqslant \psi$ on a bien sûr $\theta(\varphi) \leqslant \theta(\psi)$, et θ se trouve définie en application linéaire positive sur $C_o - C_o$ à valeurs dans $\mathcal{E}$ (C_o est le cône des fonctions convexes sur D). Il résulte de [3] que θ a un prolongement linéaire $\geqslant 0$ sur $\mathcal{C}(X)$, et ce prolongement est unique grâce à la densité de $C_o - C_o$.

Si η vérifie a) et b), on a $\theta(\varphi) \leqslant \eta(\varphi)$ pour $\varphi \in C_o$ grâce à la définition de θ.

<u>6.REMARQUE</u> Si $|T| = P$, on a $\theta(|Z|) = |T| = \theta(1)$, donc la mesure θ est portée par Γ , et c'est la seule vérifiant a) et b) car la trace de C_o sur Γ est dense dans $\mathcal{C}(\Gamma)$.

7. PROPOSITION *Soit X un compact stonien, soit P un opérateur linéaire positif de $\mathcal{C}(X)$, et soit T un opérateur continu de $\mathcal{C}_{\mathbb{C}}(X)$, $|T| \leq P$, il existe un opérateur $\mathcal{Q}$ linéaire positif de $\mathcal{C}(D \times X)$ unique vérifiant :*

a) $\mathcal{Q}(1 \otimes f) = 1 \otimes Pf$

b) $\mathcal{Q}(Z \otimes f) = Z \otimes Tf$

c) *Pour tout* $z \in D$ *et toute* $F \in \mathcal{C}(D \times X)$, *on a :*

$\mathcal{Q}(F_z) = [\ (F)]_z$ *où* F_z *est la fonction*

$F_z(\xi, x) = F(z\xi, x)$. *C'est à dire que* $\mathcal{Q}$ *est invariant sous l'action de* D.

d) *Si* R *est un opérateur linéaire* ≥ 0 *vérifiant a), b), c), alors on a* $R(\varphi \times f) \geq \mathcal{Q}(\varphi \times f)$ *pour* φ *convexe sur* D, *et* $f \in \mathcal{C}(X)$, $f \geq 0$.

DEMONSTRATION Il est clair (comme dans le lemme 1) que l'espace $\mathcal{E}$ des opérateurs réels continus de $\mathcal{C}(X)$ est complètement réticulé. Soit θ la mesure vectorielle de la proposition 5. Pour $x \in X$, posons :

$$B_x(\varphi, f) = \theta(\varphi)(f)(x)$$

et B_x est une bimesure ≥ 0 sur $D \times X$. Soit μ_x la mesure associée à B_x par

$$\mu_x(\varphi \otimes f) = B_x(\varphi, f) = \theta(\varphi)(f)(x),$$

On pose :

$$\mathcal{Q}(F)\ (z,x) = \mu_x(F_z)$$

et alors $\mathcal{Q}$ vérifie évidemment a), b), c), ($z \mapsto F_z$ est continue pour la convergence uniforme).

Il reste à montrer d). Pour $\varphi \geqslant 0$, soit $\eta(\varphi)$ l'opérateur $f \leadsto \eta(\varphi)(f) = R(\varphi \otimes f)(1,.)$. On a grâce à a), b), c) :

α) $R(\varphi \otimes f)(z,x) = \eta(\varphi_z)(f)(x) \quad (\varphi_z(\xi) = \varphi(z\xi))$

β) η est une mesure vectorielle $\geqslant 0$ à valeurs dans $\mathcal{E}$.

γ) $\eta(1) = P$ et $\eta(Z) = T$

On en déduit (proposition 5) :

$\theta(\varphi) \leqslant \eta(\varphi)$ pour φ convexe sur D, donc

$$\mathcal{Q}(\varphi \otimes f) \leqslant R(\varphi \otimes f)$$

pour φ convexe sur D et $f \geqslant 0$ sur X.

L'unicité de $\mathcal{Q}$ en découle.

<u>8. LEMME</u> *On note C le cône convexe*

$C = \{F \in \mathcal{C}(D \times X) \ / \ F \geqslant 0$ *et* $z \leadsto F(z,x)$ *est convexe sur* D *pour tout* $x \in X\}$

et $\mathcal{H}$ *l'espace vectoriel :*

$\mathcal{H} = \{H \in \mathcal{C}(D \times X) \ / \ z \leadsto H(z,x)$ *est harmonique sur* $\mathring{D}$ *pour tout* $x \in X\}$.

Soit R *vérifiant* a), b), c) *de la proposition* 7), *on a :*

$$R(C) \subset C \quad , \quad R(\mathcal{H}) \subset \mathcal{H}$$

et si $\mathcal{Q}$ *est l'opérateur minimal de la proposition* 7), *on a*

$$\mathcal{Q} F \leqslant RF \quad \textit{pour toute} \quad F \in C$$

<u>DEMONSTRATION</u> On a $RF(z,x) = \nu_x(F_z)$ (cf prop. 7),

D'où pour toute mesure $\lambda \geqslant 0$ sur D :

$$\int RF(z,x)\,d\lambda(z) = \iint F(z\xi,y)\,d\nu_x(\xi,y)\,d\lambda(z)$$

d'où

$$R(C) \subset C \quad \text{et} \quad R(\mathcal{H}) \subset \mathcal{H}.$$

Si F est de la forme $\varphi \otimes f$ avec φ convexe $\geqslant 0$ et $f \in \mathcal{C}(X)$, $f \geqslant 0$, on a : $\theta(\varphi) \leqslant \eta(\varphi)$ où θ et η sont les mesures vectorielles associées à $\mathcal{L}$ et R. (cf. prop. 7). On en déduit :

$$\mathcal{L}(\varphi \otimes f) \leqslant R(\varphi \otimes f)$$

Les combinaisons linéaires positives de ces vrais produits tensoriels sont denses dans C : d'où le résultat.

<u>9.PROPOSITION</u> *Soit $(R_\lambda)_{\lambda > 0}$ une famille résolvante à contraction d'opérateurs complexes continus de $\mathcal{C}(X,\mathbb{C})$ où X est compact stonien. Il existe comme dans le théorème 3 une unique famille résolvante positive à contraction $(V_\lambda)_{\lambda > 0}$ sur $\mathcal{C}(X)$ avec les propriétés suivantes :*

a) $V_\lambda \geqslant |R_\lambda|$

b) si V'_λ est une autre résolvante à contraction vérifiant a), alors $V_\lambda \leqslant V'_\lambda$ pour tout $\lambda > 0$.

<u>DEMONSTRATION</u> Par récurrence transfinie :

$$V_{\lambda,0} = |R_\lambda|$$

$$V_{\lambda,\xi+1} = \int_\lambda^{+\infty} V^2_{t,\xi}\,dt$$

et si η est un ordinal limite :

$$V_{\lambda,\eta} f = \sup_{\xi<\eta} V_{\lambda,\xi} f \quad \text{pour } f \geqslant 0 \text{ où le sup est pris dans } \mathcal{C}(X).$$

On vérifie par récurrence comme dans le théorème 3, que les $\lambda V_{\lambda,\xi}$ sont tous des contractions positives de $\mathcal{E}(X)$, que $\xi \rightsquigarrow V_{\lambda,\xi}$ est croissante, et que l'on a pour $\lambda \leq \mu$

$$V_{\mu,\xi} \leq V_{\lambda,\xi} \leq V_{\mu,\xi} + (\mu - \lambda) V^2_{\lambda,\xi}$$

d'où

$$\| V_{\mu,\xi} - V_{\lambda,\xi} \| \leq \frac{\mu - \lambda}{\lambda^2}$$

et la fonction $\lambda \rightsquigarrow V_{\lambda,\xi}$ est continue.

Il existe un ordinal pour lequel $V_{\lambda,\xi+1} = V_{\lambda,\xi}$, on pose alors

$$V_\lambda = V_{\lambda,\xi}$$

il répond évidemment aux conditions de l'énoncé.

10. PROPOSITION *Soit $(R_\lambda)_{\lambda > 0}$ une résolvante à contraction sur $\mathcal{E}(X,\mathbb{C})$ où X est compact stonien. Soit $(V_\lambda)_{\lambda > 0}$ une résolvante positive à contraction sur $\mathcal{E}(X)$, vérifiant $V_\lambda \geq |R_\lambda|$ (il en existe d'après la proposition 9). Alors il existe une famille résolvante $(W_\lambda)_{\lambda > 0}$ positive à contraction, de l'espace $\mathcal{E}(D \times X)$ telle que :*

a) $W_\lambda(1 \otimes f) = 1 \otimes V_\lambda f$
b) $W_\lambda(Z \otimes f) = Z \otimes R_\lambda f$ $\Big|$ $\lambda > 0$ *et* $f \in \mathcal{E}(X)$

c) W_λ *est invariante sous l'action de* D *(même signification qu'en proposition 7).*

DEMONSTRATION Par récurrence transfinie, pour $\lambda \in \mathbb{N}^* = \mathbb{N} - \{0\}$. On note $\mathcal{Q}_\lambda$ $(\lambda \in \mathbb{N}^*)$ l'opérateur de la proposition 7. On pose $W_{\lambda,0} = \mathcal{Q}_\lambda$.

Si ξ est un ordinal :

$$W_{\lambda,\xi+1} = \sum_{k \geqslant 0} W_{\lambda+k,\xi} W_{\lambda+k+1,\xi}$$

Si η est un ordinal limite :

$$\theta_{\lambda,\eta}(\varphi)(f) = \sup_{\xi<\eta} \theta_{\lambda,\xi}(\varphi)(f), \left| \begin{array}{l} \varphi \text{ convexe} \geqslant 0 \text{ sur } D. \\ f \geqslant 0 \quad f \in \mathcal{C}(X). \end{array} \right.$$

où $\theta_{\lambda,\xi}$ est la mesure vectorielle de la proposition 7 associée à $W_{\lambda,\xi}$, et où le sup est pris dans $\mathcal{C}(X)$.

On vérifie par récurrence les propriétés suivantes qui permettent de faire la récurrence :

α) Les $\lambda W_{\lambda,\xi}$ sont des contractions positives de $\mathcal{C}(X)$, et la série définissant $W_{\lambda,\xi+1}$ converge normalement.

β) $W_{\lambda,\xi}(1 \otimes f) = 1 \otimes V_\lambda f$; $W_{\lambda,\xi}(Z \otimes f) = Z \otimes R_\lambda f$, $f \in \mathcal{C}(X)$

γ) $W_{\lambda,\xi}$ est invariante sous l'action de D.

δ) Pour $F \in C$ et $\xi < \eta$, on a $W_{\lambda,\xi}F \leqslant W_{\lambda,\eta}F$

ε) Pour φ convexe sur D, en $\xi < \eta$:

$$\theta_{\lambda,\xi}(\varphi) \leqslant \theta_{\lambda,\eta}(\varphi) \leqslant \|\varphi\| . V_\lambda$$

En effet, les cinq propriétés sont vérifiées sur le segment $[0,1]$ (invariance de C et proposition 7) elles le sont de même sur le segment $[0,\xi+1]$. dès qu'elles le sont sur le segment $[0,\xi]$.

Soit η un ordinal limite tel que les cinq propriétés soient vérifiées sur $[0,\eta[$.

On a

$$W_{\lambda,\eta}(\varphi \otimes f)(z,X) = \theta_{\lambda,\eta}(\varphi_z)(f)(X) \text{ ; donc}$$

$W_{\lambda,\eta}$ vérifie α),β),γ), et ε) est vérifiée sur $[0,\eta]$. Il suffit de vérifier δ) pour F de la forme $\varphi \otimes f$, avec φ convexe $\geqslant 0$ et $f \geqslant 0$, or cela s'écrit simplement

$$\theta_{\lambda,\xi}(\varphi_z) \leqslant \theta_{\lambda,\eta}(\varphi_z) .$$

Il existe ξ pour lequel $W_{\lambda,\xi}F = W_{\lambda,\xi+1}F$ pour toute $F \in C$, donc pour toute $F \in \mathcal{C}(X)$ par densité de C-C. On pose

$$W_\lambda = W_{\lambda,\xi} .$$

Supposons (cela résulte du lemme suivant) que $(W_\lambda)_{\lambda \in \mathbb{N}^*}$ admette un prolongement en famille résolvante $(W_\lambda)_{\lambda > 0}$. Les équations

$$W_\lambda = \sum_{n \geqslant 0} (k - \lambda)^n W_k^{n+1}$$

valables pour $0 < \lambda < 2k$ montrent alors que cette famille résolvante vérifie toutes les conditions de l'énoncé.

<u>*10 bis LEMME*</u> *Soit* A *une algèbre de Banach avec unité 1, et soit* $(x_\lambda)_{\lambda \in \mathbb{N}^*}$ *une suite résolvante à contraction, c'est-à-dire :*

a) $x_\lambda = x_{\lambda+1} + x_\lambda x_{\lambda+1}$

b) $\| \lambda x_\lambda \| \leqslant 1$

pour $\lambda \in \mathbb{N}^*$.

Alors il existe une famille résolvante à contraction unique $(x_\lambda)_{\lambda > 0}$ *prolongeant la suite donnée.*

<u>DEMONSTRATION</u> L'unicité provient de la formule nécessaire :

$$x_\lambda = \sum_{n \geqslant 0} (k - \lambda)^n x_k^{n+1} \quad \text{pour } 0 < \lambda < 2k.$$

(la série converge normalement).

Passons à l'existence : l'équation a) s'écrit aussi :

$$(1 + x_\lambda)\ (1 - x_{\lambda+1}) = 1$$

ce qui prouve que $1 + x_\lambda$ est inversible, d'inverse $\sum_{n \geqslant 0} x^n_{\lambda+1}$, donc $x_\lambda = \sum_{n \geqslant 0} x^{n+1}_{\lambda+1}$

Considérons l' équation différentielle :

$$(E_k) \begin{cases} \dfrac{d}{d\lambda} y_\lambda = - y_\lambda^2 \\ y_k = x_k \quad \text{(condition initiale)} \end{cases}$$

qui admet la solution $y_\lambda = \sum_{n \geqslant 0} (k - \lambda)^n x_k^{n+1}$

sur l'intervalle $I_k =]0,2k[$.

On a pour $k \geqslant 2$: $y_{k-1} = \sum_{n \geqslant 0} x_k^{n+1} = x_{k-1}$

qui est la condition initiale de E_{k-1} : on en déduit que toutes les solutions des équations E_k coincident sur les I_k : leur valeur commune $(y_\lambda)_{\lambda > 0}$ répond à la question.

<u>*11.PROPOSITION*</u> *Soit $\Gamma = \partial D$ le cercle unité. Soit (T,P) le couple de la proposition 7, et soit $\mathcal{Q}$ l'opérateur associé sur $\mathcal{C}(D \times X)$. (X compact stonien)*

Pour $F \in \mathcal{C}(\Gamma \times X)$, on note $\tilde{F}$ le prolongement de F en fonction continue sur $D \times X$, $\tilde{F} \in \mathcal{H}$ (cf.lemme 8).

On pose $\mathcal{Q}F = \mathcal{Q}\tilde{F}_{|\Gamma}$ (restriction à Γ)

Alors $\tilde{\mathcal{Q}}$ a les propriétés suivantes :

o) $\tilde{\mathcal{Q}}$ est linéaire $\geqslant 0$ sur $\mathcal{C}(\Gamma \times X)$

a) $\widetilde{\mathcal{Q}}(1 \otimes f) = 1 \otimes Pf$

b) $\widetilde{\mathcal{Q}}(2 \otimes f) = 2 \otimes Tf$

c) $\widetilde{\mathcal{Q}}$ *est invariant sous l'action de* Γ.

DEMONSTRATION C'est évident.

12.PROPOSITION *Soit* W_λ *la famille résolvante construite en proposition 10. Pour* $F \in \mathcal{C}(\Gamma \times X)$, *on pose comme en proposition 11 :* $\widetilde{W}_\lambda F = W_\lambda \widetilde{F}_{|\Gamma}$. *Alors on a :*

o) $(\widetilde{W}_\lambda)_{\lambda > 0}$ *est résolvante à contraction sur* $\mathcal{C}(\Gamma \times X)$

a) $\widetilde{W}_\lambda(1 \otimes f) = 1 \otimes V_\lambda f$

b) $\widetilde{W}\ (2 \otimes f) = 2 \otimes R_\lambda f$

c) $\widetilde{W}_\lambda$ *est invariante sous l'action de* Γ.

DEMONSTRATION Ceci est dû à l'invariance de W_λ par l'action de D : on voit comme au lemme 8, que l'on a : $W_\lambda(\mathcal{H}) \subset \mathcal{H}$, ce qui montre la relation

$$\widetilde{W}_\lambda - \widetilde{W}_\mu = -(\lambda - \mu)\, \widetilde{W}_\lambda \widetilde{W}_\mu$$

et les autres propriétés sont évidentes.

Nous sommes maintenant en mesure d'énoncer les deux théorèmes qui nous intéressent, et qui généralisent ceux de [6] (cf. introduction).

13.THEOREME $(\Omega, \mathcal{B}, \sigma)$ *est un espace mesuré, et* σ *est une mesure* σ-*finie.* T *est une contraction de* $\mathbb{L}^1_{\mathbb{C}}(\Omega, \mathcal{B}, \sigma)$.

Soit $P \geq |T|$. *Il existe une contraction positive* $\mathcal{Q}$ *de*

$\mathbb{L}^1(\Gamma \times \Omega, \mathcal{B}_0 \otimes \mathcal{B}, \tau \otimes \sigma)$ *où* τ *est la mesure de Lebesgue sur* Γ, *et* $\mathcal{B}_0$ *la tribu borélienne sur* Γ, *vérifiant :*

a) $\mathcal{Q}(1 \otimes f) = 1 \otimes Pf$
b) $\mathcal{Q}(Z \otimes f) = Z \otimes Tf$ } *pour* $f \in L^1(\sigma)$

c) $\mathcal{Q}$ *est invariante sous l'action de* Γ.

DEMONSTRATION On note T^* et P^* les transposés de T et P. On a $P^* \geqslant |T^*|$. D'autre part, il existe un compact stonien X tel que $\mathbb{L}^\infty(\Omega, \mathcal{B}, \sigma)$ soit isomorphe et isométrique à $\mathcal{C}(X)$. Soient P et $\tilde{T}$ les opérateurs de $\mathcal{C}(X)$ correspondant à P et T, et soit $\tilde{\mathcal{Q}}$ un opérateur positif sur $\mathcal{C}(\Gamma \times X)$ vérifiant les conditions de la proposition 11.

Pour $G \in \mathcal{C}(\Gamma \times X)$ et $f \in \mathbb{L}^1(\Omega, \mathcal{B}, \sigma)$, on a :

$$< 1 \otimes f, \tilde{\mathcal{Q}}(G) > = < 1 \otimes Pf, G >$$

où $< , >$ désigne la dualité entre $\mathbb{L}^1(\Gamma \times \Omega, \tau \otimes \sigma)$ et $\mathcal{C}(\Gamma \times X)$ ($\hookrightarrow \mathbb{L}^\infty(\Gamma \times \Omega, \tau \otimes \sigma)$).

Il suffit de le voir pour G de la forme $G = \varphi \otimes g$, avec $\varphi \in \mathcal{C}(\Gamma)$ et $g \in \mathcal{C}(X)$.

Or, $\tilde{\mathcal{Q}}$ est invariante par Γ, on a donc :

$$< 1 \otimes f, \tilde{\mathcal{Q}}(\varphi \otimes g) = < 1 \otimes f, \tilde{\mathcal{Q}}(\varphi_z \otimes g) >$$

$$= < 1 \otimes f, \tilde{\mathcal{Q}}(A \otimes g) \quad \text{où } A \text{ est la constante } \int_\Gamma \varphi \, d\tau$$

On obtient :

$$< 1 \otimes f, \tilde{\mathcal{Q}}(\varphi \otimes f) > = < 1 \otimes f, A \otimes \tilde{P}g > = < 1 \otimes Pf, A \otimes g >$$

$$= < 1 \otimes Pf, \varphi \otimes g >$$

Supposons donc $f > 0$ (c'est possible car σ est σ-finie), et soit $G_n \in \mathscr{C}(\Gamma \times X)$ telle que G_n converge en décroissant vers O $\tau \otimes \sigma$-presque partout (sur $\Gamma \times X$ ou sur $\Gamma \times \Omega$). Alors

$$< 1 \otimes f, \tilde{Q}(G_n) > = < 1 \otimes Pf, G_n >$$

tend vers O, donc $\tilde{\mathscr{Q}}(G_n)$ tend vers O $\tau \otimes \sigma$-presque partout en décroissant. On peut supposer que σ est finie : c'est donc une mesure de Radon $\geqslant 0$ sur X. Si $F \in \mathbb{L}^1(\Gamma \times X, \tau \otimes \sigma)$, $F \geqslant 0$, la forme $G \leadsto < F, \tilde{\mathscr{Q}}(G) >$ est absolument continue par rapport à $\tau \otimes \sigma$: on note $\mathscr{Q}F$ sa densité de Lebesgue-Nikodym. L'opérateur $\mathscr{Q}$ dont le transposé est $\tilde{\mathscr{Q}}$ vérifie les conditions de l'énoncé.

<u>14.THEOREME</u> *$(\Omega, \mathscr{B}, \sigma)$ est un espace mesuré où σ est une mesure σ-finie. Soit $(R_\lambda)_{\lambda > 0}$ une résolvante à contraction sur $\mathbb{L}^1_{\mathbb{C}}(\Omega, \mathscr{B}, \sigma)$, et soit $(V_\lambda)_{\lambda > 0}$ une résolvante positive à contraction majorant $(R_\lambda)_{\lambda > 0}$ (cf. th. 3). Il existe une famille résolvante positive à contraction $(W_\lambda)_{\lambda > 0}$ sur l'espace $\mathbb{L}^1(\Gamma \times \Omega, \mathscr{B}_0 \otimes \mathscr{B}, \tau \otimes \sigma)$ ($\mathscr{B}_0$ tribu borélienne sur Γ, et τ mesure de Lebesgue), vérifiant :*

a) $W_\lambda(1 \otimes f) = 1 \otimes V_\lambda f$
b) $W_\lambda(Z \otimes f) = Z \otimes R_\lambda f$
pour $f \in \mathbb{L}^1(\sigma)$ et $\lambda > 0$ (a et b)

c) W_λ est invariante sous l'action de Γ.

<u>DEMONSTRATION</u> On note R^*_λ et V^*_λ les transposés de R_λ et V_λ. On est en position d'appliquer la proposition 12, sur $\mathscr{C}(X)$ ($\tilde{\approx} \mathbb{L}^\infty(\Omega, \sigma)$) car V^*_λ est une résolvante positive à contraction majorant $|R^*_\lambda|$.

On applique le raisonnement du théorème 13 à chaque couple $(R^*_\lambda, V^*_\lambda)$. La famille W_λ obtenue satisfait aux conditions de l'énoncé.

CHAPITRE III

Soit $(R_\lambda)_{\lambda > 0}$ une résolvante complexe à contraction sur $\mathbb{L}^1_{\mathbb{C}}(\Omega, \mathcal{B}, \sigma)$. Nous disons que $(R_\lambda)_{\lambda > 0}$ est propre si l'on a

$$|R_\lambda|(+\infty) \equiv +\infty, \text{ pour tout } \lambda > 0 .$$

<u>*15. LEMME*</u> *Cette condition est indépendante de* λ *.*

De plus, $(R_\lambda)_{\lambda > 0}$ *est propre si et seulement si la plus petite résolvante* $(V_\lambda)_{\lambda > 0}$ *du théorème 3 est propre.*

<u>DEMONSTRATION</u> Supposons que pour un $\lambda > 0$ on ait $|R|(+\infty) \not\equiv +\infty$. Il existe un ensemble A non négligeable tel que $R_\lambda(g) = 0$ sur A pour toute $g \in \mathbb{L}^1_{\mathbb{C}}$.

On a

$$R_\mu g = R_\lambda[g + (\lambda - \mu) R_\mu g] = 0 \text{ sur } A$$

donc

$$|R_\mu|(+\infty) = 0 \text{ sur } A$$

et aussi

$$|R_\mu|^2(+\infty) = 0 \text{ sur } A.$$

Reprenons la démonstration du théorème 3, on a par récurrence :

$$V_{\lambda,n}(+\infty) = 0 \text{ sur } A$$

et

$$V_\lambda(+\infty) = 0 \text{ sur } A \text{ :}$$

V_λ n'est pas une résolvante propre.

Inversement, si pour un λ on a $V_\lambda(+\infty) = 0$ sur A (condition indépendante de λ), on a pour tout μ:

$$|R_\mu|(+\infty) \leqslant V_\mu(+\infty) = 0 \text{ sur } A.$$

<u>16. THEOREME</u> *Soit $(R_\lambda)_{\lambda>0}$ une résolvante propre à contraction sur $\mathbb{L}^1_{\mathbb{C}}(\Omega, \mathcal{B}, \sigma)$. $\Lambda \subset]0, +\infty[$ désigne un ensemble dénombrable quelconque partout dense dans $]0, +\infty[$. Alors; si V_λ est une résolvante positive propre à contraction majorant $|R_\lambda|$:*

a) Quand $\lambda \to +\infty$, et pour $f \in \mathbb{L}^1_{\mathbb{C}}$, $\lambda R_\lambda f$ converge fortement vers Sf où S est un projecteur de $\mathbb{L}^1_C$ qui commute aux λR_λ.

b) Quand $\lambda \to +\infty$, $\lambda \in \Lambda$, $\lambda R_\lambda f$ converge σ-presque partout vers Sf.

c) Quand $\lambda \to 0$, $\lambda \in \Lambda$, $\dfrac{R_\lambda f}{V_\lambda \phi}$ où $\phi \in \mathbb{L}^1_{\mathbb{R}}$, $\phi > 0$, converge σ-presque partout.

d) Quand $\lambda \to \mu$, $\in]0, +\infty[$, $\lambda \in \Lambda$, $R_\lambda f$ converge σ-presque partout vers $R_\mu f$.

<u>DEMONSTRATION</u> Soit $(W_\lambda)_{\lambda>0}$ la résolvante du théorème 14. On a $\lambda W_\lambda(Z \otimes f) = Z \otimes \lambda R_\lambda f$: elle converge fortement quand $\lambda \to +\infty$ dans $\mathbb{L}^1_C(\Gamma \times \Omega, \mathcal{B}_o \otimes \mathcal{B}, \tau \otimes \sigma)$, (cf. [4], théorème 4) donc $\lambda R_\lambda f$ converge fortement vers Sf.

Il existe une sous-tribu $\mathcal{F}$ de $\mathcal{B}_o \otimes \mathcal{B}$ telle que l'on ait $Z \otimes Sf = u\, E^{\mathcal{F}}(\frac{Z \otimes f}{u}, \rho) = T(Z \otimes f)$, où $u \in \mathbb{L}^1(\mathcal{B}_o \times \mathcal{B}, \tau \otimes \sigma)$, $u > 0$, et $\rho = u(\tau \times \sigma)$, et où E est l'opérateur d'espérance conditionnelle sur $\mathcal{F}$.

On a $T^2 = T$ et T commute aux λW_λ, donc $S^2 = S$ et S commute aux λR_λ.

b) $Z \otimes \lambda R_\lambda f$ converge $\tau \otimes \sigma$-presque partout sur $\Gamma \times \Omega$([4], th.10). Donc, pour τ-presque tout $z \in \Gamma$, $\lambda R_\lambda f(x)$ converge vers $Sf(x)$ pour σ-presque tout $x \in \Omega$: il existe donc au moins un $z \in \Gamma$ pour lequel b) est vraie.

c) Considérons $\dfrac{W_\lambda(Z \otimes f)}{W_\lambda(1 \otimes \Phi)}$. Ce rapport converge $\tau \otimes \sigma$-presque partout sur $\Gamma \times \Omega$(cf.[4], cor. 23) quand $\lambda \to 0$ dans Λ. Ce rapport vaut $\dfrac{Z \otimes R_\lambda f}{1 \otimes V_\lambda \Phi}$, d'où le résultat.

d) On remarque que $W_\lambda(Z \otimes f) = Z \otimes R_\lambda f$ possède la propriété correspondante (car pour $F \geqslant 0$, $\lambda \rightsquigarrow W_\lambda F$ est décroissante et continue en norme $\mathbb{L}^1$).

17. REMARQUES

a) En considérant les parties réelles de ces fonctions, on obtiendrait la convergence pour l'ordre dans $\mathbb{L}^1_{\mathbb{R}}$, et l'on pourrait supprimer l'ensemble Λ des énoncés.

b) Si les λR_λ sont aussi des contractions de $L^\infty_{\mathbb{C}}(\sigma)$, alors les λW_λ sont aussi des contractions de $\mathbb{L}^\infty_R(\tau \otimes \sigma)$, donc quand $\lambda \to 0 (\lambda \in \Lambda)$, $\lambda R_\lambda f$ converge σ-presque partout pour toute $f \in \mathbb{L}^p_{\mathbb{C}}(\sigma)$, $p < +\infty$, et fortement dans $\mathbb{L}^p_{\mathbb{C}}(\sigma)$ pour $p > 1$ (et même $p = 1$ si $\sigma(\Omega) < +\infty$)(cf. [4] th. 17).

c) Dans le cas où (V_λ) est conservative (i.e. $V_0\phi \equiv +\infty$) (cf. [4], cor. 23), on a $W_0(1 \otimes \phi) \equiv +\infty$: (W_λ) est conservative.

On voit que pour toute fonction invariante adjointe φ (i.e. $\lambda R^*_\lambda \varphi = \varphi$ pour tout $\lambda > 0$), on a $R_\lambda(\varphi f) = \varphi V_\lambda f$ pour toute $f \in \mathbb{L}^1_{\mathbb{C}}(\sigma)$. De plus $|\varphi|$ est invariante adjointe pour la résolvante (V_λ).

18. THEOREME *Soit $(R_\lambda)_{\lambda > 0}$ une résolvante propre à contraction sur $\mathbb{L}^1_{\mathbb{C}}(\Omega, \ ,\sigma)$. Il existe une semi-groupe $(T_t) \geq 0$ unique de contractions de $\mathbb{L}^1_{\mathbb{C}}(\sigma)$ tel que*

$$R_\lambda f = \int_0^{+} e^{-\lambda t} T_t f \, dt$$

et $(T_t)_{t \geq 0}$ est fortement continu ($T_0 \neq I$ en général).

DEMONSTRATION Le semi-groupe $(\mathcal{Q}_t)_{t \geq 0}$ associé à $(W_\lambda)_{\lambda > 0}$ sur $\Gamma \times \Omega$ est invariant sous l'action de Γ (unicité dans la transformation de Laplace). Donc $\mathcal{Q}_t(Z \otimes f)$ est de la forme $Z \otimes T_t f$. De même $\mathcal{Q}_t(1 \otimes f)$ est de la forme $1 \otimes P_t f$, ce qui donne de semi-groupe associé à $(V_\lambda)_{\lambda > 0}$.

On a donc $P_t \geq |T_t|$ pour tout $t \geq 0$.

19. REMARQUE

a) Inversement, la donnée de $(T_t)_{t \geq 0}$ propre, détermine R_λ , propre, donc aussi P_t et $\mathcal{Q}_t$.

b) Posons

$$\tilde{T}_t f = \frac{1}{t} \int_0^t T_s f \, ds, \quad \tilde{P}_t f = \frac{1}{t} \int_0^t P_s f \, ds,$$

$$\tilde{\mathcal{Q}}_t F = \frac{1}{t} \int_0^t \mathcal{Q}_s F \, ds.$$

On obtient pour $t \to 0$ (resp $t \to \infty$) des théorèmes de convergence analogues à ceux du théorème 16 (cf. [4] , th. 11 et 17).

c) Si T est un opérateur de $\mathbb{L}^1_{\mathbb{C}}(\sigma)$, en posant $P = |T|$, on obtient aussi le théorème de Chacon et Ornstein sous la forme suivante :

$\dfrac{f + Tf \longmapsto + T^n f}{\phi + P\phi \longmapsto + P^n \phi}$ converge presque partout quand $n \to +\infty$,

où $f \in \mathbb{L}^1_{\mathbb{C}}$, et $\Phi \in \mathbb{L}^1_{\mathbb{R}}$, $\Phi > 0$ (Il suffit de considérer l'opérateur $\mathcal{Q}$ du théorème 13).

Pour finir, indiquons le résultat suivant qui est une conséquence de [4], th.36.

20.THEOREME *Soit $(X,\mathcal{B})$ un espace mesurable. On considère deux familles résolvantes à contraction sur X, constituées par des noyaux bornés R_λ complexes et V_λ réels ≥ 0, tels que $V_\lambda f \geq |R_\lambda f|$ pour $f \geq 0$. On peut supposer que V_λ et R_λ sont achevées, $V_0 = V$. $\hat{\mathcal{B}}$ désigne la tribu engendrée par $\mathcal{B}$ et les ensembles contenus dans un ensemble V-négligeable appartenant à $\mathcal{B}$. Il existe des opérateurs (T_t, P_t) sur $\mathcal{L}^\infty(\hat{\mathcal{B}})$ avec les propriétés suivantes :*

a) Les P_t sont des contractions réelles positives de $\mathcal{L}^\infty(\hat{\mathcal{B}})$.

b) $|g| \leq f$ V-presque partout entraîne $|T_t f| \leq P_t f$ partout.

c) Les $(P_t)_{t \geq 0}$ et les $(T_t)_{t \geq 0}$ sont des semi-groupes.

d) Les P_t et les T_t sont des pseudo-noyaux, i.e., $E = \bigcup_n E_n$, E_n disjoints entraîne $P_t(E) = \sum_{n \geq 0} P_t(E_n)$ V-presque partout, et $T_t(E) = \sum_{n > 0} T_t(E_n)$ V-presque partout.

e) $(t,x) \leadsto P_t f(x)$ et $(t,x) \leadsto T_t f(x)$ sont $\mathcal{C}$-mesurables, où $\mathcal{C}$ est la tribu engendrée par $\mathcal{B}_0 \otimes \mathcal{B}$ ($\mathcal{B}_0$ borélienne sur $[0,+\infty]$) et les ensembles E inclus dans un ensemble A tel que :

α) $A \in \mathcal{B}_0 \otimes \mathcal{B}$

β) *toute section verticale de* A *est* V*-négligeable*

γ) *toute section horizontale de* A *est* τ*-négligeable* *(T, Lebesgue)*

δ) *On a pour tout* $f \in \mathcal{L}^\infty(\hat{\mathcal{B}})$:

$$\left.\begin{aligned} V_\lambda f(x) &= \int_0^{+} e^{-\lambda t} P_t f(x)\, dt \\ R_\lambda f(x) &= \int_0^{\infty} e^{-\lambda t} T_t f(x)\, dt \end{aligned}\right\} \text{ pour tout } x \in X .$$

<u>DEMONSTRATION</u> Tout ce qui concerne les V_λ et les P_t a déjà été démontré dans [4] . Rappelons que l'on posait

$$t\,\mathcal{Q}_t f(x) = Vf(x) - P_t Vf(x)$$

où P_t est le semi-groupe sur l'espace de Banach $\mathcal{A}$, adhérence uniforme de $V(\mathcal{L}^\infty_{\mathbb{R}}(\hat{\mathcal{B}}))$ qui existe d'après le théorème de Hille-Yosida. On choisissait un ultrafitre $\mathcal{U}$ sur $]0,+\infty[$ convergeant vers 0, et l'on posait :

$$P_t f(x) = \lim_{\substack{h \to o \\ \mathcal{U}}} \frac{I - P_h}{h} P_t\, Vf(x) .$$

Soit maintenant $\mathcal{A}_1$ l'adhérence uniforme de $R_o\,(\mathcal{L}^\infty_C(\hat{\mathcal{B}}))$, on pose

$$tS_t f(x) = Rf(x) - T_t Rf(x)$$

où T_t est le semi-groupe sur $\mathcal{A}_1$ donné par le théorème de Hille-Yosida.

Soit $a \in X$. $\varepsilon_a V_o$ est une mesure excessive pour les deux résolvantes : λR_λ devient une résolvante à contraction dans $\mathbb{L}^1_{\mathbb{C}}(\varepsilon_a V)$. Le théorème 17 et le même raisonnement que dans [4] montrent que l'on a $|g| \leqslant f$ V-presque partout :

$$|S_t g| \leqslant \mathcal{Q}_t f \qquad \text{V-presque partout}$$

On en déduit :

$$|\lambda R_\lambda S_t g| \leqslant \lambda V_\lambda |S_t g| \leqslant \lambda V_\lambda \mathcal{Q}_t f \qquad \text{partout.}$$

En passant à la limite uniforme ($S_t g \in \mathcal{B}_1$ et $\mathcal{Q}_t f \in \mathcal{B}$) quand $\lambda \to +\infty$:

$$|S_t g| \leqslant \mathcal{Q}_t f \qquad \text{partout.}$$

Cela montre déjà que S_t est un noyau.

On a de même pour $t \leqslant u$:

$$|uS_u g - tS_t g| \leqslant u\mathcal{Q}_u f - t\mathcal{Q}_t f \qquad \text{V-presque partout}$$

d'où comme ci-dessus la même inégalité partout.

Par suite, pour tout $x \in X$, $t \rightsquigarrow tS_t g(x)$ est absolument continue.

Posons alors

$$T_t g(x) = \lim_{\substack{h \to 0 \\ \mathcal{U}}} \frac{I - T_h}{h} T_t R_g(x)$$

ce qui a un sens puisque $R_g \in \mathcal{B}_1$. On a pour $|g| \leqslant f$:

$$|T_t g| \leqslant P_t f \qquad \text{V-presuqe partout}$$

(on regarde dans chaque $\mathbb{L}'(\varepsilon_a V)$ grâce au théorème 17).

D'où pour $h > 0$:

$$|S_h T_t g| \leqslant \mathcal{Q}_h |T_t g| \leqslant \mathcal{Q}_h P_t f \qquad \text{partout}$$

et quand $h \to 0$ suivant $\mathcal{U}$:

$$|T_t g| \leq P_t f \quad \text{partout}$$

car (même démonstration que dans [4]) $S_h T_t g$ converge partout vers $T_t g$ quand $h \to 0$ suivant $\mathcal{U}$.

La fin de la démonstration est pot pour mot identique à celle de [4] : il n'y a pas lieu de la répéter.

21. REMARQUE Supposons que $(X, \mathcal{B})$ soit séparable (cf. [5] p. 61). On voit facilement que l'espace des noyaux bornés est dénombrablement réticulé : cela suffit pour répéter la démonstration du théorème 3 : il n'y a donc pas besoin de supposer l'existence des $(V_\lambda)_{\lambda > 0}$ dans le théorème 20.

BIBLIOGRAPHIE

[1] N.BOURBAKI.

Intégration.
Livre VI. Asi 1175. Paris Hermann- 1952.

[2] R.V.CHACON et U. KRENGEL.

Linear modulus of a linear operator,
Proc. Amer. Math. Soc. 15 (1964), 553-559

[3] D.FEYEL.

Deux applications d'une extension du théorème de Hahn-Banach.
C.R. Acad. Sc. Paris - Série A- t. 280 p. 193.

[4] D.FEYEL.

Théorèmes de convergence presque sûre.
Existence de semi-groupes.
(A paraître)

[5] P.A.MEYER.

Probabilités et potentiel.
Asi 1318 - Paris. Hermann- 1966.

[6] J.P.ROTH.

Opérateurs dissipatifs et semi-groupes dans les espaces de fonctions continues.
Thèse - Orsay - 1975 - (A paraître) Ann. I.F.1977).

D. FEYEL
EQUIPE D'ANALYSE - ERA 294
Université Paris 6 - Tour 46
4 Place Jussieu
75005 - PARIS

ESPACES DE BANACH FONCTIONNELS ADAPTES -

QUASI-TOPOLOGIES ET BALAYAGE-

par D. FEYEL*

En théorie du balayage des mesures, on considère des cônes de fonctions continues sur Ω localement compact naturellement contenus dans l'espace fonctionnel $\mathcal{E}(\Omega)$ (cf. G. Mokobodzki,[7]), ou bien des cônes de fonctions s.c.i. ne semblant pas être contenus dans un espace fonctionnel naturel.

Par ailleurs, l'étude des espaces de Dirichlet réguliers a conduit J. Deny ([4]) à la notion de fonction quasi-continue associée à une capacité.

On se propose ici de faire le lien des deux points de vue: on introduit des espaces de Banach de fonctions quasi-continues et on développe la théorie des cônes de potentiels discontinus mais réguliers (égaux à leur réduite sur leur support) de manière parallèle au cas continu : supports finis des potentiels, construction d'une résolvante.

Les classes de fonction quasi-continues modulo les polaires définissent naturellement une quasi-topologie fine (ouverts fins définis à des polaires près, coïncidant avec les ouverts fins dans le cas classique) qui joue un grand rôle dans l'étude du principe

* Cet article est une rédaction détaillée de l'exposé du 20/10/77.

de domination.

Cette notion de quasi-topologie figure déjà dans un cadre différent chez B. Fuglede ([7] et [8]) ainsi que la propriété de Lindelöf.

Beaucoup de difficultés techniques de la théorie des cônes ou fonctions continues disparaissent: cela tient au fait que les propriétés ne sont exigées qu'à des polaires près et surtout au fait que la norme utilisée est plus souple que la norme uniforme. Par exemple, le cône étudié est ipso facto complètement réticulé en ordre spécifique. L'axiome de domination entrainerait qu'il est complètement réticulé en ordre naturel, propriété qui n'est pas utilisée ici.

On termine par l'étude d'une généralisation des opérateurs de Blaschke et Privaloff.

I. QUASI-TOPOLOGIES

Ω est un espace localement compact. On considère une norme $\|\varphi\|$ sur l'espace $\mathcal{K}(\Omega)$ des fonctions finies continues à support compact, croissante c'est à dire:

$$0 \leqslant \varphi \leqslant \psi \qquad \text{entraîne} \qquad \|\varphi\| \leqslant \|\psi\|$$

et telle que pour toute $\varphi \in \mathcal{K}(\Omega)$: $\| |\varphi| \| = \|\varphi\|$.

On note aussi pour $\varphi \geqslant 0$: $\gamma(\varphi) = \|\varphi\|$ et l'on pose (prolongement de Lebesgue):

$$\gamma(f) = \sup \{\gamma(\varphi) \ / \ 0 \leqslant \varphi \leqslant f\} \quad \text{pour} \quad f \text{ s.c.i.} \geqslant 0$$

et

$$\gamma^*(g) = \text{Inf } \{\gamma(f) \ / \ f \geqslant g, \ f \text{ s.c.i.}\} \text{pour} \quad g \geqslant 0 .$$

on a

$$\gamma^*(\Sigma g_n) \leqslant \Sigma \gamma^*(g_n). \text{ Pour toutes } \quad g_n \geqslant 0.$$

On note

$$\mathcal{F}^1(\gamma) = \{h : \Omega \longrightarrow \overline{\mathbb{R}} \ / \ \gamma(|h|) < +\infty\}$$

et $\mathcal{L}^1(\gamma)$ l'adhérence de $\mathcal{K}(\Omega)$ dans $\mathcal{F}^1(\gamma)$.

Un ensemble P est polaire si $\gamma^*(P) = \gamma^*(\chi_P) = 0$.

Une propriété vraie sauf sur un polaire, est dite vraie "quasi-partout" (en abrégé q.p.).

Le quotient $\mathbb{L}^1(\gamma)$ de $\mathcal{L}^1(\gamma)$ par la relation d'équivalence modulo les ensembles polaires est un espace de Banach réticulé.

<u>Axiome</u> $\mathbb{L}^1(\gamma)$ est de type dénombrable = il prend le nom d'espace de Banach adapté.

On montre de manière analogue à [4] que tout $u \in \mathcal{L}^1(\gamma)$ est quasi-continue, et que u nulle dans $\mathbb{L}^1(\gamma)$ est nulle quasi-partout. On peut supposer Ω dénombrable à l'infini: c'est toujours le cas modulo un fermé localement polaire.

<u>Dual de $\mathbb{L}^1(\gamma)$</u>. On rappelle le résultat suivant (cf. [5] th. 3)

<u>THEOREME 2</u> *Toute forme linéaire continue sur $\mathbb{L}^1(\gamma)$ est relativement bornée. Toute forme linéaire $\lambda \geqslant 0$ est continue et est représentable par une mesure unique $\mu \geqslant 0$ pour laquelle on a:*

$$\mathcal{L}^1(\gamma) \subset \mathcal{L}^1(\mu)$$

et

$$\int u\,d\mu = \lambda(u) \quad \text{pour} \quad u \in \mathcal{L}^1(\gamma)$$

Inversement, toute mesure $\mu \geqslant 0$ majorée par $\gamma(\mu(\varphi) \leqslant K\gamma(\varphi))$ est dite γ-intégrable et se prolonge en forme linéaire $\lambda \geqslant 0$ unique sur $\mathbb{L}^1(\gamma)$.

Une telle mesure ne charge pas les ensembles polaires.

On note $\mathcal{M}^+$ le cône des mesures $\mu \geqslant 0$ qui sont γ-intégrables.

<u>Remarque 3</u> Si γ^* est continue sur les suites croissantes, alors le théorème de Choquet s'applique. Tout ensemble $\mathcal{K}$-analytique à un polaire près est γ^*-capacitable. On montre que tout

borélien de Ω est $\mathcal{K}$-analytique à un polaire près, et donc γ^*-capacitable: en particulier, un borélien B est polaire si et seulement si toute mesure γ-intégrable concentrée sur B est nulle.

<u>PROPOSITION 4</u> *Soit u quasi-continue, $|u| \leq u_0$ q.p. où $u_0 \in \mathcal{L}^1(\gamma)$. Alors $u \in \mathcal{L}^1(\gamma)$.*

<u>Démonstration</u> Supposons d'abord u_o bornée à support compact et soit $\varepsilon > 0$. Il existe un ouvert ω, $\gamma(\omega) < \varepsilon$ tel que u soit continue sur $F = \complement\omega$. Il existe alors $\varphi \in \mathcal{K}(\Omega)$ telle que $u = \varphi$ sur F. On a

$$|\varphi - u| \leq 2M1_\omega \quad \text{avec} \quad M = \sup u_o$$

et

$$\gamma^*(|\varphi - u|) \leq 2M\gamma(\omega) \leq \ell M\varepsilon.$$

D'où l'existence d'une suite de Cauchy φ_n qui converge q.p. vers u.

Dans ce cas général on peut supposer $u \geq 0$, il existe une suite croissante $0_n \in \mathcal{K}^+(\Omega)$ qui converge vers 1 q.p. On a

$$u = \sup_n (n \wedge u\theta_n) \text{ q.p.} \qquad \text{et} \qquad u_n = n \wedge u\,\theta_n \in \mathcal{L}^1(\gamma).$$

d'après le cas précédent. Pour $\mu \in \mathcal{M}^+$, (u_n) converge vers $\mu(u)$: ainsi $\mu \rightsquigarrow \mu(u)$ est affine s.c.i. sur la boule unité positive $X = \{\mu \in \mathcal{M}^+ / \mu \leq \gamma\}$.

On a aussi $u \leq u_o$, donc $\mu \rightsquigarrow \mu(u)$ est affine s.c.s.: elle est affine continue : ainsi $\mu \rightsquigarrow \mu(u_n)$ converge en croissant vers une fonction continue sur X: elle converge uniformément d'après le lemme de Dini. Alors u_n est une suite de Cauchy (converge uniforme sur la boule unité $B \subset X - X$) qui converge q.p. vers u. Donc $u \in \mathcal{L}^1(\gamma)$.

QUASI TOPOLOGIE FINE

Définition 4 On dit que f est quasi-s.c.i. si $f = \sup_n \varphi_n$ q.p. où φ_n est quasi-continue.

THEOREME 5 *(Propriété de Lindelöf) Soit $(f_i)_{i \in I}$ un ensemble filtrant croissant de fonctions quasi s.c.i. sur Ω. Il existe une suite i_n croissante pour laquelle on a en posant $f = \sup_n f_{i_n}$:*

$$f_i \leqslant f \qquad \underline{q.p.}$$

Démonstration On peut supposer les $f_i \geqslant 0$ q.p. (prendre exp. f_i). Il existe $\theta \in \mathbb{L}^1(\gamma)$, $\theta > 0$ q.p. Chaque f_i est donc borne supérieure d'une suite croissante de fonctions de $\mathbb{L}^1(\gamma)$. On en déduit que $\mu \leadsto \mu(f_i) = \tilde{f}_i(\mu)$ est s.c.i. sur X (boule unité positive), qui est un compact métrisable. Il existe donc i_n telle que $\sup_i \tilde{f}_i = \sup_n \tilde{f}_{i_n}$. Posons $f = \sup_n f_{i_n}$ f est évidemment quasi-s.c.i. et $\tilde{f}_i \leqslant \tilde{f}$ pour tout i. On va en déduire $f_i \leqslant f$ q.p.

On considère φ_n croissant vers $f_i \cap f$ (i fixé), ψ_n croissant vers f_i, $\varphi_n, \psi_n \in \mathcal{L}^1(\gamma)$. Alors $\varphi_n \cap \psi_k$ croît vers ψ_k μ-pp pour toute $\mu \in X$ quand $n \uparrow +\infty$. La convergence est uniforme sur X, donc a lieu q.p. sur Ω (suites croissantes), et $f_i = \operatorname{Sup}_{k,n} (\varphi_n \cap \psi_k) = f \cap f_i$ q.p., soit $f_i \leqslant f$ q.p.

COROLLAIRE 6 *On obtient une "quasi-topologie" en appelant "quasi-ouvert" tout ensemble dont la fonction caractéristique est quasi-s.c.i. Elle est plus fine que la topologie initiale.*

COROLLAIRE 7 *Toute mesure μ γ-intégrable a un quasi support fin fermé.*

Démonstration Si f_i est filtrant croissant, on a $\tilde{f}(\mu) = \sup_i \tilde{f}_i(\mu)$, i.e. $\mu(f) = \sup_i \mu(f_i)$. Le quasi-support est le complémentaire de la quasi-réunion des quasi-ouverts μ-négligeables.

Remarque 8 Il est clair que ceci est vrai en général pour toute mesure μ négligeant les ensembles polaires.

THEOREME 9 *Soit* ω_i *une famille de quasi-ouverts. Il existe une suite* i_n *telle que* $\overbrace{\bigcap_i \omega_i}^{o}$ $\overbrace{\bigcap_i \omega_{i_n}}^{o}$ *(* $\overset{o}{\frown}$ *désigne le quasi-intérieur fin).*

Démonstration Posons $H_{\omega_i} = \{\varphi \in \mathbb{L}'(\gamma) \;/\; \varphi = 0 \text{ q.p. sur } \complement\omega_i\}$, et $H = \bigcap_i H_{\omega_i}$. Il existe i_n telle que $H = \bigcap_n H_{\omega_{i_n}}$, car $\mathbb{L}'(\gamma)$ est de type dénombrable. La suite i_n répond à la question.

Remarque 10 Si f est la fois quasi-s.c.i. et quasi-s.c.s., elle est quasi-continue : elle est un effet s.c.i. et s.c.s. sur des fermés usuels dont les complémentaires ont des capacités arbitrairement petites. En particulier, f est quasi-continue lorsque les ensembles $f^{-1}(\,]a,b[\,)$ sont quasi-ouverts fins, et réciproquement.

II . CONES ADAPTES ET BALAYAGES

On suppose que γ est une capacité de Choquet.

Les hypothèses sont toujours les mêmes. On désigne par C un cône adapté dans $\mathbb{L}'(\gamma)$, c'est à dire vérifiant :

a) C est un cône convexe fermé et réticulé inférieurement (i.e., $u, v \in C$ entraîne $u \wedge v \in C$)

b) toute $u \in \mathbb{L}'(\gamma)$ est majorée par un élément de C

c) C-C est partout dense dans $\mathbb{L}'(\gamma)$.

Définition 11 Si u est majorée par un élément de $\mathbb{L}'(\gamma)$, on pose :

$$Ru = \text{Inf } \{v \in C \ / \ v \geq u \text{ q.-p.}\}$$

Ru est une fonction C-concave quasi-s.c.s.

Si A est un ensemble :

$$R_u^A = R(u.1_A).$$

THEOREME 12 Posons $\{|||u||| = \text{Inf } \{\|v\| \ / \ v \in C, \ v \geq |u|\}$ *alors* $|||\ |||$ *est une norme sur* $\mathbb{L}'(\gamma)$ *équivalente à la norme initiale.*

Démonstration $u \rightsquigarrow S(u) = |||u^+|||$ est une fonction sous-linéaire sur $\mathbb{L}'(\gamma)$. On a donc $|||u^+||| = \sup\{\lambda(u) \ / \ \lambda \leq S\}$.

Or, pour $u \leq 0$, on a $\lambda(u) \leq |||0||| = 0$, d'où $\lambda \geq 0$ donc continue, et $u \rightsquigarrow S(u)$ est s.c.i. sur $\mathbb{L}'(\gamma)$, donc continue d'après Banach-Steinhaus.

On a ainsi $\|u\| \leq |||u||| \leq |||u^+||| + |||u^-||| \leq 2K \|u\|$ où K est une constante.

On supposera désormais que $\|u\| = |||u|||$.

BALAYAGE 13 On suppose maintenant que C est un cône convexe de fonctions quasi-s.c.i., minorées par des éléments de $\mathbb{L}'(\gamma)$, et telles que $C_o = C \cap \mathbb{L}^1(\gamma)$ soit adapté.

On écrit $\mu \underset{C}{\prec} \nu$, et on dit que $\mu \geq 0$ est balayée de $\nu \geq 0$ par rapport à C si l'on a :

$$\mu(f) \leq \nu(f)$$

pour toute $f \in C$. (μ et ν γ-intégrables).

PROPOSITION 14 Toute mesure ≥ 0, γ-intégrable, admet une balayée minimale.

<u>Démonstration</u> L'ensemble A_μ des balayées de μ est convexe compact car C_o est adapté. Soit μ_i une chaîne maximale dans A_μ : μ_i converge faiblement sur les éléments de C_o vers une forme linéaire $\lambda \geq 0$ sur $C_o - C_o$. Elle se prolonge à $\mathbb{L}'(\gamma)$ car C_o est adapté; on en déduit une mesure ν limite faible des μ_i.

Si $f \in C$, on a donc $\nu(f) \leq \underline{\lim}_i\ \mu_i(f) \leq \mu_j(f)$ pour tout j. Si $\nu' {}_C\!\prec \nu$, on a $\nu' = \nu$ sinon la chaîne ne serait pas maximale.

<u>THEOREME 15</u> *Le cône C possède une frontière de Šilov.*

<u>Démonstration</u> Soit $\{\mu_\alpha \ / \ \alpha \in A\}$ l'ensemble des mesures minimales pour le balayage, et soit F_α le support quasi-fermé fin de μ_α.

On pose $\delta C = F =$ la borne supérieure des fermés F_α. Comme δC porte toutes les mesures minimales, on voit facilement que δC est un fermé de Šilov, i.e :

$$f \in C \text{ et } f \geq 0 \text{ sur } \delta C \Rightarrow f \geq 0 \text{ q.-p.}$$

Or, δC est le plus petit quasi-fermé de Šilov : soit A un quasi-fermé de Šilov, et soit μ une mesure minimale.

Posons

$$\delta(u) = \text{Inf } \{\int p d\mu \ / \ p \in C,\ p \geq u \text{ sur } A\}.$$

On vérifie classiquement que δ est finie et sous linéaire sur $\mathbb{L}'(\gamma)$, car A est un ensemble de Šilov. Toute forme linéaire $\nu \leq \delta$ est une balayé de μ et est portée par A. Or μ est minimale donc $\mu = \nu$ et μ est portée par A.

On a ainsi $F_\alpha \subset A$, $\forall \alpha$, d'où $\delta C \subset A$.

<u>Définition 16</u> Soit f quasi borélienne minorée par une $\varphi \in \mathcal{L}'(\gamma)$. On dit que f est C-concave si l'on a :

$\nu(f) \leq \mu(f)$ pour tout couple (ν,μ) tel que $\nu {}_C\!\prec \mu$.

PROPOSITION 17 *Soit g quasi-s.c.s. minorée par une $\varphi \in \mathcal{L}'(\gamma)$. Soit f une fonction C-concave majorant g (q.-p.). Alors f majore Rg (q.-p.).*

Démonstration On a classiquement : (cf [8])

$\mu(Rg) = \sup \; \nu(g) / \nu \underset{C}{<} \mu\} < \sup \{\nu(f) / \nu \underset{C}{<} \mu\} \leqslant \mu(f)$.

pour toute μ γ-intégrable, d'où $Rg \leqslant f$ q.-p. (théorème de capacitabilité).

COROLLAIRE 18 *Le cône C possède la propriété de "quasi-continuité de la réduite" si et seulement si la quasi-régularisée inférieure $\hat{f}$ de toute fonction f C-concave est C-concave.*

Démonstration Soit f C-concave, et soit $\varphi \in \mathcal{L}'(\gamma)$, $\varphi \leqslant f$. On a $R\varphi \leqslant f$ d'après la proposition 17 , donc $\hat{f}$ est C-concave ($\hat{f} = \sup\limits_{\varphi \in f} R\varphi$).

Inversement, $R\varphi$ est a priori C-concave et aussi $\widehat{R\varphi}$. Or $\varphi \leqslant \widehat{R\varphi}$, pour $\varphi \in \mathcal{L}'(\gamma)$, donc $\widehat{R\varphi} \geqslant R\varphi$.

c. q. f. d.

III. CONES DE POTENTIELS. NOYAUX SUBORDONNES

On suppose $C \subset \mathbb{L}^1(\gamma)^+$

Définition 19 En adaptant la définition de [7] , on dit que C est un cône de potentiels si pour p et q $\in$ C, on a $p-R(p.-q.) \in C$. L'opérateur $u \rightsquigarrow Ru$ est uniformément continu sur C-C. On en déduit que C vérifie l'hypothèse de "quasi-continuité" de la réduite : si $u \in \mathcal{L}'(\gamma)$, alors $Ru \in \mathcal{L}'(\gamma)$.

En effet, soit $u \rightsquigarrow R'u$ le prolongement uniformément continu de $u \rightsquigarrow Ru$ sur C-C. On a bien sûr $R'u \geqslant Ru$ pour $u \in \mathcal{L}'(\gamma)$.

si $p \in C$ et $p \geqslant u \in \mathcal{L}'(\gamma)$, si $u_n \in C-C$ et $u_n \to u$, alors $p \cap u_n \to u$, d'où $R(p \cap u_n) \to R'u$ et $p \geqslant R'u$. On en déduit $Ru \geqslant R'u$, et $R'u = Ru$.

On dit que C est de plus régulier si pour un $\alpha \geqslant 1$, et pour p et $q \in C$, on a $\|p+q\|^{\alpha} \geqslant [\|p\|^{\alpha} + \|q\|^{\alpha}.]$

<u>Remarque 20</u> Le cas $\alpha = 1$ signifie que la norme est linéaire sur C. Soit p de la forme $p = \Sigma\varepsilon_n p_n$ où p_n est une suite dense dans C, et soit $\sigma \in X$ le point où p atteint sa borne supérieure ($\sigma(p) = \|p\|$). On a nécessairement pour $v \in C$: $\|\sigma\| = \int v d\sigma$, d'où pour $u \in \mathcal{L}'(\gamma)$: $\|u\| = \int R(u) d\sigma$.

Le cas $\alpha = 2$ est par exemple le cas où C est le cône des potentiels d'énergie finie d'un espace de Dirichlet régulier.

<u>21.</u> *Si C est régulier, il est complètement réticulé pour son ordre propre. (Spécifique, noté* $\prec$*).*

<u>Démonstration</u> On reprend celle de [7] : Soient p et $q \in C$, on pose $p_o = p$, $q_o = q$ et par récurrence:

$$p_{n+1} = p_n + R(q_n - p_n)$$

$$q_{n+1} = q_n + R(p_n - q_n)$$

ce sont deux suites spécifiquement croissantes dans C et spécifiquement majorées par tout majorant spécifique commun à p et q. En particulier:

$$\sum_{n \geqslant 0} (p_{n+1} - p_n) \leqslant p+q$$

D'où (régularité):

$$\|p_n - p_o\|^{\alpha} + \|p_{n+p} - p_n\|^{\alpha} \leqslant \|p_{n+p} - p_o\|^{\alpha}$$

On en déduit que les suites p_n et q_n sont de Cauchy et convergent vers la même limite qui vaut Sup Spéc(p,q).

Soit $(p_i)_{i\in I}$ un ensemble filtrant croissant en ordre spécifique, et majoré. On se ramène au cas d'une suite grâce à la propriété de Lindelöf et on termine comme ci-dessus.

Support fin -22 Soit $u \in \mathscr{L}'(\gamma)$, on pose $\delta_c(u)$ = le support de u, c'est à dire la quasi-frontière de Šilov du cône $C-\mathbb{R}^+ u$.

$$(\delta_c(0) = \phi, \text{ car } C \subset \mathbb{L}'(\gamma)^+).$$

On vérifie la relation $\delta_c(u+v) \supset \delta_c(u) \cup \delta_c(v)$ (on a même l'égalité, comme dans [7])

Construction du noyau. -23. Suivant la méthode de G.Mokobodzki, on appellera pseudo-noyau subordonné à C toute application linéaire positive : $\mathscr{C}(\bar{\Omega}) \to \mathbb{L}^1(\gamma)$, ($\bar{\Omega}$ compactifié d'Alexandroff),

telle que $\varphi \geq 0 \Rightarrow V\varphi \in C$ et $\delta(V\varphi) \subset \overline{\{\varphi > 0\}} \cap \Omega$ (quasi-adhérence fine dans Ω) et telle que $\varphi_n \downarrow 0$ q.-p. dans Ω entraine $V\varphi_n \downarrow 0$ q.p. (donc en norme , d'après le lemme de Dini sur X).

Soit p fixé $\in C$, on va construire un tel pseudo-noyau, tel que $V1 = p$.

a) Unicité. Soient V et W deux tels pseudo-noyaux et soient φ et ψ $0 \leq \varphi \leq \psi \leq 1$, $\psi \equiv 1$ au voisinage du support usuel de φ , et $\psi \in \kappa(\Omega)$, on a:

$$u = V\varphi - W\psi = W(1-\psi) - V(1-\varphi)$$

D'où

$$\delta(u) \subset \overline{\{\varphi > 0\}} \cap \overline{\{1-\psi\}} = \phi \quad \text{et} \quad u \leq 0 \text{ (q.-p.)}$$

ainsi

$$V\varphi \leq W\psi .$$

Quand φ et ψ convergent en décroissant vers la fonction caractéristique d'un compact, on trouve $V1_\kappa \leqslant W1_\kappa$ et inversement, d'où $V = W$.

Existence.

Soit κ un compact dans $\overline{\Omega}$ (compactifié d'Alexandroff). On note p_κ la plus grande minorante spécifique de p portée par κ :

$$\delta(p_\kappa) \subset \kappa \quad (\text{donc} \quad \delta(p_\kappa) \subset \kappa \cap \Omega)$$

Si $M \subset \kappa$, on a $p_M \prec p_\kappa$.

Si κ_i décroit et $\kappa = \underset{i}{\cap} \kappa_i$, p_{κ_i} décroit spécifiquement et converge vers q avec $\delta(q) \subset \underset{i}{\cap} \kappa_i = \kappa$, d'où $q \prec p_\kappa$. Mais $q = \lim p_{\kappa_i}$ implique $p_\kappa \prec q$, et $q = p_\kappa$. On a $p_{\kappa \cup M} \prec p_\kappa + p_M$. En effet, montrons que $\delta(p_{M \cup \kappa} - p_M) \subset \kappa$. Soit α un voisinage de κ, α ouvert, et $v \in C$, $v \geqslant p_{M \cup \kappa} - p_M$ sur α.

Si $u = R(p_{M \cup \kappa} - p_M - v)$, on a $\delta(u) \subset \overline{\{u > 0\}} \subset \alpha^c = \overline{\Omega} \backslash \alpha$. D'où $\delta(p_M + u) \subset M \cup \alpha^c$.

Mais $p_M + u = p_{M \cup \kappa} - p' + R(p' - v) \prec p_{M \cup \kappa}$, d'où $\delta(p_M + u) \subset M \cup \kappa$. et par suite $\delta(p_M + u) \subset H$. Mais p_M est le plus minorant spécifique de $p_{M \cup \kappa}$ porté par M. On en déduit $p_M + u \prec p_M$, d'où $u = 0$ et $v \geqslant p_{M \cup \kappa} - p_M$. Ainsi, $\delta(p_{M \cup \kappa} - p_M) \subset \overline{\alpha}$ et quand décroit vers κ : $\delta(p_{M \cup \kappa} - p_M) \subset \kappa$.

Comme $p_{M \cup \kappa} - p_M \prec p$, on a $p_{M \cup \kappa} - p_M \prec p_\kappa$.

Si $M \cap \kappa = \phi$, on a aussi $p_M + p_\kappa \prec p_{M \cup \kappa}$ car p_M et p_κ sont étrangers dans C. ($\delta(\text{Inf Spéc}(p_M, p_\kappa)) \subset M \cap \kappa = \phi$. On en déduit (cf [1], p. 43 démonstration identique) l'existence d'une unique mesure de Radon vectorielle sur $\overline{\Omega}$:

$$\mathcal{C}(\overline{\Omega}) \xrightarrow{\quad V \quad} C - C$$

à valeurs dans l'espace complétement réticulé $C-C$, et telle que

$$V(1_\kappa) = p_\kappa \quad \text{pour tout compact } \kappa \subset \overline{\Omega}.$$

Comme on a $V(1_{\overline{\Omega} \smallsetminus \Omega}) = p_{\overline{\Omega} \smallsetminus \Omega} = 0$, car $\delta(p_{\overline{\Omega} \smallsetminus \Omega}) \subset \Omega \cap (\overline{\Omega} \smallsetminus \Omega) = \phi$

V est en fait une mesure de Radon sur Ω, bornée.

Si B est borélien, on a :

$$V(1_B) = \sup \text{ spéc } \{V(1_\kappa) \ /\kappa \quad \text{compact} \subset \quad \Omega \cap B\}$$

donc $\delta(V(1_B)) \subset \overline{B}^f$ (quasi-adhérence fine). Si $\varphi \geqslant 0$, $\varphi \in \mathcal{B}(\overline{\Omega})$, .

$0 \leqslant \varphi \leqslant M. \ 1_{(\varphi > 0)}$, d'où $\delta(V\varphi) \subset \overline{(\varphi > 0)}$.

Enfin, si B borélien est polaire, tout compact $\kappa \subset B$ est polaire, et $p_\kappa = 0$, d'où $V1_B = 0$ (q.-p.): V est bien un pseudo-noyau.

La résolvante - 24.

On suppose que 1 est C-concave. Soit $p \in C$, il existe une unique résolvante $(\lambda V_\lambda)_{\lambda > 0}$ sous-markovienne positive et à contraction pour la norme de $\mathbb{L}'(\gamma)$, de pseudo-noyaux et telle que :

$$V\varphi = \sup_\lambda V_\lambda \varphi \qquad \text{q.-p.}$$

pour toute $\varphi \geqslant 0$.

Si p est strict (i.e., $p = \Sigma \, \varepsilon_n p_n$ où $p_n \in C$ est totale dans $\mathbb{L}'(\gamma)$), la résolvante est fortement continue dans $\mathbb{L}'(\gamma)$.

Démonstration 1° **Cas où p est borné.** On note $\mathcal{L}^\infty(\gamma)$ l'espace des fonctions quasi-continues et bornées, $\mathbb{L}^\infty(\gamma)$ son quotient (modulo les ensembles polaires). $V : \mathbb{L}^\infty(\gamma) \to \mathbb{L}^\infty(\gamma)$ vérifie le PCM. Il suffit alors de résoudre l'équation différentielle

$$\frac{d}{d\lambda} V_\lambda = - V_\lambda^2 \ ; \ V_o = V \quad \text{dans } \mathcal{L}(\mathbb{L}^\infty, \mathbb{L}^\infty).$$

La solution existe sur $[0, +\infty[$ grâce au PCM (classique), et

$$\| \lambda V_\lambda \varphi \|_{\mathbb{L}^1} \leqslant \| \lambda V_\lambda R|\varphi| \|_{\mathbb{L}^1} \leqslant \| R|\varphi| \|_{\mathbb{L}^1} = \| \varphi \|_{\mathbb{L}^1} .$$

2° **Cas général** : Posons $F_n = \{p \leqslant n\}$, soit $p_n = V(1_{F_n})$.

p_n est porté par F_n et minore n sur F_n, d'où $p_n \leqslant n$ q.-p.

Soit V_λ^n la résolvante du pseudo-noyau associé au potentiel p_n $(V_\lambda^n 1 = p_n)$.

La suite p_n croît en ordre spécifique. Pour tout F fermé fin, la suite $V^n 1_F$ croit aussi en ordre spécifique (définition de $V^n 1_F$) et par suite $V^n \varphi$ a la même propriété pour $\varphi \geqslant 0$.

On peut poser $V^{n+1} = V^n + V'$ où V' est aussi un pseudo-noyau subordonné à C.

Démontrons l'inégalité $V_\lambda^n q \leqslant V_\lambda^{n+1} q$ pour $q \in C$: elle s'écrit

$$V^n(q - \lambda V_\lambda^n q) \leqslant V^n(q - \lambda V_\lambda^{n+1} q) + V'(q - \lambda V_\lambda^{n+1} q)$$

soit

$$V^n(\lambda V_\lambda^{n+1} q - \lambda V_\lambda^n q) \leqslant V'(q - \lambda V_\lambda^{n+1} q)$$

il suffit donc de la vérifier sur l'ensemble

$$V_\lambda^{n+1} q - V_\lambda^n q > 0 \ ;$$

C'est évident.

D'ou pour $\varphi \geqslant 0$; et $k \geqslant 1$:

$$V^n \varphi - V_\lambda^n \varphi \leqslant V^{n+k} \varphi - V_\lambda^{n+k} \varphi .$$

et

$$V_\lambda^{n+k} \varphi - V_\lambda^n \varphi \leqslant V^{n+k} \varphi - V^n \varphi .$$

Si $q \in C$, q borné, on a alors :

$$0 \leqslant V_\lambda^{n+k} q - V_\lambda^n q \leqslant V^{n+k} q - V^n q \in C$$

et

$$R(V_\lambda^{n+k} q - V_\lambda^n q) \leqslant V^{n+k} q - V^n q$$

puis

$$\| V_\lambda^{n+k} q - V_\lambda^n q \| \leqslant \| V^{n+k} q - V^n q \|$$

La suite $V^n q$ croit en ordre spécifique et converge vers Vq. Alors $V_\lambda^n q$ converge fortement vers un potentiel noté $V_\lambda q$. Les λV_λ^n sont équicontinus sur $\mathbb{L}'(\gamma)$, et les différences de potentiels bornés sont denses dans $\mathbb{L}'(\gamma)$. Ainsi $\lim_{n \to \infty} V_\lambda^n \varphi = V_\lambda \varphi$

existe pour toute $\varphi \in \mathbb{L}'(\gamma)$. Les λV_λ sont des contractions positives de $\mathbb{L}^1(\gamma)$, et l'équation résolvante à la limite par convergence forte et équicontinuité. La résolvante est sous-markovienne à cause du PCM et est achevée par le pseudo-noyau V.

On vérifie sans peine que C est le cône des V_λ-surmédianes de L' (γ) lorsque p est strict (V est alors à image dense dans $L'(\gamma)$.

Remarque - 25. En utilisant le raisonnement de [6] , on montre facilement que pour $u \in \mathcal{L}^1(\gamma)$, $\lambda V_\lambda u$ converge q.p. vers u quand $\lambda \to +\infty$, $\lambda \in \mathbb{R}$. Le résultat s'étend aussi à $u \in \mathcal{L}^\infty(\gamma)$ (i.e. u quasi-continue bornée).

Remarque - 26. Soit μ_n une suite dense dans X, et soit $\sigma = \sum_{n \geq 0} 2^{-n}\mu_n$. La mesure σ charge tous les quasi-ouverts fins.

Posons

$$\tau = \sum_{n \geq 0} 2^{-n}\, \sigma \circ (\lambda V_\lambda)^n \qquad (\lambda \text{ fixé} > 0).$$

On a

$$\sigma \leq \tau \qquad \text{et} \qquad \tau \prec 2\sigma$$

τ charge aussi les quasi-ouverts fins, la norme $u \rightsquigarrow \int R|u|d\tau$ est équivalente à $u \rightsquigarrow \int R|u|d\sigma$.

Toute fonction φ nulle τ-pp est nulle V-pp (i.e.$V\varphi = 0$ q.p.), et la résolvante V_λ se prolonge en résolvante de τ-pseudo-noyaux sur $\mathbb{L}^\infty(\tau)$.

Inversement, toute $\varphi \geq 0$, nulle V-pp est nulle τ-pp. On a en effet pour une telle fonction $\int \varphi \quad \lambda \widetilde{V}_\lambda \psi d\tau = 0$ pour toute $\psi \geq 0$ où $\widetilde{V}$ est la résolvante transposée sur $\mathbb{L}^1(\tau)$: elle est fortement continue. On en déduit $\int \varphi d\tau = 0$.

Mesure balayée. - 27. Soit $\mu \geq 0$ γ-intégrable, on définit

$$\mu^A(p) = \mu(R_p^A) \qquad p \in C$$

$p \leadsto R_p^A$ (concave quasi-s.c.s.) est additive sur C et μ^A se prolonge en forme linéaire positive sur $\mathbb{L}^1(\gamma)$ tout entier en une balayée de μ.

THEOREME $\mu^A = \mu^{\bar{A}}$ *est portée par la quasi-adhérence fine* $\bar{A}$ *de* A.

Démonstration Il suffit de le voir lorsque $A = \bar{A} = F$ quasi-fermé fin, car on a toujours $R_v^A = R_v^{\bar{A}}$. Montrons d'abord le:

LEMME 28. Soit $M = C-C$. *Pour tout* g *quasi-s.c.s., majorée par un élément de* $\mathbb{L}'(\gamma)$, *on a*

$$g = \mathrm{Inf}\ \{p-q/p-q \in M,\ p-q \geqslant g\}$$

Démonstration Il suffit de la faire pour $g \in \mathcal{L}'(\gamma)$. Posons

$$\hat{g} = \mathrm{Inf}\ \{p-q/p-q \in M,\ p-q \geqslant g\}$$

$g \leadsto \hat{g}$ est sous-linéaire sur $\mathcal{L}'(\gamma)$, car C est adapté. Pour $\mu \geqslant 0$ γ-intégrable, on a

$$\hat{\mu}(g) = \mu(\hat{g}) = \mathrm{Inf}\ \{\mu(p-q)/p-q \in M,\ p-q \geqslant g\}$$

(car C-C est réticulé) et d'après le théorème de Hahn-Banach:

$$\hat{\mu}(g) = \sup\{\lambda(g)/\lambda \leqslant \hat{\mu}\}$$

or $\lambda \leqslant \hat{\mu}$ implique que λ est une mesure $\geqslant 0$ γ-intégrable, et de plus pour p et q $\in$ C, on a bien sûr $\lambda(p-q) = \mu(p-q)$, car μ est linéaire sur C-C et y vaut μ. Par densité, $\lambda = \mu$, donc $\hat{\mu} = \mu$, et :

$$\mu(g) = \mu(\hat{g}) \quad \text{pour toute} \quad \mu \geqslant 0 \quad \gamma\text{-intégrable.}$$

Donc $g_n \in \mathbb{L}'(\gamma)$, et $g_n \downarrow \hat{g}$ implique $\mu(g_n - g) \downarrow 0$. Le lemme de Dini sur $X = \{\mu \geqslant 0/\mu \leqslant \gamma\}$ montre alors que $g = \hat{g}$.

Revenons à μ^F: pour $u \in \mathcal{L}'(\gamma)$,

$$\mu^F(u) = \text{Inf}\ \{\mu^F(p-q)/p-q \geqslant u\}\ .$$
$$= \text{Inf}\ \{\mu(R_p^F - R_q^F)/p-q \geqslant u\}\ .$$

Si $u \geqslant 0$ sur F, $p-q \geqslant u$ implique $p \geqslant q$ sur F d'où $R_p^F \geqslant R_q^F$ et $\mu^F(u) \geqslant 0$. Si $u \leqslant 0$ sur F, on obtient $\mu^F(u) \leqslant 0$, et $\mu^F(u) = 0$ si $u = 0$ sur F (q.p.) d'où $\mu^F(\Omega \setminus F) = 0$.

c. q. f. d.

Topologie fine du cas classique. - 28. (potentiels newtoniens dans $\mathbb{R}^3$). On prend par exemple τ = la mesure de Lebesgue, σ la mesure de densité $e^{-|x|^2}$ par rapport à τ, et $\|\varphi\| = \int R(|\varphi|)\,d\sigma$.

Le théorème de convergence de Cartan-Brelot montre qu'en ce cas, on a $R_p^F = \hat{R}_p^F$ (régularisée s.c.i.) Donc R_p^F est quasi-continue et majorée par p, $\Rightarrow$ $R_p^F \in \mathcal{L}'(\gamma)$. Si p est strict, $p - R_p^F \in \mathcal{L}'(\gamma)$ et vaut exactement $\left|\begin{array}{l} = 0 \text{ q.p. sur } F \\ > 0 \text{ q.p. sur } \Omega\setminus F \end{array}\right.$

Donc tout quasi-ouvert fin est à un polaire près un ouvert fin classique. Inversement, tout ouvert fin classique est de la forme $\{p - R_p^F > 0\}$ et donc un quasi-ouvert fin au sens de $\mathcal{L}^1(\gamma)$.

On en déduit qu'une fonction finement continue au sens classique en quasi-tout point est quasi-continue.

Dans le cas général, le lemme 28 permet d'affirmer que tout quasi-ouvert fin est - à une polaire près - du type particulier $\{p-q < 0\}$ avec p et $q \in C$.

IV ETUDE DES OPERATEURS DE BLASCHKE-PRIVALOFF

On reprend le quasi-noyau V construit au n°23. Soit $(T_n)_{n \in \mathbb{N}}$ une suite de contractions $\geqslant 0$ de $\mathbb{L}'(\gamma)$ vérifiant :

a) $T_n p \leqslant p$ pour tout $p \in C$

b) Soit $D_n u = \alpha_n(u - T_n u)$ où α_n borélienne > 0 q.p.,

$\alpha_n \to +\infty$ q.p. quand $n \to +\infty$. On suppose que $D_n V\varphi \to \varphi$ q.p. quand $n \to +\infty$ pour toute $\varphi \in \mathcal{K}^+(\Omega)$.

PROPOSITION 29. *Pour tout* $u \in \mathcal{L}'(\gamma)$, $T_n u \to u$ *q.p.*

Démonstration C'est déjà vrai si $u = V_\varphi$ avec $\varphi \in \mathcal{K}$ d'après b). ($\alpha_n \to +\infty$). $V(\mathcal{K})$ est dense dans $L'(\gamma)$. Soit $u \in \mathcal{L}'(\gamma)$, on a:

$$|u-T_n u| \leqslant |u-V_\varphi| + |V - T_n V_\varphi| + |T_n u - T_n V_\varphi|$$

$$|u-T_n u| \leqslant |V_\varphi - T_n V_\varphi| + 2R|u-V_\varphi|$$

d'après a) et

$$\overline{\lim_{n\to\infty}} |u-T_n u| \leqslant 2R|u-V_\varphi|.$$

Il existe $\varphi_k \in \mathcal{K}$ telle que $\sum_k \gamma^*(u-V_{\varphi_k}) < +\infty$ i.e.

$\sum_k \| R|u-V_{\varphi_k}| \| < \infty$ d'où $\overline{\lim_{k\to\infty}} R|u-V_{\varphi_k}| = 0$ q.p. Ainsi

$$\overline{\lim_{n\to\infty}} |u-T_n u| = 0 \text{ q.p.}$$

- 30. On pose pour toute u quasi-borélienne, $u \geqslant \varphi \in \mathcal{L}'(\gamma)$:

$$\left.\begin{aligned} \bar{D}u &= \overline{\lim_{n\to\infty}} D_n u \\ \underline{D}u &= \underline{\lim_{n\to\infty}} D_n u \end{aligned}\right\} \quad \text{sur l'ensemble } \{u < +\infty\}$$

où T_n désigne encore l'unique prolongement de T_n en quasi-noyau

THEOREME 31. *Soit* u *une fonction quasi s.c.i. minorée par un* $\varphi_0 \in \mathcal{L}^1(\gamma)$. *Pour que* u *soit C-concave, il faut et il suffit que l'on ait*

$$\bar{D}u \geqslant 0 \quad \text{q.p. dans l'ensemble } \{u < +\infty\}$$

Démonstration La condition est évidemment nécessaire. ($T_n u \leqslant u$)

Montrons qu'elle est suffisante. Comme pour toute $\psi \geqslant 0$, $u + V\psi$ vérifie aussi $\bar{D}(u + V\psi) \geqslant \bar{D}u \geqslant 0$, il suffit de montrer que

$u \geqslant V_\varphi$ q.p. sur $\{\varphi > 0\}$ entraine $u \geqslant V\varphi$ q.p. pour toute $\varphi \geqslant 0$, φ s.c.s. à support compact. (Identité des C-concaves q. s.c.i. et des quasi-excessives). Soit $\theta > 0$, $\theta \in \mathcal{C}(\Omega)$, de sorte que $V\theta \in \mathfrak{L}'(\gamma)$, et soit $\varepsilon > 0$, et soit $w = V\varphi - u - \varepsilon V\theta$; elle est quasi-s.c.s., on va montrer par $\delta(w) = \phi$. Soit $v = R(w)$, on a :

$$A = \delta(v) = \delta(w) \subset \{w \geqslant 0\} \subset \{\varphi \leqslant 0\} \cap \{u < +\infty\} .$$

Sur A, on a $v = w$ et $u < \infty$, d'où :

$$0 \leqslant v - T_n v \leqslant w - T_n w = (I - T_n)V\varphi - (I - T_n)(u + \varepsilon V\theta)$$

d'où

$$D_n(u + \varepsilon V\theta) \leqslant D_n V\varphi$$

puis

$$\overline{D}u + \varepsilon \underline{D}V\theta \leqslant \overline{D}V\varphi$$

or φ est s.e.s. à support compact: pour $\alpha \in \mathcal{K}^+$, $\alpha \geqslant \varphi$, on a :

$$\overline{D}V\varphi \leqslant \overline{D}V\alpha = \alpha \text{ q.p., d'où } \overline{D}V\varphi \leqslant \varphi \text{ q.p.}$$

De même

$$\underline{D}V\theta \geqslant \theta \text{ q.p., et :}$$

$$\overline{D}u \leqslant \varphi - \varepsilon\theta \leqslant -\varepsilon\Theta < 0 \text{ q.p. sur } A.$$

Ainsi

$$A = \phi \text{ q.p., d'où } w \leqslant 0 \text{ q.p.}$$

Alors, pour toute $\varepsilon > 0$, on a $V\varphi \leqslant u + \varepsilon V\theta$, d'où $V\varphi \leqslant u$ q.p.

On peut raffiner cet énoncé :

<u>THEOREME 32</u>. *Dans les mêmes conditions qu'au théorème 31, pour que u soit C-concave, il faut et suffit que:*

$$\left\{\begin{array}{ll} \overline{D}u \geqslant 0 & V\text{-p.p.} \\ \overline{D}u > -\infty & \text{q.p.} \end{array}\right. \quad \text{sur } \{u < +\infty\}$$

Démonstration On a $(\bar{D}u)^- = \Sigma_{\beta_n}$ β_n boréliennes bornées (q.p.), avec $\beta_n = 0$ V-p.p., soit $\varepsilon > 0$, il existe θ_n s.c.i. bornée, $\theta_n \geqslant \beta_n$ et $V\theta_n \in C$, $\|V\theta_n\| \leqslant \varepsilon . 2^{-n}$. Soit $\theta = \Sigma\theta_n \geqslant (\bar{D}u)^-$ q.p. et $V\theta \in C$, $\|V\theta\| \leqslant \varepsilon$. Posons $v = u + V\theta$. On a :

$$\bar{D}v = \bar{D}(u + V\theta) \geqslant \bar{D}u + \underline{D}V\theta \quad \text{q.p. sur } \{u < \infty\}, \quad \text{car}$$

$\bar{D}u > -\infty - \theta$ est s.c.i. $\geqslant 0$, d'où $\underline{D}V\theta \geqslant \theta$ q.p., et :

$$\bar{D}v \geqslant \bar{D}u + \theta \text{ q.p. sur } \{v < +\infty\} = \{u < +\infty\} \, (V\theta \in \mathbb{L}'(\gamma)).$$

Alors v est C-Concave. Faisons décroitre θ selon une suite de sorte que $\|V\theta\|$ tende vers 0, alors $V\theta$ tend vers 0 q.p.

Soient $\mu \underset{C}{\prec} \nu$, on a $\mu(u) \leqslant \nu(u + V\theta)$, d'où $\mu(u) \leqslant \nu(u)$ si $\nu(u) = +\infty$, et quand $V\theta \to 0$: $\mu(u) \leqslant \nu(u)$ si $\nu(u) < \infty$, car alors $u + V\theta$ est aussi ν-intégrable.

THEOREME 33. (cf. aussi [9]). Si u est C-concave q.s.c.i., $u < \infty$, V-pp, alors $\bar{D}u = \underline{D}u < \infty$ V-pp et c'est la plus grande fonction f vérifiant $Vf \underset{C}{\prec} u$.

En particulier, $\bar{D}u$ ne dépend pas (V-pp) de la suite T_n choisie, et si $f \geqslant 0$, $Vf < +\infty$ V-pp implique $f = \bar{D}Vf = \underline{D}Vf$ V-pp.

Démonstration Si α s.c.s. à support compact, on a $\underline{D}V\alpha \leqslant \bar{D}V\alpha \leqslant \alpha$ q.p. Donc $\alpha \leqslant \bar{D}u$ implique

$$\bar{D}(u - V\alpha) \geqslant \bar{D}u - \bar{D}V\alpha \geqslant \bar{D}u - \alpha \geqslant 0$$

et $V\alpha \underset{C}{\prec} u$. On en déduit $V\bar{D}u \underset{C}{\prec} u$ et $\bar{D}u < +\infty$ V-pp.

Si $f \in \mathcal{B}_k^+$, on a $V\bar{D}Vf \underset{C}{\prec} Vf$, d'où $\bar{D}Vf \leqslant f$ V-pp et de même $f \leqslant \underline{D}Vf$ V-pp (propriété b)), d'où l'égalité.

Alors $\alpha \leqslant \bar{D}u$ implique $V\alpha \underset{C}{\prec} u$ d'où $\alpha = \underline{D}V\alpha \leqslant \underline{D}u$ V-pp, d'où $\bar{D}u = \underline{D}u$ V-pp. Pour $f \geqslant 0$, on a donc $f \leqslant \bar{D}Vf = \underline{D}Vf$ V-pp ($Vf < \infty$) et $\bar{D}Vf = f + g$ d'où $Vf + Vg = V\bar{D}Vf \underset{C}{\prec} Vf$ et $Vg = 0$, soit $g = 0$ V-pp.

<u>*COROLLAIRE 34.*</u> *Si* $p \in C$ *et* $\underline{D}p < +\infty$ *q.p., alors* $p = V\bar{D}p$.

<u>Démonstration</u> On a $V\bar{D}p \prec_c p$. Soit $u = V\bar{D}p - p$: $D_n u \geq - D_n p$, d'où $\bar{D}u \geq - \underline{D}_p > -\infty$ q.p, et $\bar{D}u \geq 0$ V-pp d'après le 33°, d'où $u \in C$ d'après 32°, et $p \prec_c V\bar{D}p$.

<u>Problème - 35.</u> Si $p \in C$ on a bien sûr $\bar{D}p = 0$ V-pp dans $\Omega\setminus\delta(p)$. A-t-on $\bar{D}p = 0$ q.p. dans $\Omega\setminus\delta(p)$?

<u>Applications - 36.</u> $T_n = \lambda V_\lambda$ $(\lambda = n)$ et $D_n = D_\lambda = \lambda(I - \lambda V_\lambda)$

$$T_n = P_t \quad (t = \frac{1}{n}) \quad \text{et} \quad D_n = D_t = \frac{I - P_t}{t}$$

(P_t semi-groupe de Hille-Yosida). On vérifie la condition b) Comme en proposition 29.

Si C est le cône des potentiels d'énergie finie dans $\mathbb{R}^3$, on peut prendre pour T_n les moyennes sphériques ou spatiales, les D_n sont alors les paramètres de Blaschke-Privaloff classiques. Applications également à un noyau de Hunt arbitraire (Ω à base dénombrable). Cas particuliers des fonctions décroissantes sur $[0, +\infty[$ (en ce cas le seul polaire est $\{0\}$).

B I B L I O G R A P H I E

[1] N. BOURBAKI. Intégration - Chapître IX. Asi 1343. Paris Hermann, 1969.

[2] G. CHOQUET. Le problème des moments. Séminaire d'Initiation à l'analyse. I.H.P. Paris 1 ère année 1962.

[3] G. CHOQUET. Ensembles K-analytiques et K-sousliniens. Cas général et cas métrique. Ann. I. F. Grenoble Tome IX - 1959. P. 75.

[4] J. DENY. Méthodes hilbertiennes en théorie du potentiel C.I.M.E. Stresa 1969.

[5] D. FEYEL et A. De la Pradelle. Topologies fines et compactifications associées à certains espaces de Dirichlet. Ann. I. F. 1977.

[6] B. FUGLEDE. The quasitopology associated with a countably subadditive set function. Ann. I. F. 21, 1 (1971).

[7] B. FUGLEDE Capacity as a sublinear functional generalizing an integral. Mat. Fys. Meid. Dan. Vid. Selsk. 38, n° 7.

[8] G. MOKOBODZKI. Structure des cônes de potentiels. Séminaire Bourbaki, n°377, 1969/70.

[9] G. MOKOBODZKI. Densité relative de deux potentiels comparables. Séminaire de probabilités. Strasbourg. 1968/69.

10] G. MOKOBODZKI et D. SIBONY Cônes de fonctions et théorie du potentiel (Séminaire Brelot, Choquet, Deny, Théorie du potentiel 10ème année, 1966/67, n° 8 et 9, 35 p et 29 p.).

D. FEYEL

Equipe d'Analyse-ERA 294
Université Paris 6
4 Place Jussieu (Tour 46)
75005 - PARIS

Noyaux potentiels sur $\mathbb{R}_+$

par Gunnar FORST *

Introduction

Dans la première partie de cet exposé nous allons considérer la "division" des noyaux de convolution dans un cas très simple, où l'on cherche des "quotients" du noyau d'Heaviside par des noyaux potentiels sur $\mathbb{R}$ à support dans $\mathbb{R}_+ = [0,\infty[$. Quelques résultats voisins ainsi que des résultats analogues pour les noyaux potentiels sur $\mathbb{R}$ à support dans $\mathbb{Z}_+ = \{0,1,2,\cdot$ sont donnés.

Dans la deuxième partie nous donnons une caractérisation de quelques ensembles de noyaux potentiels sur $\mathbb{R}_+$ à l'aide de noyaux potentiels sur $\mathbb{Z}_+$.

Je tiens à remercier F. Hirsch pour quelques simplifications des démonstrations.

* Cet article est une rédaction détaillée de l'exposé du 2/06/77

Notations et préliminaires

Soit P l'ensemble des noyaux potentiels sur $\mathbb{R}_+$, c'est-à-dire les mesures positives κ sur $\mathbb{R}$ à support dans $\mathbb{R}_+$ de la forme

$$\kappa = \int_0^\infty \eta_t dt \qquad \text{(intégrale vague)},$$

où $(\eta_t)_{t>0}$ est un semigroupe de convolution de sous-probabilités sur $\mathbb{R}$ à support dans $\mathbb{R}_+$, le semigroupe associé à κ.

La transformation de Laplace $\mathcal{L}$ établit une bijection de P sur l'ensemble $\mathcal{B}$ des fonctions de Bernstein non-nulles

$$\mathcal{B} = \{f \in C^\infty(]0,\infty[) \,|\, f \neq 0,\ f \geq 0,\ \forall p \in \mathbb{N}: (-1)^{p+1} D^p f \geq 0\}.$$

Ici $\kappa \in P$ correspond à $f \in \mathcal{B}$ si $\mathcal{L}\kappa = \frac{1}{f}$.

L'ensemble $\mathcal{B}$ est en correspondance bijective avec l'ensemble des (a,b,ν) non-nulles, où $a,b \geq 0$ et ν est une mesure positive sur $]0,\infty[$ telle que

$$\int_0^\infty \frac{x}{1+x} d\nu(x) < +\infty. \tag{1}$$

La fonction $f \in \mathcal{B}$ correspond à une telle (a,b,ν) si

$$f(s) = a + bs + \int_0^\infty (1-e^{-xs}) d\nu(x) \qquad \text{pour} \quad s > 0,$$

et dans ce cas nous dirons que la réprésentation intégrale de f est donnée par (a,b,ν).

Un noyau très important de P est le noyau d'Heaviside κ_0, où κ_0 est la réstriction de la mesure de Lebesgue sur $\mathbb{R}$ à $\mathbb{R}_+$. La fonction de Bernstein correspondante est $f(s) = s$ pour $s > 0$.

Pour $\kappa \in P$ avec fonction de Bernstein $f \in \mathcal{B}$, (i.e. $\mathcal{L}\kappa = \frac{1}{f}$) la famille résolvante de κ, est la famille des noyaux $(\kappa_\lambda)_{\lambda>0}$ de P où

$$\mathcal{L}\kappa_\lambda = \frac{1}{\lambda+f} .$$

Cette famille satisfait à l'équation résolvante

$$\kappa = \kappa_\lambda + \lambda\kappa_\lambda*\kappa \quad \text{pour} \quad \lambda > 0.$$

L'ensemble P est un cône qui n'est pas convexe, mais P contient deux cônes convexes intéressants $S \subseteq H$ où S (respectivement H) est l'ensemble des mesures positives, non-nulles κ sur $\mathbb{R}_+$ de la forme

$$\kappa = a\varepsilon_0 + k(t)d\kappa_0(t)$$

(ε_0 = masse unité au point 0) où $a \geq 0$ et $k:]0,\infty[\to [0,\infty[$ est complètement monotone (respectivement logarithmiquement convexe et décroissante) et intégrable au voisinage de 0.

Pour des détails, le lécteur pourra consulter par exemple [1].

Nous avons aussi besoin des sous-ensembles de P suivants. Soit P_d l'ensemble des $\kappa \in P$ tel que $\mathrm{supp}\kappa \subseteq \mathbb{Z}_+$. Tout élément $\kappa \in P_d$ est donc de la forme

$$\kappa = \sum_{n=0}^{\infty} a_n \varepsilon_n$$

(ε_n = masse unité au point $n \in \mathbb{Z}_+$) ou $\underline{a} = (a_n)_{n \geq 0}$ est une suite de nombres ≥ 0. Nous écrirons $\underline{a} \in P_d$ si

$\sum_{n=0}^{\infty} a_n \varepsilon_n \in P_d$.

La caractérisation suivante de P_d est élémentaire

Lemme 1. Soit $\underline{a} = (a_n)_{n \geq 0}$ une suite de nombres ≥ 0. Alors $\underline{a} \in P_d$ si et seulement si

(i) $a_0 > 0$

(ii) il existe une suite $(b_n)_{n \geq 1}$ de nombres ≥ 0 avec $\sum_{n=1}^{\infty} b_n \leq 1$ et telle que

$$a_n = \sum_{p=1}^{n} a_{n-p} b_p \quad \text{pour} \quad n = 1,2,3,\cdots.$$

On a donc que une suite $\underline{a}$ est dans P_d si et seulement si $\underline{a}$ est proportionelle à une suite de renouvellement (dans la terminologie de [8]).

L'ensemble P_d est un cône (non convexe) qui contient les deux cônes convexes $S_d \subseteq H_d$, où S_d (respectivement H_d) est l'ensemble des suites $\underline{a}$ non-nulles qui sont complètement monotones (respectivement décroissantes et logarithmiquement convexes) Avec l'opérateur de differences Δ qui à une suite $\underline{a} = (a_n)_{n \geq 0}$ fait correspondre la suite $\Delta\underline{a} = (a_{n+1}-a_n)_{n>0}$ on peut écrire

$$S_d = \{\underline{a} \mid \underline{a} \geq 0,\ \underline{a} \neq 0,\ \forall p \in \mathbb{N}:\ (-1)^p \Delta^p \underline{a} \geq 0\}$$

$$H_d = \{\underline{a} \mid \underline{a} \geq 0,\ \underline{a} \neq 0,\ \Delta\underline{a} \leq 0,\ [\Delta\underline{a}]^2 \leq \underline{a}\cdot\Delta^2\underline{a}\} .$$

Voire par exemple Widder [10]. Dans [8] une suite $\underline{a} \in H_d$ avec $a_o = 1$ est appelée une suite de Kaluza.

L'intérêt de H_d vient du fait que H_d est l'ensemble des éléments infiniment divisibles de P_d dans le sens suivant: un élément $\underline{a} \in P_d$ a la proprieté que pour tout $t > 0$ la suite $(a_0^t, a_1^t, a_2^t, \cdots)$ est dans P_d si et seulement si $\underline{a} \in H_d$. Cf. Kendall [7].

Le noyau fondamental de P_d est la mesure $\sum_{n=0}^{\infty} \varepsilon_n$ (ou la suite $\underline{1} = (1,1,1,1,\cdots)$). Le semigroupe associé est

$$(\eta_t)_{t>0} = (e^{-t} \sum_{p=0}^{\infty} \frac{t^p}{p!} \varepsilon_p)_{t>0} .$$

Division des noyaux potentiels sur $\mathbb{R}_+$

Nous allons commencer par un résultat de M. Itô.

Une mesure positive μ sur $\mathbb{R}_+$ telle que la dérivée $\frac{d}{dt}\mu$ de μ (au sens de distributions) est une mesure ≤ 0 sur $]0,\infty[$ est dite décroissante sur $]0,\infty[$.

Lemme 2. Soit $\kappa \in P$. Il existe une mesure positive μ su $\mathbb{R}_+$, unique, telle que $\kappa * \mu = \kappa_0$, et μ est décroissante sur $]0,\infty[$.

La démonstration originale de M. Itô, cf. [5], utilisait le principe relatif de domination, mais le procédé suivant est peut-être plus direct. Soit $f \in \mathcal{B}$ telle que $\mathcal{L}\kappa = \frac{1}{f}$ et soit (a,b,ν) la répresentation intégrale de f. La fonction $m\colon]0,\infty[\to [0,\infty[$ définie par

$$m(s) = \nu(]s,\infty[) \quad \text{pour} \quad s > 0$$

est décroissante et continue à droite, et

$$\int_0^1 m(s)\,ds = \int_0^1 \left(\int_s^\infty d\nu(x) \right) ds = \int_0^\infty \left(\int_0^{\min(1,x)} ds \right) d\nu(x)$$

$$= \int_0^\infty \min(1,x)\,d\nu(x) < +\infty$$

par condition (1). La mesure positive μ sur $\mathbb{R}_+$ définie par

$$\mu = b\varepsilon_0 + (m(x)+a)\,d\kappa_0(x),$$

est donc décroissante sur $]0,\infty[$, et la transformée de Laplace de μ est donnée pour $s > 0$ par

$$\begin{aligned}
\mathcal{L}\mu(s) &= \int_0^\infty e^{-ts}\,d\mu(t) \\
&= b + \frac{a}{s} + \int_0^\infty e^{-ts}\left(\int_t^\infty d\nu(x) \right) dt \\
&= \frac{a}{s} + b + \int_0^\infty \left(\int_0^x e^{-ts}\,dt \right) d\nu(x) \\
&= \frac{a}{s} + b + \int_0^\infty \frac{1-e^{-xs}}{s}\,d\nu(x) \\
&= \frac{1}{s} f(s),
\end{aligned}$$

et ceci implique que $\kappa * \mu = \kappa_0$. $\square$

La mesure μ, qui sera notée ${}^{\kappa_0}/_{\kappa}$, est appelée le "quotient" de κ_0 par κ.

Le résultat suivant, qui est le résultat-clef pour la détermination de l'ensemble des quotients de κ_0 par les éléments de P, a aussi été démontré par F. Hirsch (communication personelle).

Proposition 3. Si μ est une mesure positive sur $\mathbb{R}_+$ qui est décroissante sur $]0,\infty[$, il existe $f \in \mathcal{B}$ telle que

$$\mathcal{L}\mu(s) = \frac{f(s)}{s} \qquad \text{pour} \qquad s > 0.$$

Démonstration. Il existe $b \geq 0$ et une fonction $h:]0,\infty[\to [0,\infty[$ qui est décroissante et localement intégrable sur $[0,\infty[$ telles que

$$\mu = b\varepsilon_0 + h(t)d\kappa_0(t).$$

Si $\nu = -\frac{d}{dt}\mu\big|_{]0,\infty[}$ et $a = \lim_{t\to\infty} h(t) \geq 0$, nous avons

$$h(t) = a + \nu(]t,\infty[) \qquad \text{pour} \qquad t > 0.$$

On voit donc que μ admet une transformée de Laplace et que pour $s > 0$, par le calcul déja fait,

$$\mathcal{L}\mu(s) = b + \int_0^\infty e^{-ts}(a+\nu(]t,\infty[))dt$$

$$= \frac{1}{s}\left[a+bs+\int_0^\infty(1-e^{-xs})d\nu(x)\right].$$

Ceci implique d'une part que $\int_0^\infty \frac{x}{1+x} d\nu(x) < \infty$ et d'autre part que $\mathcal{L}\mu$ a la forme cherchée avec la fonction de Bernstein f qui correspond à (a,b,ν). □

<u>Théorème 4</u>. Une mesure positive non-nulle μ sur $\mathbb{R}_+$ est le quotient de κ_0 par un noyau de P (autrement dit, il existe $\kappa \in P$ tel que $\kappa * \mu = \kappa_0$) si et seulement si μ est décroissante sur $]0,\infty[$.

En particulier si $\kappa \in P$ alors ${}^{\kappa_0}/_{\kappa} \in P$ si et seulement si κ est décroissante sur $]0,\infty[$.

Démonstration. Soit $\mu \neq 0$ une mesure positive sur $\mathbb{R}_+$ qui est décroissante sur $]0,\infty[$, et soit $f \in \mathcal{B}$ telle que

$$\mathcal{L}\mu(s) = \frac{f(s)}{s} \qquad \text{pour} \qquad s > 0.$$

Considerons le noyau $\kappa \in P$ tel que $\mathcal{L}\kappa = \frac{1}{f}$. La convolution de κ et μ a comme transformée de Laplace

$$\mathcal{L}(\kappa*\mu)(s) = \frac{1}{f(s)} \frac{f(s)}{s} = \frac{1}{s} = \mathcal{L}\kappa_0(s)$$

donc $\kappa * \mu = \kappa_0$. □

<u>Corollaire 5</u>. Soit $\kappa \in P$ avec famille résolvante $(\kappa_\lambda)_{\lambda>0}$. Sont équivalents.

(i) $\forall\lambda > 0 : \kappa_\lambda$ est décroissante sur $]0,\infty[$

(ii) $\forall\lambda > 0 : ({}^{\kappa_0}/_{\kappa}) + \lambda\kappa_0 \in P$.

Démonstration. Pour $\lambda > 0$ on a d'après l'équation résolvante

$$\kappa_\lambda * \left(({}^{\kappa_0}/_{\kappa}) + \lambda\kappa_0 \right) = (\kappa - \lambda\kappa * \kappa_\lambda) * \left(({}^{\kappa_0}/_{\kappa}) + \lambda\kappa_0 \right)$$

$$= \kappa * ({}^{\kappa_0}/_{\kappa}) + \lambda\kappa * \kappa_0 - \lambda\kappa * \kappa_\lambda * ({}^{\kappa_0}/_{\kappa}) - \lambda^2 \kappa * \kappa_\lambda * \kappa_0 = \kappa_0,$$

et le quotient de κ_0 par κ_λ est donc $({}^{\kappa_0}/_{\kappa}) + \lambda\kappa_0$, d'où le résultat. []

<u>Théorème 6</u>. Soit $\kappa \in P$. Si pour tout $\lambda > 0$ la mesure $\kappa + \lambda\kappa_0$ appartient à P alors κ est décroissante et convexe sur $]0,\infty[$.

Demonstration. Soit $f \in \mathcal{B}$ avec $\mathcal{L}\kappa = \frac{1}{f}$. Pour $s > 0$ et $\lambda > 0$ nous avons

$$\mathcal{L}({}^{\kappa_0}/_{\kappa})(s) = \frac{f(s)}{s}$$

$$\mathcal{L}\left({}^{\kappa_0}/_{(\kappa+\lambda\kappa_0)}\right)(s) = \frac{1}{s} \cdot \frac{1}{\frac{1}{f(s)} + \frac{\lambda}{s}} = \frac{f(s)}{s+\lambda f(s)} .$$

Donc pour $s > 0$ et $\lambda > 0$

$$\frac{s}{f(s)} = \frac{1-\lambda\mathcal{L}\left({}^{\kappa_0}/_{(\kappa+\lambda\kappa_0)}\right)(s)}{\mathcal{L}\left({}^{\kappa_0}/_{(\kappa+\lambda\kappa_0)}\right)(s)} .$$

La fonction $s \mapsto \lambda\mathcal{L}\left({}^{\kappa_0}/_{(\kappa+\lambda\kappa_0)}\right)(s)$ est pour tout $\lambda > 0$ complètement monotone et ≤ 1 et la fonction $s \mapsto 1-\lambda\mathcal{L}\left({}^{\kappa_0}/_{(\kappa+\lambda\kappa_0)}\right)(s)$ appartient donc à $\mathcal{B}$, et comme

$$\lim_{\lambda\to\infty} \lambda \mathcal{L}\left(\kappa_0/(\kappa+\lambda\kappa_0)\right)(s) = 1 \quad \text{pour} \quad s > 0,$$

la fonction $s \mapsto \frac{s}{f(s)}$ est limite simple de fonctions de $\mathcal{B}$, donc appartient à $\mathcal{B}$, cf. par exemple [1], ce qui implique $\kappa_0/\kappa \in P$.

Soit $(\rho_\lambda)_{\lambda>0}$ la famille résolvante de κ_0/κ. Alors, d'après le Corollaire 5, pour tout $\lambda > 0$, ρ_λ est décroissante sur $]0,\infty[$.

Par l'équation résolvante nous avons pour $\lambda > 0$

$$\lambda\rho_\lambda * \kappa = \lambda(\kappa_0/\kappa)*\kappa - \lambda^2\rho_\lambda*(\kappa_0/\kappa)*\kappa$$

$$= \lambda\kappa_0 - \lambda^2\rho_\lambda*\kappa_0,$$

donc, dérivant deux fois

$$\lambda\rho_\lambda*\left[\frac{d^2}{dt^2}\kappa\right] = \lambda\frac{d^2}{dt^2}\kappa_0 - \lambda^2\left[\frac{d}{dt}\rho_\lambda\right]*\left[\frac{d}{dt}\kappa_0\right]$$

$$= \lambda\frac{d}{dt}\varepsilon_0 - \lambda^2\frac{d}{dt}\rho_\lambda.$$

Le membre de droite est ≥ 0 sur $]0,\infty[$, donc pour $\lambda \to \infty$,

$$\frac{d^2}{dt^2}\kappa = \lim_{\lambda\to\infty} \lambda\rho_\lambda*\left[\frac{d^2}{dt^2}\kappa\right] \geq 0 \quad \text{sur} \quad]0,\infty[,$$

ce qui montre que κ est (une fonction) convexe (et décroissante) sur $]0,\infty[$. ▮

Comme application de cette méthode de "division" nous donnons une démonstration très simple d'un résultat de Hawkes [3].

<u>Proposition 7</u>. Soit $\kappa \in P$, $f \in \mathcal{B}$ avec $\mathcal{L}\kappa = \frac{1}{f}$ et supposons que la répresentation intégrale de f est donnée par $(a,0,\nu)$. Si la fonction $x \mapsto \nu(]x,\infty[)$ est logarithmiquement convexe sur $]0,\infty[$ et admet la limite $+\infty$ au point 0, alors κ est absolument continue sur $]0,\infty[$ et décroissante sur $]0,\infty[$.

Démonstration. Le noyau ${}^{\kappa_0}/\kappa$ est dans H, donc κ est décroissante sur $]0,\infty[$. Avec $c = \kappa(\{0\})$ la mesure avec densité $x \mapsto c\nu(]x,\infty[)$ est majorée par κ_0, donc $c = 0$, et κ est absolument continue. ▌

Nous allons maintenant indiquer des résultats de "division" dans le cas encore plus simple de noyaux potentiels sur $\mathbb{Z}_+$.

Pour deux suites $\underline{a} = (a_n)_{n\geq 0}$ et $\underline{b} = (b_n)_{n\geq 0}$ de nombres réels la <u>convolution</u> de $\underline{a}$ et $\underline{b}$, notée $\underline{a}*\underline{b}$, est la suite $\underline{c} = (c_n)_{n\geq 0}$ définie par

$$c_n = \sum_{p=0}^{n} a_p b_{n-p} \qquad \text{pour } n = 0,1,2,\ldots \,.$$

<u>Proposition 8A</u>. Soit $\underline{a} \in P_d$. Il existe une suite $\underline{c} = (c_n)_{n\geq 0}$, unique, de nombres ≥ 0, telle que $\underline{a}*\underline{c} = \underline{1}$, et la suite $\underline{c}$ est décroissante.

La suite $\underline{c}$, qui sera aussi notée $\underline{1}/\underline{a}$, est appelée le <u>quotient</u> de $\underline{1}$ par $\underline{a}$.

Proposition 8B. Une suite $\underline{c} \neq \underline{0}$ de nombres ≥ 0 est le quotient de $\underline{1}$ par un élément de P_d si et seulement si $\underline{c}$ est décroissante.

En particulier si $\underline{a} \in P_d$ alors $^1/_{\underline{a}} \in P_d$ si et seulement si $\underline{a}$ est décroissante.

La famille résolvante d'un noyau $\underline{a} \in P_d$ est contenue dans P_d, et le noyau résolvante d'indice $\lambda > 0$ de $\underline{a}$ est donc une suite $\underline{a}_\lambda$ de nombres ≥ 0.

Proposition 8C. Soit $\underline{a} \in P_d$ avec famille résolvante $(\underline{a}_\lambda)_{\lambda>0}$. Alors sont équivalents.

(i) $\forall\lambda > 0 : \underline{a}_\lambda$ est décroissante,

(ii) $\forall\lambda > 0 : (\frac{1}{}/_{\underline{a}}) + \lambda\underline{1} \in P_d$.

Proposition 8D. Soit $\underline{a} \in P_d$. Si pour tout $\lambda > 0$ la suite $\underline{a}+\lambda\underline{1}$ est dans P_d alors $\underline{a}$ est décroissante et convexe.

Les démonstrations des Propositions 8A-D sont analogues aux démonstrations précédentes, mais plus simples. L'opérateur $\frac{d}{dt}$ (le générateur infinitesimal du semigroupe associé à κ_0) a été remplacé par l'opérateur Δ (le générateur infinitesimal du semigroupe associé à $\underline{1}$).

Remarque. Le Théorème 4 et le Corollarie 5 donnent, dans des cas particuliers, la réponse à la question générale suivante: pour un sous ensemble $M \subseteq P$ donné, quelles sout les mesures ${}^{\kappa_0}/\kappa$ quand κ parcourt M?

Citons la réponse dans un autre cas particulier:

$$S = \{{}^{\kappa_0}/\kappa \mid \kappa \in S\} .$$

Ce résultat a été donné par Reuter [9] et plus tard par M. Itô [5]. Avant, Kaluza [6] avait démontré le résultat suivant analogue

$$S_d = \{{}^{1}/_{\underline{a}} \mid \underline{a} \in S_d\} .$$

Remarque. C'est évident que

$$H \subseteq \{\kappa \in P \mid \forall\lambda > 0 : \kappa+\lambda\kappa_0 \in P\} ,$$

et il serait intéressant d'avoir des noyaux explicites de l'ensemble

$$\{\kappa \in P \mid \forall\lambda > 0 : \kappa+\lambda\kappa_0 \in P\} \setminus H .$$

Pour la question analogue sur $\mathbb{Z}_+$, Davidson [2] a donné une construction (très compliquée) d'un noyau de

$$\{\underline{a} \in P_d \mid \forall\lambda > 0 : \underline{a} + \lambda\underline{1} \in P_d\} \setminus H_d ,$$

mais cette construction utilise des proprietées particulières à P_d , et ne se genéralise par facilement à P.

Une caractérisation des noyaux potentiels sur $\mathbb{R}_+$.

Considerons une mesure positive κ sur $\mathbb{R}_+$ qui admet une transformée de Laplace $f = \mathcal{L}\kappa$. La suite $\underline{a}(s)$, definie pour $s > 0$ par

$$\underline{a}(s)_n = (-1)^n s^n \frac{D^n f(s)}{n!} \qquad n = 0,1,2,\ldots$$

est une suite de nombres ≥ 0.

F. Hirsch a démontré, cf. [4], que $\kappa \in H$ si et seulement si la suite $\underline{a}(s)$ appartient à H_d pour tout $s > 0$. Nous avons les équivalences analogues suivantes.

Théoreme 9. Avec les notations ci-dessus:

$\kappa \in P \quad \Leftrightarrow \quad \forall s > 0 : \underline{a}(s) \in P_d$

$\kappa \in S \quad \Leftrightarrow \quad \forall s > 0 : \underline{a}(s) \in S_d$.

Démonstration. Supposons d'abord $\kappa \in P$. Le noyau potentiel subordonné de $\underline{1}$ à l'aide de κ appartient à P_d et s'écrit, cf. par exemple [1],

$$\int_0^\infty e^{-t}\exp(t\varepsilon_1)d\kappa(t) = \sum_{n=0}^\infty \varepsilon_n \int_0^\infty e^{-t} \frac{t^n}{n!} d\kappa(t) = \sum_{n=0}^\infty \underline{a}(1)_n \varepsilon_n ,$$

ce qui montre que $\underline{a}(1) \in P_d$. Pour $s > 0$, l'image κ_s de κ par l'application $t \mapsto ts$ de $\mathbb{R}_+$ dans $\mathbb{R}_+$ appartient encore à P et

$$s^n\left[D^n \mathcal{L}\kappa\right](s) = \left[D^n \mathcal{L}\kappa_s\right](1)$$

donc $\underline{a}(s) \in P_d$.

Si inversement $\underline{a}(s) \in P_d$ pour tout $s > 0$, alors pour $s > 0$ la mesure $\sum_{n=0}^{\infty} \underline{a}(s)_n \varepsilon_{\frac{n}{s}}$ est dans P. Nous allons voir que

$$\kappa = \lim_{s\to\infty} \left(\sum_{n=0}^{\infty} \underline{a}(s)_n \varepsilon_{\frac{n}{s}} \right) \tag{2}$$

(limite vague) ce qui implique que $\kappa \in P$. Pour cela prenons la transformée de Laplace

$$\mathcal{L}\left(\sum_{n=0}^{\infty} \underline{a}(s)_n \; \varepsilon_{\frac{n}{s}} \right)(t) = \sum_{n=0}^{\infty} \underline{a}(s)_n \; e^{-\frac{n}{s}t}$$

$$= \sum_{n=0}^{\infty} (-1)^n \; s^n \; \frac{D^n \mathcal{L}\kappa(s)}{n!} \; e^{-\frac{n}{s}t} = \mathcal{L}\kappa(s-se^{-\frac{t}{s}})$$

donc pour $s \to \infty$

$$\lim_{s\to\infty} \mathcal{L}\left(\sum_{n=0}^{\infty} \underline{a}(s)_n \; \varepsilon_{\frac{n}{s}} \right)(t) = \mathcal{L}\kappa(t)$$

pour tout $t > 0$, d'où (2).

Pour la deuxieme équivalence, remarquons d'abord que la mesure positive κ est dans S si et seulement si la transformée de Laplace $f = \mathcal{L}\kappa$ s'écrit

$$f(s) = a + \int_0^{\infty} \frac{1}{s+t} \, d\mu(t) \qquad \text{pour } s > 0 , \tag{3}$$

où $a \geq 0$ et μ est une mesure positive sur $[0,\infty[$ telle que $\int_0^\infty \frac{1}{1+t}\, d\mu(t) < +\infty$ (et $(a,\mu) \neq (0,0)$).

Supposons maintenant que $\kappa \in S$ et que $\mathscr{L}\kappa$ s'écrit comme (3) avec (a,μ). Alors pour $s > 0$ et $n \geq 1$

$$(-1)^n s^n \frac{D^n f(s)}{n!} = \int_0^\infty \left(\frac{s}{s+t}\right)^n \frac{1}{s+t}\, d\mu(t) .$$

Avec la mesure positive μ' de masse finie sur $]0,1]$ image de la mesure $\frac{1}{s+t}\, d\mu(t)$ par l'application $t \mapsto \frac{s}{s+t}$ de $[0,\infty[$ dans $]0,1]$, et la mesure positive $\mu'' = a\varepsilon_0 + \mu'$ sur $[0,1]$ nous pouvons donc écrire

$$\underline{a}(s)_n = \int_0^1 u^n\, d\mu''(u) \qquad \text{pour } n \geq 0 ,$$

donc $\underline{a}(s) \in S_d$, cf. Widder [10].

Supposons inversement qu'il existe $s_0 > 0$ tel que $\underline{a}(s_0) \in S_d$. Alors il existe, cf. Widder [10], une mesure positive μ'' sur $[0,1]$ telle que

$$\underline{a}(s_0)_n = \int_0^1 u^n d\mu''(u) \qquad \text{pour } n \geq 0 .$$

Posons $a = \mu''(\{0\})$ et $\mu' = \mu'' - a\varepsilon_0$, et considérons la mesure positive μ sur $[0,\infty[$ definie par $\mu = (s_0+t)d\psi(\mu')(t)$ ou $\psi(\mu')$ est l'image de μ' par l'application $u \mapsto \frac{s_0 - s_0 u}{u}$ de $]0,1]$ dans $[0,\infty[$. C'est clair que (a,μ) est le couple d'un element $\kappa' \in S$ avec

$$\mathscr{L}\kappa'(s) = a + \int_0^\infty \frac{1}{s+t}\, d\mu(t) \qquad \text{pour } s > 0.$$

Pour $n \geq 0$ nous avons

$$(-1)^n s_0^n \frac{D^n \mathcal{L}\kappa'(s_0)}{n!} = (-1)^n s_0^n \frac{D^n \mathcal{L}\kappa(s_0)}{n!} ,$$

et comme $\mathcal{L}\kappa'$ et $\mathcal{L}\kappa$ sont analytiques sur $]0,\infty[$ ceci implique $\mathcal{L}\kappa' = \mathcal{L}\kappa$ donc $\kappa = \kappa' \in S$. I

Remarque. D'après la démonstration, pour que $\kappa \in S$ il suffit qu'il existe $s_0 > 0$ tel que $\underline{a}(s_0) \in S_d$.

Bibliographie

1. Berg, C. et G. Forst: Potential Theory on Locally Compact Abelian Groups. Berlin-Heidelberg-New York. Springer 1975.

2. Davidson, R.: Arithmetic and Other Properties of Certain Delphic Semigroups II. Z. Wahrscheinlichkeitstheorie verw. Geb. 10 (1968), 146-172.

3. Hawkes, J.: On the potential theory of Subordinators. Z. Wahrscheinlichkeitstheorie verw. Geb. 33 (1975), 113-132.

4. Hirsch, F.: Familles d'opérateurs potentiels. Ann. Inst. Fourier, Grenoble 25^{3-4} (1975), 263-288.

5. Itô, M.: Sur les cones convexes de Riesz et les noyaux complètement sous-harmoniques. Nagoya Math. J. 55 (1974), 111-144.

6. Kaluza, T.: Über die Koeffizienten reziproker Potenzreihen.Math. Z. 28 (1928), 161-170.

7. Kendall, D.G.: Renewal sequences and their arithmetic. In Lecture Notes in Mathematics 31, p. 147-175. Berlin-Heidelberg-New York. Springer 1967.

8. Kingman, J.F.C.: Regenerative Phenomena. London.Wiley 1972.

9. Reuter, G.E.H.: Über eine Volterrasche Integralgleichung mit totalmonotonem Kern. Arch. Math. 7 (1956), 59-66.

10. Widder, D.V.: The Laplace transform. Princeton. Princeton University Press. 1941.

Gunnar Forst
Universitetsparken 5
DK-2100 København Ø
Danemark.

RENOUVELLEMENT ET EXISTENCE DE RESOLVANTES

par F.HIRSCH et J.C.TAYLOR.*

Nous nous intéressons, dans ce travail, aux noyaux de convolution par une mesure de Radon $\kappa \geq 0$ sur un groupe localement compact, et montrons que les propriétés de renouvellement caractérisent les noyaux auxquels on peut associer une famille résolvante, parmi ceux qui vérifient le principe complet du maximum.

Considérons l'exemple du noyau potentiel du processus de Poisson sur $\mathbb{Z}$ de paramètre 1. La mesure κ peut être identifiée avec sa densité, c'est à dire la fonction caractéristique de $\mathbb{Z}^+$. Il est facile de vérifier que, pour tout ensemble $K \subset \mathbb{Z}$ fini, $\lim_{x \to \pm\infty} 1_K * \kappa\,(x) = 0$ et $|K|$ respectivement, où $|K|$ est le cardinal de K. Autrement dit, il existe au plus deux limites vagues de $\{\varepsilon_x * \kappa \mid x \in \mathbb{Z}\}$ dont une égale zéro et l'autre est une mesure de Haar ou zéro.

Nous dirons que le théorème de renouvellement est valable pour une mesure κ sur un groupe localement compact G si cette

* Cet article est une rédaction détaillée de l'exposé du 24/03/77

dernière propriété a lieu .

Dans le cas d'une mesure κ de la forme $\sum_{n=0}^{\infty} \pi^{*n}$, $\pi \geq 0$ et $\pi(1) \leq 1$ (avec π^{*n} le $n^{\text{ième}}$ produit de convolution) il est classique, pour les groupes abéliens à base dénombrable, que le théorème de renouvellement est vrai (cf. [10]).

Nous allons fixer, tout d'abord, les notations et la terminologie.

Dans toute la suite, G désigne un groupe localement compact, dénombrable à l'infini, $(K_n)_{n \geq 0}$ une suite exhaustive de compacts, κ une mesure de Radon positive non nulle, H le sous-groupe fermé engendré par le support de κ (on suppose H non compact), $\mathcal{K}$ (resp. $\mathcal{C}_0$, resp. $\mathcal{C}$) l'ensemble des fonctions réelles sur G, continues à support compact (resp. continues tendant vers 0 à l'infini, resp. continues) et V l'application linéaire de $\mathcal{K}$ dans $\mathcal{C}$ définie par :

$$\forall f \in \mathcal{K}\ ,\ \forall x \in G,\ Vf(x) = \int f(xy)\,d\kappa(y) = f * \check{\kappa}(x) = \langle f, \varepsilon_x * \kappa \rangle .$$

De plus, toutes les limites de familles de mesures seront prises au sens de la topologie vague.

Nous considérons les propriétés suivantes :

- Principe complet du maximum (P.C.M.) :

$$\forall f \in \mathcal{K} \qquad Vf \leq 1 \quad \text{sur} \quad \{f > 0\} \implies Vf \leq 1.$$

- Existence de résolvante ($\mathcal{R}$) :

Il existe une famille $(\eta_\lambda)_{\lambda > 0}$ de mesures positives sur G telles que

$$\forall \lambda, \mu > 0 \qquad \eta_\lambda - \eta_\mu = (\mu - \lambda)\,\eta_\lambda * \eta_\mu$$

$$\forall \lambda > 0 \qquad \int \lambda\, d\eta_\lambda \leq 1$$

$$\sup_{\lambda > 0} \eta_\lambda = \kappa .$$

- Existence de semi-groupe ($\mathcal{H}$):

  ($\mathfrak{R}$) et $(n_\lambda)_{\lambda > 0}$ est la résolvante d'un semi-groupe vaguement continu (i.e. κ est un "noyau de Hunt").

Les implications $\mathcal{H} \Longrightarrow \mathfrak{R} \Longrightarrow$ P.C.M. sont bien connues. Plusieurs auteurs (c.f. par exemple [2], [8], [9]) ont donné des conditions dans le cas G commutatif, qui, jointes à P.C.M., impliquent $\mathfrak{R}$ (l'implication P.C.M. $\Longrightarrow \mathfrak{R}$ n'est pas, en général, exacte), mais ces conditions ne sont pas aisément vérifiables. Nous avons nous-mêmes (c.f. [5], [11], [12]) donné, dans un cadre très général, une condition nécessaire et suffisante pour qu'un noyau vérifiant le principe complet du maximum soit associé à une résolvante. Rappelons ce résultat dans le cadre défini précédemment :

Si f est une fonction mesurable positive, on dit que f est surmédiane si

$$\forall g \in \mathcal{K} \qquad Vg \leqslant f \quad \text{sur} \quad \{g > 0\} \Longrightarrow Vg \leqslant f.$$

Si A est une partie de G et si f appartient à $\mathcal{K}^+$, on note $H_A\,Vf$ l'enveloppe inférieure des fonctions surmédianes majorant Vf sur A.

<u>THEOREME 0</u> : *Sont équivalents* :

(*i*) $\mathfrak{R}$

(*ii*) P.C.M. <u>*et*</u>

$$\forall f \in \mathcal{K}^+ \quad \lim_{n\to\infty} H_{\complement K_n}\, Vf = 0.$$

Les résultats qui suivent permettent de donner une forme plus concrète à la seconde propriété de (ii) (propriété "d'annulation à la frontière des potentiels") en montrant qu'elle équivaut (en présence de P.C.M.) à dire que le théorème de renouvellement à lieu (dans le cas abélien).

THEOREME 1 : *Si les propriétés suivantes sont vérifiées :*

a) P.C.M.

b) $\forall y \in H \quad \lim_{x\to\infty} (\varepsilon_y * \varepsilon_x * \kappa - \varepsilon_x * \kappa) = 0$

c) $\forall f \in \mathcal{K}^+ \quad \forall x \in G \quad \inf_{y \in H} Vf(yx) = 0$

alors la propriété $\mathcal{R}$ *est réalisée. Si, en outre,* G *n'a pas de sous-groupe compact autre que* {0}, *la propriété* $\mathcal{H}$ *est réalisée.*

Soit $\varepsilon > 0$, $x_o \in G$, $f \in \mathcal{K}^+$. D'après c),

$$\exists y \in H \qquad Vf(yx_o) \leq \varepsilon.$$

Posons

$$K_\varepsilon = \{x;\ Vf(x) \geq Vf(yx) + \varepsilon\}.$$

D'après b), K_ε est un compact et, évidemment,

$$H_{\complement K_\varepsilon} Vf(x) \leq Vf(yx) + \varepsilon$$

car $x \longmapsto Vf(yx) + \varepsilon$ est une fonction surmédiane.

Donc

$$\lim_{n\to\infty} H_{\complement K_n} Vf(x_o) \leq Vf(yx_o) + \varepsilon \leq 2\varepsilon$$

soit

$$\lim_{n\to\infty} H_{\complement K_n} Vf(x_o) = 0.$$

Il suffit donc d'appliquer le théorème 0.

La fin du théorème découle de résultats généraux (c.f.[7]).

Le problème de la réciproque du théorème 1 est bien connu et nécessite des hypothèses supplémentaires. Citons par exemple (c.f.[10]) :

PROPOSITION 2 : *Si G est commutatif et à base dénombrable, la propriété $\mathfrak{R}$ implique les propriétés a) b) c).*

PROPOSITION 3 : *Si G est unimodulaire et à base dénombrable, $H = G$, $\{\varepsilon_x * \kappa * \varepsilon_{x'} \mid x$ et $x' \in G\}$ est vaguement borné et si $\mathfrak{R}$ est vérifié, la résolvante d'indice 1, η_1, étant telle que les fonctions continues bornées $\check{\eta}_1$ - harmoniques (i.e. vérifiant $\check{\eta}_1 * f = f$) soient constantes, alors les propriétés a) b) et c) du théorème 1 sont vérifiées. En outre, on peut remplacer "$\{\varepsilon_x * \kappa * \varepsilon_{x'} \mid x$ et $x' \in G\}$ est vaguement borné" par "η_1 est étalée (i.e. $\exists n$ avec η_1^{*n} non singulière par rapport à la mesure de Haar)".*

Bien que ces propositions soient bien connues, nous allons, pour fixer les idées, donner par exemple la démonstration de la proposition 2.

Nous remarquons d'abord que l'application $\lambda \mapsto \eta_\lambda(1)$ est une résolvante sur $\mathbb{R}^+$. Donc il existe $c \geq 0$ tel que :

$$\forall\lambda \quad \eta_\lambda(1) = \frac{1}{\lambda+c} \ .$$

Par conséquent, ou bien $\int d\kappa < +\infty$ et $\forall\lambda > 0 \quad \lambda\eta_\lambda(1) < 1$, ou bien $\int d\kappa = +\infty$ et $\forall\lambda > 0 \quad \lambda\eta_\lambda(1) = 1$.

Le cas $\int d\kappa < +\infty$ étant trivial, ou suppose $\int d\kappa = +\infty$ et donc η_1 est une probabilité.

Supposons donc G commutatif à base dénombrable et $\mathfrak{R}$ vérifié.

Soit $(\eta_\lambda)_{\lambda > 0}$ la famille résolvante associée à κ $(\lambda\eta_\lambda(1) = 1)$. Il est classique que a) est vérifié. Démontrons b).

Soit (x_n) une suite tendant vers ∞ telle que $\varepsilon_{x_n} * \kappa$ converge vers une mesure μ . V vérifiant le principe complet du maximum, $\{\varepsilon_x * \kappa \mid x \in G\}$ est vaguement borné et μ est donc telle que

$$\forall f \in \mathcal{H} \quad \mu * f \text{ est bornée.}$$

D'autre part

$$\varepsilon_{x_n} * \kappa = \varepsilon_{x_n} * \eta_1 + \varepsilon_{x_n} * \kappa * \eta_1 .$$

D'après le théorème de Lebesgue et le fait que, si f appartient à $\mathcal{H}$, $\eta_1 * f$ appartient à $\mathcal{C}_o$,

$$\mu = \mu * \eta_1 .$$

Or, puisque

$$\kappa = \sum_{n=1}^{\infty} \eta_1^{*n} ,$$

H est aussi le plus petit groupe contenant le support de η_1. Donc, en appliquant le lemme de Choquet-Deny ([3]),

$$\forall y \in H \quad \varepsilon_y * \mu = \mu$$

et b) en résulte immédiatement.

Démontrons maintenant c). Soit $f \in \mathcal{H}^+$, $x \in G$ et

$$a = \inf_{y \in H} Vf(yx)$$

On a alors

$$\forall \lambda > 0 \quad a \leqslant \lambda \int Vf(xy)\, d\eta_\lambda(y)$$
$$= \int f(xu)\, d\kappa(u) - \int f(xu)\, d\eta_\lambda(u),$$

soit, en faisant tendre λ vers 0,

$$a = 0 .$$

La démonstration de la proposition 3 (c.f.[1]) est presque identique à la précédente. On voit que la validité de la réciproque (si G unimodulaire, à base dénombrable, $H = G$, η_1 étalée) est directement liée à la validité du lemme de Choquet-Deny, ce qui a lieu dans de nombreux groupes non commutatifs.

Nous allons supposer désormais que G est commutatif et à base dénombrable et que H = G. Dans ce cas on a le théorème suivant, déjà démontré par T.WATANABE dans le cas $G = \mathbb{R}$ ([13]) :

THEOREME 4 : *Supposons que V vérifie P.C.M. Sont équivalents:*

(i) $\mathfrak{R}$

(ii) *Le théorème de renouvellement est valable pour* κ .

(ii) ⇒ (i) est une conséquence immédiate du théorème 1. Pour (i) ⇒ (ii) il suffit évidemment de considérer le cas $\int d\kappa = +\infty$. Dans ce cas la résolvante d'indice 1 associée, η_1, est une probabilité. Le théorème 2.6. de [10] (un résultat de C.S.HERZ) dit que le théorème de renouvellement est valable pour $\pi = \sum_{n=0}^{\infty} (\eta_1)^{*n} = \varepsilon_0 + \kappa$. Par conséquent ce théorème est valable pour κ .

La forme usuelle du théorème de renouvellement (c.f.[10]) précise la forme de la mesure de Haar en se servant de la classification des groupes en deux types :

1) - *Les groupes de type II, i.e. de la forme* $\mathbb{R} \oplus K$ *ou* $\mathbb{Z} \oplus K$ *avec* K *groupe compact. Si* G *est un tel groupe et si* $\mathfrak{R}$ *est vérifié, il existe* c_+ *et* c_- *réels* ≥ 0 *avec* $c_+ c_- = 0$ *et*

$$\forall f \in \mathcal{H} \qquad \lim_{x \to +\infty} Vf(x) = c_+ \int f \, dx$$

$$\lim_{x \to -\infty} Vf(x) = c_- \int f \, dx$$

2) - Les groupes de type I, i.e. non de type II. Si G est un tel groupe et si $\mathfrak{R}$ est vérifié,

$$\forall f \in \mathcal{H} \qquad \lim_{x \to \infty} Vf(x) = 0.$$

On peut alors énoncer le théorème suivant (Le 2), dans le cas de $\mathbb{R}$, a été précédemment démontré par T.WATANABE ([13]) avec une méthode toute différente):

<u>THEOREME 5</u> :

1) - Si G de type I, sont équivalents:

i) $\mathfrak{R}$

ii) P.C.M. *et*

$$\lim_{x \to \infty} \varepsilon_x * K = 0.$$

2) - Si G de type II, sont équivalents:

i) $\mathfrak{R}$

ii) P.C.M. *et*

$$\lim_{x \to +\infty} \varepsilon_x * K = 0 \quad \text{ou} \quad \lim_{x \to -\infty} \varepsilon_x * K = 0.$$

Compte tenu du théorème de renouvellement, les implications (i) $\Longrightarrow$ (ii) sont évidentes et, d'autre part, dans le cas du type I, l'implication (ii) $\Longrightarrow$ (i) est une conséquence immédiate du théorème 0.

Il suffit donc de démontrer que, si G est de type II et si V vérifie le principe complet du maximum et si

$$\forall f \in \mathcal{H} \qquad \lim_{x \to +\infty} Vf(x) = 0,$$

alors $\mathfrak{R}$ est vérifié.

Pour simplifier un peu,on considèrera seulement le cas $G = \mathbb{R}$.

D'après le principe de balayage équivalent au principe complet du maximum (c.f.[4]),

$$\forall n \in \mathbb{N} \quad \exists\, \mu_n, \nu_n \in \mathcal{M}_+(\mathbb{R})$$

$$\operatorname{Supp} \mu_n \subset [1,n], \quad \int d\mu_n \leq 1, \quad \operatorname{Supp} \nu_n \subset]-\infty,1] \cup [n,\infty[,$$

$$\kappa = \kappa * \mu_n + \nu_n .$$

Puisque $\lim_{x \to +\infty} \varepsilon_x * \kappa = 0$, on peut passer à la limite suivant une suite extraite.

Il existe μ et ν appartenant à $\mathcal{M}_+(\mathbb{R})$ telles que :

$$\operatorname{Supp} \mu \subset [1,\infty[, \quad \operatorname{Supp} \nu \subset]-\infty,1], \quad \int d\mu \leq 1,$$

$$\kappa = \kappa * \mu + \nu .$$

Soit η une valeur d'adhérence vague de $\varepsilon_x * \kappa$ quand x tend vers $-\infty$. Puisque $\operatorname{Supp}\nu$ est inclus dans $]-\infty,1]$,

$$\eta = \eta * \mu .$$

Donc, d'après le lemme de Choquet-Deny, il existe $a \geq 1$ avec

$$\eta = \varepsilon_a * \eta$$

et a ne dépend que de μ, d'où l'on déduit,

$$\lim_{x \to -\infty} (\varepsilon_x * \kappa - \varepsilon_x * \varepsilon_a * \kappa) = 0.$$

Soit alors $f \in \mathcal{H}^+$, $\varepsilon > 0$, $x_0 \in \mathbb{R}$. Posons

$$h(x) = \int f(x+y)\, d\mu(y).$$

Puisque $Vh(x)$ tend vers 0 quand x tend vers $+\infty$, il existe p dans $\mathbb{N}$ tel que

$$Vh(pa + x_0) \leq \varepsilon.$$

Considérons alors

$$K_\varepsilon = \{x;\ \ Vf(x) \geqslant Vh(pa + x) + \varepsilon\}.$$

On vérifie aisément que

$$\lim_{x \to \infty} (Vf(x) - Vh(pa + x)) = 0 \quad ,$$

et donc K_ε est un compact.

Comme

$$H_{\complement K_\varepsilon} Vf \leqslant \varepsilon + Vh(pa + .)$$

$$H_{\complement K_\varepsilon} Vf(x_o) \leqslant 2\varepsilon$$

et on conclut en utilisant le théorème 0.

Nous allons terminer par quelques remarques :

- Le théorème 5 permet de retrouver le résultat bien connu (c.f., par exemple,[6]Proposition I de 1.1.1) :

  Si $G = \mathbb{R}$, (P.C.M. et Supp $\kappa \subset \mathbb{R}_+$) $\Longrightarrow \mathfrak{R}$.

  (On a l'analogue pour $G = \mathbb{Z}$, ce qui englobe le cas du processus de Poisson).

- M.ITO nous a communiqué oralement la proposition suivante :

  Si G de type II,

$$\left.\begin{array}{l} \text{(P.C.M.} \\ \text{et} \quad \exists f \in \mathcal{K}^+ \quad \inf_x Vf(x) = 0 \quad \underline{\lim}_{x \to +\infty} Vf(x) > 0) \end{array}\right\} \Longrightarrow \mathfrak{R}$$

Donnons en la démonstration dans le cas $G = \mathbb{R}$). Il suffit, d'après le théorème 4, de démontrer que $\lim_{x \to -\infty} \varepsilon_x * \kappa = 0$.

Soit $2a = \underline{\lim}_{x \to +\infty} Vf(x)$. On peut supposer

$$Vf(x) \geqslant a \qquad \text{pour} \qquad x \geqslant 0.$$

Soit $\varepsilon > 0$. Il existe x_ε tel que $Vf(x_\varepsilon) \leqslant \varepsilon$.

Considérons g appartenant à $\mathcal{K}^+$.

Il existe $y_\varepsilon \in \mathbb{R}$ tel que

$$y \leqslant y_\varepsilon \implies \mathrm{Supp}(\tau_{x_\varepsilon - y}\, g) \subset [0,\infty[$$

(où τ_α désigne l'opérateur de translation par α).

Donc $y \leqslant y_\varepsilon \implies V(\tau_{x_\varepsilon - y}\, g) \leqslant \|Vg\|(a^{-1})Vf$ sur $\mathrm{Supp}(\tau_{x_\varepsilon - y}\, g)$.

D'après le P.C.M.

$$y \leqslant y_\varepsilon \implies V(\tau_{x_\varepsilon - y}\, g) \leqslant \|Vg\|(a^{-1})Vf$$

et en particulier

$$\begin{aligned} y \leqslant y_\varepsilon \implies Vg(y) &\leqslant \|Vg\|(a^{-1})Vf(x_\varepsilon) \\ &\leqslant \|Vg\|(a^{-1})\varepsilon \;. \end{aligned}$$

Ceci montre

$$\lim_{y \to -\infty} Vg(y) = 0.$$

- On peut poser le problème suivant :

Si $G = \mathbb{R}$, peut-on avoir P.C.M. et $(\forall f \in \mathcal{H}_+ \ \inf_x Vf(x) = 0)$ sans avoir $\mathfrak{R}$? D'après ce qui précède, il revient au même de se demander si l'on peut avoir simultanément P.C.M. et

$$\forall f \in \mathcal{H}^+,\ f \neq 0,\ \underline{\lim}_{x \to -\infty} Vf(x) = \underline{\lim}_{x \to +\infty} Vf(x) = 0$$

$$\text{et} \qquad \overline{\lim}_{x \to +\infty} Vf(x) > 0 \quad \overline{\lim}_{x \to -\infty} Vf(x) > 0 \;.$$

Si $G = \mathbb{R}^n$ avec $n \geqslant 2$, il est par contre facile de voir que l'on peut avoir simultanément P.C.M., $\forall f \in \mathcal{H}^+ \ \inf_x Vf(x) = 0$ et non $\mathfrak{R}$.

BIBLIOGRAPHIE

[1] A.BRUNEL et D.REVUZ.
Sur la théorie du renouvellement pour les groupes non abéliens
(Israël J.of Math. 20 n°1, 1975, p.46-56)

[2] G.CHOQUET et J.DENY.
Noyaux de convolution et balayage sur tout ouvert
(Lecture Notes n°404, p.60-112, Springer(1974)).

[3] J.DENY.
Sur l'équation de convolution $\mu = \mu * \sigma$
(Séminaire Brelot-Choquet-Deny, Théorie du Potentiel
4ème année, 1959-60, n°5).

[4] J.DENY.
Les principes du maximum en Théorie du Potentiel
(Séminaire Brelot-Choquet-Deny, Théorie du Potentiel,
6ème année, 1961-62, n°10).

[5] F.HIRSCH.
Conditions nécessaires et suffisantes d'existence de résolvantes.
(Z.Wahrscheinlichkeitstheorie u. verw. Geb. 29, 73-85, (1974)).

[6] F.HIRSCH.
Familles d'opérateurs potentiels.
(Ann.Inst.Fourier, XXV, Fasc. 3-4, 263-288 (1975)).

[7] F.HIRSCH et J.P.ROTH.
Opérateurs dissipatifs et codissipatifs invariants sur un espace homogène.
(Lecture Notes n°404, p.229-245, Springer (1974)).

[8] M.ITO.
Sur le principe relatif de domination pour les noyaux de convolution.
(Hiroshima Math. J.,5, 293-350(1975)).

[9] M.KISHI.
Some remarks on the existence of a resolvent.
(Ann. Inst. Fourier, XXV, Fasc. 3-4, 345-352 (1975)).

[10] D.REVUZ.
Markov Chains.
(North.Holland (1975)).

[11] J.C.TAYLOR.
On the existence of sub-markovian resolvents.
(Inventiones Math. 17, 85-93 (1972)).

[12] J.C.TAYLOR.
A characterization of the kernel $\lim_{\lambda \downarrow 0} V_\lambda$ for sub-markovian resolvents (V_λ).
(Ann. of Probability, vol.3 n°2, 355-357, (1975)).

[13] T.WATANABE.
Some recent results on processes with stationary independent increments.
(Lecture Notes n°330, p.498-515, Springer (1973)).

F.HIRSCH
E.N.S.E.T.
61 Ave du Président Wilson
94.230 - CACHAN (France)

J.C.TAYLOR
Department of Mathematics
Mc Gill University
805 SHERBROOKE St.West
MONTREAL , QUE (CANADA)
H 3A 2K6

ON THE REGULARITY OF BOUNDARY POINTS

IN A RESOLUTIVE COMPACTIFICATION OF A HARMONIC SPACE

by Teruo IKEGAMI *

Université d'Osaka

0.NOTATIONS. Let X be a strict Bauer space with countable base. Let X^* be a resolutive compactification of X, i.e., the compactification is such that every continuous finite function on $\Delta = X^* \setminus X$ is resolutive. The Dirichlet solution for f is denoted by H_f. A boundary point x is called regular if $\lim_x H_f = f(x)$ for every $f \in C(\Delta)$. For a positive potential p on X, we write

$$\Gamma_p = \{x \in \Delta ; \underline{\lim}_x \, p = 0\}$$

and define

$$\Gamma = \cap \{\Gamma p \ \text{is a positive potential on } X\}.$$

Γ is called the harmonic boundary of X^*.

In the following we suppose that constant functions are harmonic.

* Cet article est la rédaction détaillée de l'exposé du 11/03/77.

CONTENT :

1. CHARACTERIZATION OF REGULAR BOUNDARY POINTS

Let $X \in \Delta$ and

$$\mathcal{M}_x = \{\mu;\ \text{a probability measure on } \Delta \text{ such that}$$

$$\int (\underline{\lim}\, v)\, d\mu < \overline{\lim_{x}}\, u_v \quad \text{for} \quad v \in \mathcal{S}^+(X)\},$$

where $\mathcal{S}^+(X)$ = {non-negative superharmonic functions on X} and u_v is the greatest harmonic minorant of v.

THEOREM 1. *x is regular if and only if $\mathcal{M}_x = \{\epsilon_x\}$, where ϵ_x denotes the unit point mass at x.*

PROPOSITION 1. *Let X^*, X^{**} be resolutive compactifications of X and X^* be a quotient space of X^{**}, that is, there exists a continuous map π from X^{**} onto X^* such that each point of X is fixed. If a point x^{**} of the harmonic boundary Γ^{**} of X^{**} is irregular and $\pi^{-1}(\pi(x^{**})) \cap \Gamma^{**} = \{x^{**}\}$, then $x^* = \pi(x^{**})$, is irregular.*

REMARK. Let

$$\mathscr{P}_x = \mu \left\{ \begin{array}{l} \text{a probability measure on } \Delta, \int (\underline{\lim}\, v)\, d\mu \leq \overline{\lim_x}\, \overline{h}_v^X \\ ;\ \text{for every bounded superharmonic function } v \\ \text{defined outside a compact subset of } X \end{array} \right\}$$

where h_v^X denotes the harmonization of v on X. Then x is regular if and only if $\mathscr{P}_x = \{\in_x\}$.

THEOREM 2. *If for each pair (x_1, x_2) of distinct points of Γ there exists a non-negative superharmonic function v with continuous extension to Γ such that $v(x_1) \neq v(x_2)$, then Δ contains at least one regular point.*

For a family Q of functions of X, we denote by X_Q^* the compactification such that each function of Q is extended onto X_Q^* and these extended functions separate points of X_Q^*.

DEFINITION 1. A resolutive compactification X^* is called saturated if X_Q^* is homeomorphic to X^*, where

$$Q = \{f_{|X};\ f \in \mathbb{C}(X^*)\} \cup \{h_f^X;\ f \in \mathbb{C}(X^*)\}.$$

THEOREM 3. (1) *If X^* is saturated then each point of Γ is regular.*

(2) *X_Q^* is saturated.*

THEOREM 4. *If $\lim\limits_{\mathcal{U}(x)} [\overline{\lim\limits_{x}}\, R_1^{X \setminus U(x)}] < 1$, then x is regular, where $\mathcal{U}(x)$ denotes a fundamental system of neighborhoods of x.*

2. REGULARITES

DEFINITION 2. A point $x \in \Delta$ is called strongly regular if x has a strong barrier, i.e., there exists a positive superharmonic function v on X such that $\lim_x v = 0$ and $\inf\{v; X \setminus U(x)\} > 0$ for every neighborhood $U(x)$ of x.

A point $x \in \Delta$ is called pseudo-strongly regular if $\lim p = 0$ for every bounded potential p on X harmonic in a neighborhood of x.

A point $x \in \Delta$ is called completely regular if $\lim_x H_f = f(x)$ for every resolutive function f continuous at x.

PROPOSITION 2. *The following properties are equivalent :*

(1) *x is pseudo-strongly regular,*

(2) *$\lim_x R_v^{X \setminus U(x)} = 0$ for every bounded non-negative superharmonic function v on X.*

COROLLARY. *x is pseudo-strongly regular if and only if $\lim_x R_1^{X \setminus U(x)} = 0$ for every neighborhood $U(x)$ of x.*

PROPOSITION 3. *A strongly regular point is pseudo-strongly regular and a pseudo-strongly regular point is regular.*

The following example shows that every regular point is not necessarily pseudo-strongly regular.

EXAMPLE 1. Let X be a unit disk in the complex plane and X^* be the compactification with $\Delta = \{|z| = 1\}$, identified 1 with -1 (this identified point is denoted by e). Let $u_o = \mathrm{Re}(\frac{1+z}{1-z})$.

We endow X with u_o-harmonic structure, i.e. a harmonic function on X is of form (harmonic function in the usual sense)/u_o. X^* is resolutive, i.e., $H_f = f(e)$ (the constant function), thus e is regular but it is not pseudo-strongly regular.

THEOREM 5. *Under the condition* $[T]_X$:

$[T]_X$ *for every* $y \in X^*$, $y \neq x$ *there exists* v *non-negative superharmonic on* X *such that* $\lim_x v = 0 < \underline{\lim}_y v$.

$x \in \Delta$ *is regular if and only if* x *is pseudo-strongly regular.*

REMARK. If we drop boundedness from the definition of pseudo-strong regularity, that is, $\lim_x p = 0$ for every potential p on X harmonic in a neighborhood of x, then x is completely regular.

Extremal characterization of pseudo-strong regularity

Suppose that X is a Brelot space, and let

$\mathcal{S}_x^* = \{ H_f + p;\ f \in \mathbb{C}^+(\Delta),\ p$ is a potential with $\lim_x p = 0 \}$,

$\mathcal{M}_x = \{\mu ;$ a probability measure on $\Delta \int (\underline{\lim}\, v)\, d\mu \leq \overline{\lim}_x v$ for every $v \in \mathcal{S}_x^* \}$.

If $\mu \in \mathcal{M}_x^*$ then $\int [\underline{\lim}(H_f + p)]\, d\mu \leq \overline{\lim}_x H_f$ and $\mathcal{M}_x^* = \{\epsilon_x\}$ implies $\mathcal{M}_x = \{\epsilon_x\}$.

THEOREM 6. *$x \in \Delta$ is pseudo-strongly regular if and only if $\mathcal{M}_x^* = \{\epsilon_x\}$.*

REMARK. Every point of Γ^W is pseudo-strongly regular.

3. REGULAR BOUNDARY POINT OF OPEN SUBSETS

Let G be an open subset of X. We compactify G so that its compactification G^Ω is the closure $\overline{G}$ of G if G is relatively compact and if G is not relatively compact the boundary of G^Ω consists of $\partial G \cup \{\Omega\}$, where ∂G denotes the relative boundary of G in X and Ω is an ideal boundary point. (neigbourhoods of Ω is $G \setminus K$, where K is a compact subset of X).

PROPOSITION 4. *G^Ω is resolutive.*

THEOREM 7. *The condition $[T]_X$ is fulfilled in G^Ω, and therefore a regular boundary point x (with respect to G^Ω) is pseudo-strongly regular (and further strongly regular).*

Next, we assume that X is a Brelot space and consider a relatively compact open subset G of X.

DEFINITION 3. The boundary of $\overline{G}$ is called an outer boundary of G and denoted by $B(G)$. G is called minimally bounded if the interior of $\overline{G}$ coincides with G.

G is minimally bounded if and only if $\partial G = B(G)$.

THEOREM 8. *The closure of all regular boundary points of G contains $B(G)$.*

4. LOCAL PROPERTY OF REGULARITY

Let X^* be a resolutive compactification of X and let $x \in \Delta$. Let $U(x)$ be an open neighborhood of x and $G = U(x) \cap X$. The closure $\overline{G}$ of G in X^* is a compactification. The boundary of $\overline{G}$ is $G^* = \overline{G} \setminus G = \partial G \cup \delta$ where ∂G is the relative boundary of G on X and $\delta = \overline{U(x)} \cap \Delta$. Obviously $x \in G^*$.

PROPOSITION 5. *$\overline{G}$ is a resolutive compactification.*

THEOREM 9. *If x is regular with respect to $\overline{G}$, then x is regular with respect to X^*.*

The converse does not hold in general. (Example 1 in §2 and Example 2)

EXAMPLE 2. Let $X = \{|z| < 1\} \setminus \{-1/2, 1/2\}$. We identify two points $-1/2$ and $1/2$ (this identified point is denoted by e). Let $u_o = g(z, 1/2)$, where g is the Green function of $\{|z| < 1\}$ with pole at $1/2$. We consider the compactification X^* with $\Delta = \{|z| = 1\} \cup \{e\}$. The harmonic structure is given by u_o-harmonic functions. X^* is resolutive and e is regular with respect to X^*, but e is not regular with respect to $\overline{G}$, where $G = X \setminus \{iy\ ;\ y \text{ is real and } |y| \leq 1/2\}$.

HYPOTHESIS (*) : there exists a positive superharmonic function v_o on X such that $\lim_x v_o = 0$ (weak barrier).

THEOREM 10. *Under the hypothesis (*), x is regular with respect to X^* if and only if x is regular with respect* *to* $\overline{X \setminus K}$, *where* K *is an arbitrary non-empty compact subset of* X.

There exist (1) a regular point without barrier and (2) an irregular boundary point with barrier.

DEFINITION 4. A regular point x has a local property if it is regular with respect to every $U(x) \cap X$.

THEOREM 11. *A regular point has a local property if and only if it is pseudo-strongly regular.*

THEOREM 12. *If* x *is regular with respect to* X^* *and* $\lim_x R_1^{X \setminus U(x)} = 0$, *then* x *is regular with respect to* $\overline{U(x) \cap X}$.

5. COMPLETELY REGULAR FILTERS

Let X^* be a metrizable and resolutive compactification of X. Then there exists a family of completely regular filters $\{\mathcal{F}\}$ each of which converges to a point of Δ and such that

A) if a superharmonic function v on X is bounded below and $\liminf_{\mathcal{F}} v \geq 0$ for every $\mathcal{F}$ then $v \geq 0$.

B) for every $\mathcal{F}$, there exists a superharmonic function v on X such that $\lim_{\mathcal{F}} v = 0$ and $\inf \{v ; X \setminus U(x)\} > 0$ for every neighborhood $U(x)$ of x, where x is the limit point of $\mathcal{F}$.

In fact, consider the Wiener compactification X^W of X. X^* is a quotient space of X^W. Let π be a canonical map of X^W onto X^* . The trace filter $\mathcal{F}_{\tilde{X}}$ of a filter of neighborhood of

$\tilde{x} \in \Gamma^W$ is denoted by $\mathcal{F}_x$. $\mathcal{F}_x$ converges to $x = \pi(\tilde{x})$. $\{\mathcal{F}_x; \tilde{x} \in \Gamma^W$ is the desired one.

REFERENCES

[1] H.BAUER.
Šilovscher Rand und Dirichletsches Problem,
Ann. Inst. Fourier 11 (1961) 89-136.

[2] H.BAUER.
Harmonische Räume und ihre Potential theorie
(Lecture Notes in Math. 22) Springer 1966

[3] T.IKEGAMI.
A Note on axiomatic Dirichlet Problem,
Osaka J.Math. 6 (1969) 39-47

[4] T.IKEGAMI.
On the regularity of boundary points in a resolutive compactification of a harmonic space,
(to appear in Osaka J.Math.)

[5] C.MEGHEA.
Compactification des espaces harmoniques
(Lecture Notes in Math. 222) Springer 1971

[6] L.NAIM.
Sur le rôle de la frontière de R.S. Martin dans la théorie du potentiel,
Ann. Inst. Fourier (Grenoble) 7 (1957) 183-281

Mr.IKEGAMI T.
Université d'OSAKA
459 Sugimoto-cho,
Sumiyoshi-ku,
O S A K A, 558
JAPON.

PRINCIPE DU MAXIMUM ET EQUATIONS D'EVOLUTION DANS L^2

par G. LUMER*

Le présent travail fait partie d'un programme dont le but est d'obtenir une connaissance plus approfondie et plus explicite des solutions des problèmes d'évolution en norme du sup (problèmes de Cauchy) dont des travaux récents étudient l'existence et propriétés de régularité ([L1], [L2], [L3], [L5], [L6], [P]).

Ci-dessous on étend et on utilise un principe du maximum pour fonction A-surharmoniques, (A un opérateur local), pour prolonger des opérateurs dans le contexte "norme du sup", d'abord en norme du sup, à un domaine suffisamment grand, puis à l'aide de ce premier prolongement, à L^2. Ceci nous permet de traiter des situations de prolongements autoadjoints négatifs dans L^2, pour des ouverts peu réguliers, en partant d'opérateurs en norme du sup. On montre que dans ces situations on peut calculer la solution en norme du sup du problème de Cauchy par une intégrale, ou série, spectrale.

* Cet article est la rédaction détaillée de l'exposé du 28.10.77.

Ces résultats permettront,dans une publication ultérieure, de comparer le problème de Cauchy en norme du sup avec le problème variationnel L^2 correspondant pour le "même" opérateur, d'où des informations plus explicites sur les solutions.

On montre aussi ci-dessous, dans la section 4, qu'en grande partie les résultats de ce papier s'étendent aux opérateurs locaux non localement fermés.

1.- NOTATIONS, TERMINOLOGIE, HYPOTHESES

Nous reprenons la notion d'opérateur local sur un espace localement compact séparé Ω introduite dans [L1]; nous supposerons ici en outre pour simplifier que Ω est connexe non compact et à base dénombrable. Soit A un tel opérateur local sur Ω. Reprenant les hypothèses de la section 5 de [L1], nous supposerons sauf avis contraire, partout dans ce qui suit, que A est réel, localement fermé, et localement dissipatif, et qu'en fait toutes les hypothèses du théorème fondamental 5.4 de [L1] sont satisfaites. Comme dans [L2], [L3], nous désignerons par $\mathcal{O} = \mathcal{O}(\Omega)$ l'ensemble de tous les ouverts non vides de Ω, et par $\mathcal{O}_c = \mathcal{O}_c(\Omega)$ l'ensemble de tous les ouverts non vides relativement compacts de Ω, et nous utiliserons par ailleurs librement les notations et conventions de [L1], (rappelons simplement ici que "opérateur" veut toujours dire "opérateur linéaire"). Ceci nous situe le contexte dans lequel nous considérerons les problèmes d'évolution (problèmes de Cauchy) en norme du sup (i.e. norme uniforme).

En ce qui concerne le contexte L^2 (c'est-à-dire l'étude des problèmes de Cauchy correspondant en un sens ou autre au même opérateur local mais posés en norme L^2), nous introduirons les notions, notations, et hypothèses nécessaires, dans la section 3.

Dans la section 4 nous nous occupons des opérateurs locaux non localement fermés, et faisons les modifications nécessaires à cette situation.

2.- PRINCIPE DU MAXIMUM. PROLONGEMENT DES OPERATEURS A_V

Nous avons démontré récemment, voir [L4], un principe du maximum pour fonctions A-harmoniques. Tout d'abord ici nous en déduisons un résultat plus général qui nous sera utile dans la suite de ce travail.

THEOREME 2.1. *Soit A un opérateur local sur Ω satisfaisant aux hypothèses générales décrites dans la section précédente 1. Alors pour un V quelconque dans $\mathcal{O}_c$ il existe une constante C ne dépendant que de V, telle que $\forall f \in C(\bar{V})$ avec $f|V \in D(A,V)$ et $Af \in C_b(V)$ dans V, on a $\forall x \in V$,*

$$(1) \qquad |f(x)| \leq \max_{\partial V} |f| + C \sup_{V} |Af|$$

$$(2) \qquad = \|f|\partial V\|_{C(\partial V)} + C \|A(f|V)\|_{C_b(V)} .$$

En outre C peut être choisie uniformément (i.e. fixe) pour tous les V avec $\bar{V} \subset$ un compact K donné de Ω .

Preuve. Il suffit de montrer (1) pour f réelle, d'où l'on passe au cas complexe par l'argument usuel ($\|f\|_{C(\bar{V})} = (e^{i\theta}f)(x) = (\mathrm{Re}(e^{i\theta}f))(x) = u(x)$, $|Au| = |\mathrm{Re}(e^{i\theta}Af)| \leq |Af|$, etc.).

Considérons $V \in \mathcal{O}_c$ tel que $\bar{V} \subset K$, K un compact donné. Alors $\exists\, G_o \in \mathcal{R}$ (la famille exhaustive d'ouverts réguliers), avec $K \subset G_o$. On peut trouver h réelle, $h \in C_o(G_o) \cap D(A,G_o)$, avec

$Ah < 0$ sur K. En effet, soit $g \in C_o(G_o)$, réelle, $0 \geqslant g \geqslant -1$, $g = -1$ sur K; $\exists\ A_{G_o}^{-1} \in B(C_o(G_o))$, et il suffit donc de prendre $h = A_{G_o}^{-1} g$.

Posons encore

(3) $\|h|K\|_{C(K)} = \beta\ ,\ \sup_K Ah = -\alpha < 0.$

Soit maintenant f comme dans l'énoncé du théorème, et posons (dans $\overline{V}$),

(4) $f_1 = f + (\|Af\|/\alpha)h.$

Alors dans V $Af_1 \leqslant 0$, et d'après le principe du maximum pour fonctions A-surharmoniques, de [L4], on a $\forall x \in V$,

$$
(5)\quad
\begin{aligned}
f(x) &\geqslant f_1(x) - (\|Af\|/\alpha)\beta \geqslant \inf\{0, \inf_{\partial V} f_1\} - (\beta/\alpha)\|Af\| \\
&\geqslant -\max_{\partial V}|f_1| - (\beta/\alpha)\|Af\| \geqslant -\max_{\partial V}|f| - 2(\beta/\alpha)\|Af\| .
\end{aligned}
$$

En remplaçant f par $-f$, dans $f(x) \geqslant -\max_{\partial V}|f| - 2(\beta/\alpha)\|Af\|$ on obtient le résultat énoncé (1), et l'on voit que l'on peut prendre $C = 2\beta/\alpha$ fixe pour tous les V avec $\overline{V} \subset K$.

<u>THEOREME 2.2.</u> *Soit $V \in \mathcal{O}_c(\Omega)$. Alors $\exists$ un opérateur négatif (au sens "$0 \leqslant g$ réel $\Longrightarrow Bg \leqslant 0$") borné $B : C_0(V) \mapsto \mathcal{L}^\infty(V)$ (espace de toutes les fonctions Borel-mesurables complexes bornées définies sur V, muni de la norme du sup), tel que*

(6) $A_V^{-1} \subset B.$

(A_V^{-1} existe, A_V étant injectif en vertu de 2.1).

Si A est semi-compact (voir [L1] section 4) B est un opérateur borné de $C_0(V)$ dans $C_b(V)$.

<u>Preuve.</u> Soit $\{G_n\}_{n=1}^{\infty}$ une suite croissante d'ouverts de la famille exhaustive $\mathcal{R}$ associée à A, avec $G_n \uparrow V$, $\overline{G}_n \subset V$ et soit $G_o \in \mathcal{R}$, avec $\overline{V} \subset G_o$. Considérons d'abord un $g \in C_{oo}(V)$ avec $0 \leqslant g$. On aura supp $g \subset G_n$ pour n grand, et on pose alors

(7) $$f_n = A_{G_n}^{-1} (g|G_n)$$

Donc dans G_n, $Af_n = g \geqslant 0$, d'où f_n est sousharmonique. Comme f_n (prolongée par continuité à $\overline{G}_n$) $= 0$ sur ∂G_n, on voit tout d'abord par le principe du maximum de [L4] que $f_n \leqslant 0$. Si $G_n \subset G_m$, on a $f_m - f_n \leqslant 0$ sur ∂G_n, $A(f_m - f_n) = 0$ dans G_n, d'où

(8) $$0 \geqslant f_n \geqslant f_m \text{ dans } G_n, \text{ pour } G_n \subset G_m .$$

Si "$\sim$" désigne "extension à G_o par 0 en dehors du domaine de définition", et si l'on pose $f_o = A_{G_o}^{-1} \tilde{g}$, on voit que

(9) $$0 \geqslant f_n \geqslant f_m \geqslant \dots \geqslant f_o, \text{ pour tout } n, m,$$

(avec supp $g \subset G_n$). On a donc $|f_n| \leqslant \|f_o\|$, $\|f_o\| \leqslant \|A_{G_o}^{-1}\| \, \|g\|$, et les f_n convergent vers une f semi-continue $\in \mathcal{L}^{\infty}(V)$ $\|f\| \leqslant \|f_o\|$. En fait on a mieux : "Si h_n réelles $\in D(A,V_n) \cap C_o(V_n)$, $V_n \in \mathcal{O}_c$ avec $\overline{V}_n \subset V$, supp $g \subset V_n$, les V_n formant une suite croissante dont l'union est V, et dans V_n $Ah_n = g$, alors

(10) $$h_n \downarrow f .$$

En effet, chaque $\overline{V}_n \subset$ un G_{k_n}, d'où comme dans (8), $0 \geqslant h_n \geqslant f_{k_n}$, et en vertu de (9), $h_n \geqslant f$, $h = \lim_n h_n \geqslant f$ ($\exists$ $\lim_n h_n$ puisque les h_n forment une suite monotone par l'argument qui donne (8)); de façon analogue on obtient $f \geq h$, donc $f = h$.

(10) permet alors d'associer sans ambiguité à tout $0 \leq g \in C_{oo}(V)$ un $f = Bg$ bien déterminé dans $\mathcal{L}^{\infty}(V)$, et l'on a

(11) $$\|Bg\| \leq \tilde{\tilde{C}}\|g\| \; ,$$

$\tilde{\tilde{C}}$ = constante = $\|A_{G_o}^{-1}\|$. En outre on a

(12) $$B(\alpha g) = \alpha Bg$$
$$B(g + g') = Bg + Bg' \; , \; \forall 0 \leq g,g' \in C_{oo}(V), \; 0 \leq \alpha \in \mathbb{R}.$$

Ceci résulte de (10) et de la linéarité de $A_{G_n}^{-1}$,(supp g) $\cup$ (supp g') étant $\subset G_n$ pour n assez grand.

Si maintenant $g = g_1 - g_2$, avec $0 \leq g_1, g_2 \in C_{oo}(V)$, on définit $Bg = Bg_1 - Bg_2$. Il n'y a pas d'ambiguité dans cette définition, car si $g = g_1 - g_2 = g_1' - g_2'$, on a $g_1 + g_2' = g_1' + g_2$, $Bg_1 + Bg_2' = Bg_1' + Bg_2$, donc $Bg_1 - Bg_2 = Bg_1' - Bg_2'$, en vertu de (12). En particulier

(13) $$Bg = Bg_+ - Bg_- \; , \; \forall g \text{ réel} \in C_{oo}(V) \; ,$$

$g_+ = \sup(g,0)$, $g_- = -\inf(g,0)$. D'où par (11),

(14) $$\|Bg\| \leq 2\tilde{\tilde{C}}\|g\| .$$

B se prolonge aussi de la façon évidente aux g complexes dans $C_{oo}(V)$, avec préservation de l'inégalité (14); donc B se prolonge finalement par continuité en un opérateur (encore noté B) de $C_o(V)$ dans $\mathcal{L}^{\infty}(V)$ satisfaisant à (14) $\forall g \in C_o(V)$. Il est aussi clair de (7), (9), et de la manière de construire le prolongement à $C_o(V)$, que si $0 \leq g \in C_o(V)$, alors $Bg \leq 0$, donc B est un opérateur négatif.

Nous allons montrer que B prolonge A_V^{-1}, i.e. $A_V^{-1} \subset B$. Soit donc $g \in D(A_V^{-1})$, $g = A_V f$, et soient $g_n \in C_{oo}(V)$, $g_n \to g$ dans $C_o(V)$. Posons $f_n^{(k)} = A_{G_k}^{-1} (g_n|G_k)$ pour supp $g_n \subset G_k$. Donné $\varepsilon > 0$, on aura d'une part $\|g-g_n\| \leq \varepsilon$ pour $n \geq$ un certain $N(\varepsilon)$, et d'autre part $|f| \leq \varepsilon$ hors d'un compact K_ε puisque $f \in C_o(V)$.

Donc si, n étant $\geq N(\varepsilon)$, $G_k \supset$ supp g_n et K_ε, alors $|g-g_n| = |A(f-f_n^{(k)})| \leq \varepsilon$ dans G_k, et sur ∂G_k $\max|f| \leq \varepsilon$, d'où par le principe du maximum 2.1, (1), on a $\forall x \in G_k$

$$(15) \qquad \begin{aligned} |(f-f_n^{(k)})(x)| &\leq \max_{\partial G_k}|f| + C \sup_{G_k} |A(f-f_n^{(k)})| \\ &\leq (C+1)\,\varepsilon , \end{aligned}$$

où C est indépendant de G_k. En prenant maintenant une suite croissante de G_k dont l'union est V, on a d'après (15) que $\|f - Bg_n\|_{C(K)} \leq (C+1)\varepsilon$ pour tout compact $K \subset V$, dès que $n \geq N(\varepsilon)$. D'où $|f-Bg| \leq (C+1)\varepsilon$ sur K, et en laissant $\varepsilon \to 0$, on a $\|f-Bg\|_{C_b(V)} = 0$, $Bg = f = A_V^{-1}g$. Donc (6) est vérifiée.

Si A est semi-compact, en examinant à nouveau la suite des f_n définie dans (7), et compte tenu de (9), de $|Af_n| = |g|G_n| \leq \|g\|$, et de la semi-compacité, il résulte d'un procédé diagonal qu'une sous-suite $\{f_{n_k}\}$ des f_n converge uniformément sur les compacts de V vers Bg qui donc continue dans ce cas. De ceci, (11), (14), résulte immédiatement que dans ces circonstances B est en fait un opérateur borné de $C_o(V)$ dans $C_b(V)$.

3.- CONTEXTE L^2. OPERATEURS SYMETRIQUES ET AUTOADJOINTS

Nous supposons maintenant donnée sur Ω une mesure positive (mesure de Borel régulière, finie sur les compacts) $\mu(V)>0\ \forall V\in\mathcal{O}$. Si $V\in\mathcal{O}$, $L^2(V)=L^2(V,\mu)$ désigne l'espace L^2 usuel par rapport à la mesure induite par μ sur les boréliens de V.

THEOREME 3.1 *Soit* $V\in\mathcal{O}_c$. *Soient* $G_n\in\mathcal{R}$, $\overline{G}_n\subset V$, $G_n\uparrow V$, $n=1,2,\dots$, *et supposons* $\exists\,\mathcal{D}\subset C_0(V)$ *tel que* $\mathcal{D}_n=\{\varphi\in\mathcal{D}:\ \operatorname{supp}\varphi\subset G_n\}$ *est dense dans* $C_0(G_n)$, *et*

$$(16)\qquad \begin{aligned}&(A_{G_n}^{-1}(\varphi|G_n),\ \psi|G_n)=(\varphi|G_n,\ A_{G_n}^{-1}(\psi|G_n))\quad \forall\varphi,\psi\in\mathcal{D}_n\ ;\\ &(A_{G_n}^{-1}(\varphi|G_n),\ \varphi|G_n)\leqslant 0\quad\forall\varphi\in\mathcal{D}_n,\end{aligned}$$

(c'est à dire $A_{G_n}^{-1}|"\mathcal{D}_n|G_n"$ *est symétrique et négatif au sens de l'espace de Hilbert* $L^2(G_n)$*),* $(\,,\,)$ *désignant le produit scalaire usuel dans* L^2. *Alors* A_V^{-1} *est un opérateur symétrique et négatif (au sens de l'espace de Hilbert* $L^2(V)$*), et admet un prolongement autoadjoint négatif* $B_V'\supset B$, *où* B *est le prolongement de* A_V^{-1} *décrit au théorème 2.2. Si* $D(A_V)$ *est* L^2*-dense alors* A_V *admet le prolongement autoadjoint négatif* $A_V'=B'^{-1}$.

Si le problème de Cauchy (au sens de [L1], en norme du sup) correspondant à A est résoluble pour V alors A_V' *est la fermeture de* A_V *en norme* $L^2(V)$, *i.e.*

$$(17)\qquad A_V'=\overline{A_V}\quad\text{en norme } L^2(V),$$

et A_V' *est uniquement déterminé comme prolongement autoadjoint négatif de* A_V *dans* $L^2(V)$.

Considérons la résolution spectrale de A_V'.

$$(18)\qquad A_V'=\int_{-\infty}^{0}\lambda\,dE_\lambda\ ,$$

et soit $u(t,f)$ *la solution du problème de Cauchy (en norme du sup) mentionné, pour une valeur initiale* $f\in D(A_V)$. *Alors* $u(t,f)$ *est donnée par*

(19) $$u(t,f) = \int_{-\infty}^{0} e^{t\lambda} dE_\lambda f.$$

<u>Preuve.</u> Il résulte de la démonstration de 2.2 , que $\forall g \in C_{oo}(V)$, G_n comme dans l'énoncé ci-dessus, $\operatorname{supp} g \subset G_n$,

(20) $$Bg = \lim_n A_{G_n}^{-1} (g|G_n).$$

Donc pour φ, $\psi \in \mathcal{D}_k$, $k \leqslant n$, (avec les (,) pris dans les espaces L^2 correspondants),

$$(B\varphi, \psi) = \lim_n (A_{G_n}^{-1} (\varphi|G_n), \psi|G_n) =$$

$$\lim_n (\varphi|G_n, A_{G_n}^{-1} (\psi|G_n)) = (\varphi, B\psi).$$

Puisque $\bigcup_{k=1}^{\infty} \mathcal{D}_k$ est dense en norme du sup dans $C_o(V)$(d'où aussi dans $L^2(V)$), on a $(Bf,g) = (f,Bg)$ $\forall f, g \in C_o(V)$, et par (6) théorème 2.2,

(21) $$(A_V^{-1}f,g) = (f,A_V^{-1}g) \quad \forall f,g \in D(A_V^{-1}).$$

"A_V^{-1} négatif" se démontre de la même façon.

En fait, B étant symétrique négatif et de domaine dense dans $L^2(V)$, B admet un prolongement autoadjoint négatif B' par un résultat bien connu de Friedrichs ([Y] p.317). Si $D(A_V)$ est L^2-dense, alors $I(B') \supset I(B) \supset I(A_V^{-1}) = D(A_V)$ est dense, "I( )" désignant " image de ", et par dissipativité dans l'espace $L^2(V)$ $\exists$ B'^{-1} que nous désignons par A'_V. Alors A'_V est bien un prolongement autoadjoint négatif de A_V.

Supposons maintenant que le problème de Cauchy (en norme du sup, au sens de [L1]) correspondant à A, est résoluble pour V. Alors, ([L1]), $I(1-A_V)$ est dense dans $C_o(V)$, donc dans $L^2(V)$, d'où comme opérateur dans $L^2(V)$ A_V est prégénérateur d'un semi-groupe (P_t) dans $L^2(V)$. Si T est un quelconque prolongement autoadjoint négatif de A_V , alors T étant un prolongement dissipatif fermé du prégénérateur A_V , on a bien (par la propriété de maximalité des générateurs, bien connue) que $\overline{A_V} = T$ dans la norme $L^2(V)$; donc T est uniquement déterminé $= A_V' = \overline{A_V}$.

Le problème de Cauchy dans $L^2(V)$ correspondant à A_V' est uniformément bien posé ([V] p.130), et si nous le comparons avec le problème de Cauchy dans $C_o(V)$ correspondant à A_V (dont le semi-groupe solution sera noté (P_t), nous observons qu'une "solution en norme du sup" est une "solution en norme $L^2(V)$", et qu'en conséquence on a par unicité de solution:

(22) $$\forall f \in D(A_V),\ P_t f = \tilde{P}_t f \quad \text{pour} \quad t \geq 0 \text{ (dans } L^2(V), \text{ p.p)}.$$

(22) entraine (19) en vertu de résultats bien connus de la théorie spectrale ([V] p.139).

4. - OPERATEURS LOCAUX NON LOCALEMENT FERMES

Il est important de pouvoir travailler directement avec des opérateurs locaux non localement fermés, et les résultats de [L1] ont été étendus en ce sens dans [L5]. Dans la présente section, A ne sera plus supposé localement fermé, et nous reprenons le contexte, terminologie, et notations de [L5], et supposons que A satisfait aux hypothèses du théorème 6 de [L5] qui étend le théorème fondamental 5.4 de [L1] mentionné dans la section 1.

THEOREME 4.1. *Soit* $\lambda > 0$; *posons* $A_\lambda = A-\lambda$. *Soit* $V \in \mathcal{O}_c$, *et* h *une fonction* A_λ*-surharmonique dans* V. *Alors si pour un nombre* c *réel* ≥ 0; *on a*

(23) $$\liminf_{y \to x} h(y) \geq -c\ ,\ \forall x \in \partial V.$$

On a aussi

(24) $$h(x) \geq -c\ ,\ \forall x \in V\ .$$

Par ailleurs, $\exists$ *une constante* $C \geqslant 0$ *ne dépendant que de* V *et* λ *, telle que si* $f \in C(\overline{V})$ *,* $f|V \in \mathcal{D}(A,V)$*,* $Af \in C_b(V)$ *dans* V*, on a*

$$(25) \qquad \|f\|_{C(\overline{V})} \leqslant \max_{\partial V}|f| + C \sup_{V} |A_\lambda f|.$$

En outre λ *étant fixé,* C *peut être choisie indépendamment de* V *pour tous les* $V \subset$ *un compact* K *donné de* Ω *.*

<u>Indications concernant la preuve de 4.1.</u> Pour la première partie de 4.1. on peut utiliser l'argument du théorème 5.3 de [L1], le fait que A est localement fermé n'intervenant pas dans l'argument mentionné. On se sert alors de cette première partie (23) - (24), et de l'argument de 2.1 ci-dessus, en tenant compte du fait que d'après la proposition 5 de [L5], $\exists$ $(\overline{A}_G-\lambda)^{-1} \in B(C_o(G))$ pour tout $\lambda > 0$ et G Cauchy régulier; d'où l'on obtient (25) pour $\overline{A}$ et en particulier pour A.

Dans ces conditions on peut étendre le théorème 3.1 ci-dessus. $\overline{A}$ désigne toujours l'opérateur local "fermeture de A" (voir [L5]).

<u>*THEOREME 4.2.*</u> A *étant comme indiqué au début de la présente section, reprenons les hypothèses additionnelles du théorème 3.1, en particulier (16), avec* $\overline{A}_\lambda$ $(\forall \lambda > 0)$ *au lieu de* A*. Alors* A_V *est symétrique négatif (au sens de l'espace de Hilbert* $L^2(V)$*), et il en est de même pour* $\overline{A}_V \supset A_V$*. Si* $\mathcal{D}(A_V)$ *(ou* $\mathcal{D}(\overline{A}_V)$*) est* L^2*-dense, il existe un prolongement autoadjoint négatif* A'_V *de* A_V *prolongeant aussi* $\overline{A}_V$*.*

Si le problème de Cauchy (en norme du sup, au sens de [L1]) correspondant à $\overline{A}$ *est résoluble pour* V*, alors* A'_V *est uniquement déterminé comme prolongement autoadjoint négatif de* $\overline{A}_V$*,* A'_V *est la fermeture de* $\overline{A}_V$ *en norme* $L^2(V)$*, et les relations analogues à (18), (19), restent valables.*

Preuve. En vue de 4.1, pour chaque $\lambda > 0$, on peut procéder d'abord comme dans le théorème 2.2, puis comme dans 3.1 pour prolonger $(\bar{A}_\lambda)_V^{-1} = (\bar{A}_V-\lambda)^{-1}$ à $C_o(V)$ et voir que le prolongement est symétrique négatif, d'où l'on tire: $\bar{A}_V$ symétrique et $\bar{A}_V-\lambda$ négatif $\forall\lambda > 0$.Donc en laissant $\lambda \to 0$, on a $\bar{A}_V$ négatif. Le reste de la démonstration marche tout à fait comme dans 3.1 (voir [L5] en ce qui concerne le problème de Cauchy correspondant à $\bar{A}$)

Remarque. Des exemples simples montrent que le principe du maximum 2.1, et certaines de ses conséquences -en particulier 2.2- ne sont plus vrais en général si on ne suppose pas V borné (relativement compact).

B I B L I O G R A P H I E

[L1] G. LUMER,
Problème de Cauchy pour opérateurs locaux, et "changement de temps", Annales Inst. Fourier, 25 (1975), fasc. 3 et 4, 409-446.

[L2] G. LUMER,
Problème de Cauchy pour opérateurs locaux, C.R.Acad. Sci. Paris, 281 (1975) série A, 763-765.

[L3] G. LUMER,
Problème de Cauchy avec valeurs au bord continues..., Séminaire de Théorie du Potentiel, Paris, N°2, Lect. Notes in Math., Vol. 563 (1976), Springer-Verlag, 193-201.

[L4] G. LUMER,
Problème de Cauchy et fonctions surharmoniques. Séminaire de Théorie du Potentiel, Paris, N°2, Lect. Notes in Math., Vol. 563 (1976), Springer-Verlag, 202-218.

[L5] G. LUMER,
Equations d'évolution pour opérateurs locaux non localement fermés, C.R.Acad. Sci. Paris 284 (1977) série A, 1361-1363.

[L6] G. LUMER,
Equations d'évolution en norme uniforme pour opérateurs elliptiques. Régularité des solutions, C.R.Acad. Sci. Paris 284 (1977) série A, 1435-1437.

[P] L. PAQUET,
Equations d'évolution pour opérateurs locaux et équations aux dérivées partielles, à paraître dans C.R. Acad. Sci. Paris.

[V] Ya. VILENKIN et coll.,
Functional Analysis, Wolters-Noordhoff, Groningen (Hollande), 1972.

Y] K.YOSIDA
Functional Analysis, plusieurs éd.1965-1974.
Springer-Verlag, Berlin, Heidelberg, New York.

G.LUMER
Institut de Mathématiques
Faculté des Sciences
Université de l'Etat
7000 M O N S
B E L G I Q U E

LAPLACIEN FIN DE FONCTIONS A MOYENNE CONVEXE

Michèle MASTRANGELO-DEHEN *

RESUME. Dans ce travail, nous étudions une classe de fonctions sur des ouverts fins de $\mathbb{R}^d$, et montrons que ces fonctions admettent un " laplacien fin " en Lebesgue presque tout point de l'ouvert fin.

ABSTRACT. In this work we study a class of functions defined on finely open sets of $\mathbb{R}^d$. We prove that they admit a " fine Laplacian " nearly-everywhere.

DEFINITIONS. Nous noterons A un ouvert fin de $\mathbb{R}^d$ et considérerons le mouvement brownien sur celui-ci.

Si g est une fonction définie sur l'adhérence fine Adhf A , à valeurs dans $\overline{\mathbb{R}} = \mathbb{R} \cup \{+\infty\} \cup \{-\infty\}$, nous dirons que g est à moyenne convexe [resp. concave] s'il existe un réel $t_o > 0$ tel que, pour Lebesgue presque chaque point x de A et tout $t \in]0,t_o]$, $g \circ X(t \wedge T_{CA}) \in L^1(\mathbb{P}^x)$ et

* Texte transmis le 7/12/77

$k_x = (t \rightsquigarrow \mathbb{E}^x[g \circ X(t \wedge T_{cA})])$ est convexe [resp. concave] de $[0,t_o[$ dans $\mathbb{R}$.

Cette définition est licite car, $\mathbb{P}^x$-presque sûrement, $X(T_{cA})$ appartient à la frontière fine de A . En effet, considérons une fonction f , strictement surharmonique sur un ouvert U contenant Adhf A . $f - R^A f$ est finement continue, nulle sur A, strictement positive sur $U \setminus$ Adhf A . Comme $\mathbb{P}^x$-presque sûrement, $(t \longmapsto f \circ X(t))$ et $(t \longmapsto R^A f(t))$ sont continues d'après le théorème XIII T. 47 de (10), P^x-presque sûrement $f \circ X(T_{cA}) = R^A f \circ X(T_{cA})$, et par conséquent $X(T_{cA})$ appartient à l'adhérence fine de A .

Par ailleurs $\mathbb{E}^x[\mathbb{E}^{X(T_{cA})}(T_{cA})] = E^x(T_{cA} - T_{cA})$, d'après la propriété de Matkov forte; d'où il résulte que, $\mathbb{P}^x$-presque sûrement, $X(T_{cA}) \notin A$. En conclusion, $\mathbb{P}^x$-presque sûrement, $X(T_{cA}) \in \partial_f(A)$.

Soit h une fonction définie sur Adhf A , nous appellerons <u>laplacien fin</u> [6] de h en un point x de A et noterons $\Delta h(x)$ la limite, si elle existe :

$$\Delta h(x) = 2 \lim \mathbb{E}^x \left[\frac{h \circ X(t \wedge T_{cA}) - h(x)}{t \wedge T_{cA}} \right] (t \longrightarrow 0)$$

La remarque suivante nous a conduit à l'étude du laplacien fin des fonctions à moyenne convexe.

1. <u>REMARQUE</u>. Si f est une fonction surmédiane finement localement bornée, alors f admet un laplacien fin Lebesgue presque partout.

<u>Démonstration</u>. Nous plaçant sur un voisinage fin de x où f soit bornée, le théorème 11.8 de [7], montre que $\hat{f} = f$

quasi-partout ($\hat{f}$ régularisée de f). Par ailleurs , le théorème de localisation 9.9 de [7] permet d'écrire localement $\hat{f}$ comme différence de deux fonctions surharmoniques au sens usuel. Ces fonctions admettent alors un laplacien lim $\lambda(I-\lambda V_\lambda)f$ Lebesgue p.p. d'après un résultat de M. Mokobodzki.

On peut démontrer que le laplacien est égal au laplacien usuel Lebesgue p.p. (résultat qui utilise la propriété de Lindeberg forte [5]). Par conséquent $\hat{f}$ admet un laplacien fin Lebesgue presque-partout.

Avant d'aborder notre étude, nous indiquons quelques exemples de fonctions à moyenne convexe [resp. concave].

2. PROPOSITION. a) *Toute fonction finement continue sur* Adhf(A), *finement harmonique sur* A , *vérifiant, pour tout* x , $\mathbb{E}^x([f \circ X(t \wedge T_{cA}) - f(x)]^2) < \infty$ $(\forall\, t \in \mathbb{R})$ *est à moyenne convexe ;*

b) *Le potentiel de Green, sur un ouvert fin borné* A *,de la mesure de Lebesgue de* A *est à moyenne convexe.*

Démonstration. a) D'après le théorème 0 de [9]

$$f \circ X(t \wedge T_{cA}) = f(x) + \int_0^{t \wedge T_{cA}} \nabla f \circ X(s)\, dX(s)$$

Par suite $k_x(t) = f(x)$ pour tout $t \geqslant 0$;

b) Si $f(x) = \mathbb{E}^x(T_{cA})$, la propriété de Markov forte implique que $k_x(t) = \mathbb{E}^x[f \circ X(t \wedge T_{cA})] = \mathbb{E}^x(T_{cA} - t \wedge T_{cA})$.

Or $t \leadsto - t \wedge T_{cA}$ est convexe et décroissante ; il en est donc de même pour k_x .

La fonction $f(x) = G_A(1)$ s'écrit, par rapport au potentiel de 1 sur un ouvert contenant Adhf A :

$$G_A(1) = G(1) - R^{cA}G(1) .$$

Par suite $G_A(1)$ tend vers zéro quasi-partout sur la frontière fine.

3. *PROPOSITION*. *Si* f *est le potentiel, sur* A , *d'une fonction* g *positive et bornée,* f *est à moyenne convexe si, et seulement si,* g *est surmédiane pour le semi-groupe du mouvement brownien de temps de vie égal à* T_{cA} .

Démonstration. Si $f = G_A g = \int_A g(y)\, g_A(.,y)\, dy$, où g est bornée, la remarque de la proposition 2 nous montre que f s'annule quasi-partout à la frontière fine de A .

Posant $p_t(x,\varphi) = \mathbb{E}^x[\varphi \circ X(t) . 1_{\{t < T_{cA}\}}]$:

$$k_x(t) = \mathbb{E}^x[f \circ X(t \wedge T_{cA})] = p_t(x,f) = p_t[x, \int_0^\infty p_s(x,g)\, ds]$$

$$k_x(t) = \int_t^\infty p_s(x,g)\, ds .$$

Cette fonction est dérivable en t , de dérivée $k_x'(t) = - p_t(x,g)$ elle est négative car g est positive ; elle est croissante si et seulement si g est surmédiane.

4. REMARQUE. Si f est le potentiel sur un ouvert usuel U , d'une mesure de Radon positive μ , si f s'annule quasi-partout à la frontière de U , f est à moyenne convexe si, et seulement si μ est une fonction presque surharmonique pour le mouvement brownien stoppé à la sortie de U .

Démonstration. Comme pour la démonstration de la proposition 3, nous pouvons montrer que

$$p_t(x,\mu) = \int_U p_t(x,y)\, d\mu(y)$$

est une fonction décroissante de $t \in [0,t_o]$.

Pour toute fonction $\varphi \in \mathcal{D}^+(U) = \{$fonctions positives, C^∞ , à support compact dans $U\}$

$$t \rightsquigarrow \int_U \varphi(x)\, dx \int_U p_t(xy)\, d\mu(y)$$

est décroissante.

Par suite :

$$\int_U \lim_{t\to 0} t^{-1}[\int_U p_t(x,y)\, \varphi(x)\, dx - \varphi(y)]\, d\mu(y) \leq 0$$

$$\int_U \Delta\, \varphi(y)\, d\mu(y) = \int_U \varphi(y) d(\Delta\mu)(y) \leq 0$$

La distribution $\Delta\mu$ est donc une mesure et μ est une fonction presque surharmonique.

Ces propositions 3 et 4, qui généralisent 2-b, résultent de discussions avec M. Ancona.

5. PROPOSITION. *Soit* φ *une fonction croissante et convexe [resp. décroissante et concave] de* $\mathbb{R}_\star^+$ *dans* $\mathbb{R}$ *; la fonction* $f(x) = \mathbb{E}^x[\varphi \circ T_{cA}]$ *est à moyenne convexe [resp. concave].*

Démonstration. Utilisant la propriété de Markov forte :

$$k_x(t) = \mathbb{E}^x[\varphi \circ (T_{cA} - t \wedge T_{cA})]$$

Or $t \rightsquigarrow (T_{cA} - t \wedge T_{cA})$ est convexe décroissante par suite, si φ est convexe, $\varphi \circ (T_{cA} - t \wedge T_{cA})$ est convexe.

Lorsque φ est croissante et convexe, k_x est décroissante et convexe ; à la frontière

$$f(x) = \mathbb{E}^x[\varphi(0)] = \inf\{\varphi(t) : t \in \mathbb{R}_\star^+\}$$

Des exemples de telles fonctions à moyenne convexe :

$$\mathbb{E}^x(T_{cA}^n)\ ,\ n \in \mathbb{N}\ ;\ \mathbb{E}^x[\exp(\lambda T_{cA})]\ ,\ \lambda > 0\ .$$

Si φ est décroissante concave, k_x est croissante et concave ; à la frontière

$$f(x) = \mathbb{E}^x[\varphi(0)] = \sup\{\varphi(t) : t \in \mathbb{R}_\star^+\} .$$

Nous allons effectuer notre étude sur les fonctions à moyenne convexe; un raisonnement semblable s'appliquerait aux fonctions à moyenne concave .

6. LEMME. *Soit* f *une fonction à moyenne convexe sur un ouvert fin* A . *Pour Lebesgue presque tout point* x *de* A *la fonction* $k_x = (t \rightsquigarrow \mathbb{E}^x[f \circ X(t \wedge T_{cA})])$ *admet, en tout point* $t \in]0,t_o[$ *une dérivée à droite et une dérivée à gauche et la fonction*

$$(\varepsilon \rightsquigarrow \varepsilon^{-1}[k_x(t+\varepsilon) - k_x(t)])$$

est croissante en $\varepsilon \in]0, +\infty[$.

Il s'agit d'un résultat élémentaire sur les fonctions convexes.

7. THEOREME. *Soit* f *une fonction à moyenne convexe sur un ouvert fin* A , *en Lebesgue presque tout* x *existe la limite :*

$$\lim_{\varepsilon \to 0} \varepsilon^{-1}\, \mathbb{E}^x[f \circ X(\varepsilon \wedge T_{cA}) - f(x)] > -\infty .$$

Démonstration. Le laplacien fin de f en un point x dépend non pas de A entier, mais de la composante connexe de x dans A . Par ailleurs, le principe de quasi-Lindelöf montre que A s'écrit comme réunion au plus dénombrable de ses composantes connexes fines. Nous pouvons donc supposer A finement connexe.

Soient z un point de A où k_z est convexe et t un réel strictement positif, $t < t_o$. Nous savons que k_z est dérivable à droite en t , de dérivée strictement supérieure à $-\infty$. Or :

$$\varepsilon^{-1}[k_z(t+\varepsilon) - k_z(t)] = \mathbb{E}^z\left[\frac{f\circ X[(t+\varepsilon)\wedge T_{cA}] - f\circ X(t\wedge T_{cA})}{\varepsilon}\right]$$

$$= \mathbb{E}^z\{\mathbb{1}_{\{t < T_{cA}\}}\ \mathbb{E}^{X(t)}\left[\frac{f\circ X(\varepsilon\wedge T_{cA}) - f\circ X(0)}{\varepsilon}\right]\}$$

$$= \mathbb{E}^z[\mathbb{1}_{\{t < T_{cA}\}}\ \frac{k_{X(t)}(\varepsilon) - k_{X(t)}(0)}{\varepsilon}]$$

Les fonctions $\frac{k_{X(t)}(\varepsilon) - k_{X(t)}(0)}{\varepsilon}$ forment une famille de fonctions décroissantes lorsque ε décroit vers zéro, pour $\mathbb{P}^z$-presque toute trajectoire. Il en résulte que :

$$-\infty < \lim_{\varepsilon\to 0} \varepsilon^{-1}[k_z(t+\varepsilon) - k_z(t)] = \mathbb{E}^z\{\mathbb{1}_{\{t < T_{cA}\}} \lim_{\varepsilon\to 0} \varepsilon^{-1}$$

$$[k_{X(t)}(\varepsilon) - k_{X(t)}(0)]\}$$

Pour $\mathbb{P}^z$-presque toute trajectoire vérifiant $t < T_{cA}$,

$\lim_{\varepsilon\to 0} \varepsilon^{-1}[k_{X(t)}(\varepsilon) - k_{X(t)}(0)]$ est strictement supérieur à $-\infty$.

Utilisant l'absolue continuité de la mesure de Lebesgue sur A par rapport aux probabilités de transition, on conclut que, pour Lebesgue presque tout x de A, existe la limite :

$$\lim_{\varepsilon\to 0} \varepsilon^{-1}\ \mathbb{E}^x[f\circ X(\varepsilon\wedge T_{cA}) - f(x)] > -\infty .$$

Pour montrer que f admet, en Lebesgue presque tout x, un laplacien fin, il faut étudier

$$\lim_{\varepsilon\to 0} \mathbb{E}^x\left[\frac{f\circ X(\varepsilon\wedge T_{cA}) - f(x)}{\varepsilon\wedge T_{cA}}\right], \text{ connaissant}$$

$$\lim_{\varepsilon\to 0} \mathbb{E}^x\left[\frac{f\circ X(\varepsilon\wedge T_{cA}) - f(x)}{\varepsilon}\right]$$

8. THEOREME. *Soit* f *une fonction à moyenne convexe sur un ouvert fin* A , *telle que, pour Lebesgue presque tout* x *de* A, *existe un réel* $r_x > 1$, *pour lequel* $f \circ X(T_{cA})$ *appartienne à* $L^{r_x}(\mathbb{P}^x)$. *Alors, Lebesgue presque partout sur* A , f *admet un laplacien fin.*

REMARQUE. La condition $f \circ X(T_{cA}) \in L^{r_x}(\mathbb{P}^x)$ est, en fait, assez peu restrictive car $f \circ X(t \wedge T_{cA}) \in L^1(\mathbb{P}^x)$.

Démonstration. D'après le théorème 7 nous savons que, Lebesgue presque partout, existe la limite :

$$\lim_{\varepsilon \to 0} \varepsilon^{-1} \mathbb{E}^x [f \circ X(\varepsilon \wedge T_{cA}) - f(x)] .$$

On note A_n le sous-ensemble de A

$$A_n = \{x \in A : f \circ X(T_{cA}) \in L^{(1+\frac{1}{n})}(\mathbb{P}^x)\}$$

D'après les hypothèses $A \setminus \cup A_n$ est Lebesgue négligeable.

Notant $r_n = 1 + \frac{1}{n}$ et $s_n = n+1$, $r_n^{-1} + s_n^{-1} = 1$, nous avons démontré, dans [5] la propriété de Lindeberg forte suivante : pour Lebesgue presque tout x de A , $\mathbb{E}^x(T_{cA}^{-s_n}) < +\infty$.

Désignant par B_n le sous-ensemble de A_n :

$B_n = \{x \in A,\ f \circ X(T_{cA}) \in L^{r_n}(\mathbb{P}^x),\ \mathbb{E}^x(T_{cA}^{-s_n}) < +\infty\}$, $A \setminus \bigcup_{n \in \mathbb{N}} B_n$ est Lebesgue négligeable.

Soit x un point de B_n , nous nous proposons de démontrer que :

$$\mathbb{E}^x\left[\frac{f \circ X(\varepsilon \wedge T_{cA}) - f(x)}{\varepsilon} - \frac{f \circ X(\varepsilon \wedge T_{cA}) - f(x)}{\varepsilon \wedge T_{cA}}\right]$$

converge vers zéro avec ε . Cette expression s'écrit encore :

$$\mathbb{E}^x \left[\frac{(\varepsilon \wedge T_{cA} - \varepsilon)\,[f \circ X(\varepsilon \wedge T_{cA}) - f(x)]}{\varepsilon.(\varepsilon \wedge T_{cA})} \right]$$

dont le module se majore par :

$$\mathbb{E}^x[\, 1\!\!1_{\{T_{cA} < \varepsilon\}} \frac{|\varepsilon - T_{cA}|\,|f \circ X(\varepsilon \wedge T_{cA}) - f(x)|}{\varepsilon . T_{cA}}]$$

$$\leqslant E^x[\, 1\!\!1_{\{T_{cA} < \varepsilon\}} \frac{1}{T_{cA}} |f \circ X(\varepsilon \wedge T_{cA}) - f(x)|]$$

Utilisant l'inégalité de Hölder et le fait que $x \in B_n$, cette expression se majore par :

$$[\mathbb{E}^x(T_{cA}^{-s_n})]^{1/s_n}\,[\mathbb{E}^x(\, 1\!\!1_{\{T_{cA} < \varepsilon\}} |f \circ X(T_{cA}) - f(x)|^{r_n}]^{1/r_n}$$

Comme $\mathbb{E}^x(T_{cA}^{-s_n}) < +\infty$, et $|f \circ X(T_{cA}) - f(x)|^{r_n}$ est $\mathbb{P}^x$-intégrable, l'absolue continuité de l'intégrale montre que cette expression converge vers zéro avec ε .

Il résulte finalement que, pour Lebesgue presque tout x , le laplacien fin existe et vérifie

$$\Delta f(x) = 2 \lim_{\varepsilon \to 0} \mathbb{E}^x[\frac{f \circ X(\varepsilon \wedge T_{cA}) - f(x)}{\varepsilon}] =$$

$$= 2 \lim_{\varepsilon \to 0} \mathbb{E}^x [\frac{f \circ X(\varepsilon \wedge T_{cA}) - f(x)}{\varepsilon \wedge T_{cA}}].$$

B I B L I O G R A P H I E

[1] BLUMENTHAL-GETOOR.
Markov processes and potential theory. Academic Press, New-York, London (1968)

[2] DEHEN D., MASTRANGELO-DEHEN M.
Etude de fonctions finement harmoniques sur les ouverts fins de $\mathbb{C}$ - CR Acad. Sci. Paris, Série A, t.275, 7 août 1972.

[3] DEHEN D., MASTRANGELO-DEHEN M.
Propriétés infinitésimales du mouvement brownien par rapport à la topologie fine. CR Acad. Sci. Paris, Série A, 13 novembre 1974.

[4] DEHEN D., MASTRANGELO-DEHEN M.
Propriété de Lindeberg et points finement intérieurs. Bulletin des sciences mathématiques. Tome 100, Fasc.3, Année 1976.

[5] MASTRANGELO-DEHEN M.
Propriété de Lindeberg forte sur les ouverts fins. Bull. des Sc. Math. Tome 101, Fasc.4, Année 1977.

[6] MASTRANGELO-DEHEN M.
Différentiabilité fine, différentiabilité stochastique, différentiabilité stochastique de fonctions finement harmoniques. Annales Institut Fourier (à paraître).

[7] FUGLEDE B.
Finely harmonic functions. Lecture Notes in mathematics n° 289 - Springer Verlag.

[8] FUGLEDE B.
Sur la fonction de Green pour un domaine fin. Ann. Inst. Fourier. Grenoble 25 3 et 4 (1975) - p. 201-206.

[9] GAVEAU, DEBIARD.
Potentiel fin et algèbre de fonctions analytiques I et II . Journal of Functional Analysis 16, p. 289-304 et volume 17 p. 296-310.

[10] MEYER P.A.
Processus de Markov - Lecture Notes in Mathematics n°26 (1977) - Springer Verlag - Berlin.

[11] MOKOBODZKI G.
Densité relative de deux potentiels comparables.
Séminaire de Probabilités - Strasbourg 1968-1969.

M.MASTRANGELO
EQUIPE D'ANALYSE -ERA 294
Université PARIS VI - Tour 46
4 Place Jussieu
75005 - PARIS

SUR L'ALGEBRE CONTENUE DANS LE DOMAINE ETENDU D'UN GENERATEUR INFINITESIMAL

Par Gabriel MOKOBODZKI *

INTRODUCTION ET POSITION DU PROBLEME. Soit $(X,\mathcal{B})$ un espace mesurable sur lequel est défini une famille résolvante $(V_\lambda)_{\lambda\geqslant 0}$ sous-markovienne de noyaux $\geqslant 0$. On suppose que $V = V_o$ est borné. Dans tout ce qui suit, on se donne une mesure $\sigma \geqslant 0$ sur $(X,\mathcal{B})$, afin de relativiser la notion de domaine étendu telle qu'elle est définie dans [2].

Disons qu'un ensemble $A \subset X$ est polaire, s'il existe $f \geqslant 0$ sur X, telle que $\int Vf\, d\sigma < +\infty$ et $A \subset \{Vf = +\infty\}$.

On dira qu'une fonction bornée u est dans le domaine étendu du générateur de la résolvante (V_λ) s'il existe une fonction mesurable f telle que $\int V(|f|)\, d\sigma < +\infty$ et $Vf = u$ sauf sur un ensemble polaire.

On notera $D_e(A)$ le domaine étendu du générateur. Si $\mathcal{B}$ est la plus petite tribu rendant mesurables les fonctions du type Vh , où h est $\mathcal{B}$-mesurable bornée, alors si l'on a $Vf = 0$ sauf sur un ensemble σV-négligeable, pour $f \in L^1(\sigma V)$, on a

★ Cet article est la rédaction détaillée de l'exposé du 17/02/77.

nécessairement $f = 0$ σV-p partout.

Il en résulte qu'on peut définir un opérateur linéaire A de $D_e(A)$ dans $L^1(\sigma V)$ par la relation

$$u = VAu \text{ sauf sur un ensemble } \sigma V\text{-négligeable.}$$

Comme on sait que pour tout $f \in \mathcal{L}^1(\sigma V)$,

$$\lim_{\lambda \to \infty} \lambda V_\lambda f = f \quad \sigma V\text{-p partout, cf. [3]}$$

il peut être agréable, en fixant un ultrafiltre convenable $\mathcal{U}$ sur $\mathbb{N}$, de définir Au par la formule

$$Au = \lim_{\mathcal{U}} \lambda(u-\lambda V_\lambda u) \quad \text{pour tout } u \in D_e(A)$$

Le problème posé par P.A. Meyer, avec dans [2] une solution partiellement erronée, est le suivant :

A quelles conditions $D_e(A)$ est-il une algèbre, en particulier si $D_e(A)$ contient un sous-espace suffisamment dense qui est une algèbre, est-ce que $D_e(A)$ est une algèbre ?

Le résultat que nous obtenons s'énonce comme suit :

<u>THEOREME</u>. 1) *L'ensemble des* $u \in D_e(A)$ *tels que* $u^2 \in D_e(A)$ *est une algèbre sur* $\mathbb{R}$*, notée* H.

2) *Si* $u \in D_e(A)$ *et si* $Au \in \overline{A(H)}$ *, alors* $u \in H$.

On en déduit immédiatement que s'il existe une sous-algèbre $H_o \subset D_e(A)$ telle que $A(H_o)$ soit dense dans $L^1(\sigma V)$, alors $D_e(A)$ est une algèbre.

Il est possible d'exposer ce résultat en s'en tenant strictement à la théorie du potentiel et en utilisant les propriétés de l'opérateur carré du champ qui se déduit de A .

Il se trouve que la clé de la démonstration est en fait une propriété des cônes convexes inf-stables de fonctions, qui comme chacun sait, appartiennent peu ou prou à la théorie du potentiel.

Nous infligerons donc au lecteur un détour qui n'est pas si inutile puisqu'il m'a permis de simplifier un certain nombre de démonstrations (et d'en compliquer d'autres !)

§ 1. RAPPELS ET COMPLEMENTS SUR LES CONES CONVEXES INF-STABLES.

Soit $(X, \mathcal{B})$ un espace mesurable, $B(X)$ l'espace des fonctions numériques mesurables bornées, $B^+(X)$ sa partie positive.

On se donne un cône convexe inf-stable $C \subset B^+(X)$ fermé en norme uniforme.

On suppose qu'il existe $v_o \in C$ strictement positif et que pour tout $v \in C$, $v \wedge 1 \in C$.

On définit une relation de préordre sur le cône $\mathcal{M}^+$ des mesures $\geqslant 0$ sur $(X, \mathcal{B})$ en posant

$$(\mu \prec \nu) \iff \left(\int v \, d\mu \leqslant \int v \, d\nu \quad \forall\, v \in C\right) \text{(préordre du balayage)}$$

On dit qu'une fonction universellement mesurable f est une fonction C-concave, ou plus simplement concave, si f est à valeurs dans $\overline{\mathbb{R}^+}$ et si pour tous $x \in X$, $\mu \in \mathcal{M}^+$, $\mu \prec \varepsilon_x$ on a $\int f \, d\mu \leqslant f(x)$.

On fait l'hypothèse de saturation suivante sur C :

(S) Si $h \in \overline{C-C}$ est une fonction concave, alors $h \in C$.

Désignons par $C^\star$ le cône des fonctions concaves, on remarque que dans tous les cas $C^\star \cap \overline{C-C}$ vérifie l'hypothèse de saturation.

Pour une fonction concave universellement mesurable (en abrégé c.u.m) on définit la fonction d'ensemble $\mathcal{C}_q$ par

$$\mathscr{C}_q(A) = \inf \{\int w\, d\sigma \mid w \text{ c.u.m },\ w \geq q \ \text{ sur } \ A\}$$

pour $A \subset X$. La fonction $\mathscr{C}_q$ est dénombrablement sous-additive.

Pour $\alpha \in \mathbb{R}^+$, on définit alors

$$\varphi_q(\alpha) = \sup\{ \mathscr{C}_q(A) \mid \mathscr{C}_1(A) \leq \alpha\}$$

On remarquera que pour $A \subset X$ fixé, l'application $q \mapsto \mathscr{C}_q(A)$ est sous-linéaire, de même, pour α fixé, l'application $q \longmapsto \varphi_q(\alpha)$ est sous-linéaire.

Comme $\varphi(\cdot)$ est croissante, on désignera par $\varphi_q(\cdot+)$:

$$\alpha \to \inf\{\varphi_q(\beta) \mid \beta > \alpha\} .$$

On introduit les cônes convexes et espaces vectoriels suivants

$\mathscr{S}_\sigma$ = ensemble des fonctions concaves u.m. et σ-intégrables.

$\mathscr{S}_{\sigma,o} = \{q \in \mathscr{S}_\sigma \mid \lim\limits_{\alpha \to o} \varphi_q(\alpha) = 0\}$; c'est un cône convexe.

$H_\sigma = \mathscr{S}_{\sigma,o} - \mathscr{S}_{\sigma,o}$

On convient de dire qu'un ensemble $A \subset X$ est polaire si $\mathscr{C}_1(A) = 0$ et qu'une propriété a lieu quasi-partout si elle a lieu sauf sur un ensemble polaire. Ainsi en toute rigueur les élément de H_σ sont définis à un ensemble polaire près.

Pour comprendre l'intérêt du cône convexe $\mathscr{S}_{\sigma,o}$, disons qu'il joue un peu le rôle du cône des potentiels, alors que $\mathscr{S}_\sigma$ représente plutôt les excessives.

On remarque que $\mathscr{S}_{\sigma,o}$ est inf-stable et que si $v,w \in \mathscr{S}_\sigma$ avec $w \leq v$ et $v \in \mathscr{S}_{\sigma,o}$ alors $w \in \mathscr{S}_{\sigma,o}$

Enfin on note que $C \subset \mathscr{S}_{\sigma,o}$.

<u>LEMME 1</u>. *Pour toute suite sommable* $(q_n) \subset \mathscr{L}^1(\sigma) \cap \mathscr{S}_{\sigma,o}$,

$q = \sum q_n$ *est encore dans* $\mathscr{S}_{\sigma,o}$

Démonstration. Il suffit de remarquer que pour tout $\alpha \in \mathbb{R}^+$

$$\varphi_q(\alpha) \leq \sum_n \varphi_{q_n}(\alpha) \quad \text{et que l'on a toujours} \quad \alpha_q \leq \int q d\sigma$$

Une semi-norme sur H_σ

Pour $u,v \in H_\sigma$ on note $(u \prec v)$ la relation

" il existe $t \in \mathcal{S}_{\sigma,o}$ tel que $u+t = v$ quasi-partout "

cela permet de définir une semi-norme sur H_σ :

$$\|u\| = \inf \{ \int q\, d\sigma \;,\; q \in \mathcal{S}_{\sigma,o} \text{ et } -q \prec u \prec q\}$$

Remarquons que pour $u \in H_\sigma$, $\|u\| = 0 \iff u = 0$ quasi-partout.

PROPOSITION 2. *H_σ est complet.*

La démonstration, sans difficulté, est laissée au lecteur. Signalons au passage une propriété qui nous servira plus tard :

LEMME 3. *Soient $v \in \mathcal{S}_{\sigma,o}$, $r \in \mathbb{R}^+$ et soit $v'_r \in \mathcal{S}_{\sigma,o}$ tel que $v'_r \leq v$ et $v'_r \geq v$ sur $\{v \geq r\}$.*
Alors on a $v \prec v \wedge r + v'_r$.

Démonstration. Considérons la fonction w sur X , égale à $+\infty$ sur $\{v = +\infty\}$ et à $v'_r + v \wedge r - v$ ailleurs.
La fonction w est universellement mesurable.

Supposons que $v(x) < +\infty$ et soit $\mu \in \mathcal{M}_c^+$, $\mu \prec \varepsilon_x$.
Si $v(x) \geq r$ on a $v'_r(x) - \int v'_r\, d\mu \geq v(x) - \int v\, d\mu$;
si $v(x) \leq r$ on a $v \wedge r(x) - \int v \wedge r\, d\mu \geq v(x) - \int v\, d\mu$.
On a donc $\int w\, d\mu \leq w(x)$ pour tout x tel que $w(x)$ soit fini, ce qui montre que w est concave.
On pose maintenant pour x fixé dans X ,

$$\mathcal{S}_{\sigma,x} = \mathcal{S}_{(\sigma+\varepsilon_x)} = \{v \in \mathcal{S}_\sigma \mid v(x) < +\infty\}$$

$$H_{\sigma,x} = \mathcal{S}_{\sigma,x} - \mathcal{S}_{\sigma,x}$$

En toute rigueur, les éléments de $H_{\sigma,x}$ sont définis à un ensemble $(\sigma+\varepsilon_x)$-polaire près, mais pour $\mu \in \mathcal{M}_c^+$, $\mu \prec \varepsilon_x$, ils sont μ-intégrables et l'intégrale est bien définie car tout ensemble ε_x-polaire est μ-polaire, donc μ-négligeable.
On pose ensuite

$$E_{\sigma,x} = \{g\text{-mesurable} \mid \exists f \in \mathcal{S}_{\sigma,x} \text{ telle que } |g| \text{ et } |g^2| \leq f\}$$

que nous considérons comme un espace de classes de fonctions définies à un ensemble $(\sigma+\varepsilon_x)$ polaire près.

De l'inégalité $(g_1+ g_2)^2 \leq 2(g_1^2 + g_2^2)$ on tire la conclusion que $E_{\sigma,x}$ est un espace vectoriel.

Le résultat suivant est dû à Roth [5].

<u>LEMME 4</u>. *Soit* $\mu \in \mathcal{M}_c^+$, $\mu \prec \varepsilon_x$, *ce qui implique* $\mu(1) \leq 1$. *Pour tout* $f \in E_{\sigma,x}$, *on pose* $Af = f(x) - \int f\, d\mu$ *et* $B(f,f) = 2f(x)Af - Af^2$.

Alors B *engendre une forme bilinéaire symétrique positive sur* $E_{\sigma,x}$ *sur laquelle les contractions opèrent. En particulier pour* $f,g \in E_{\sigma,x}$, *on a*

$$|B(f,f)-B(g,g)| \leq |B(f+g,f-g)| \leq B(f+g)^{1/2}\, B(f-g,f-g)^{1/2} .$$

L'égalité suivante est bien connue dans le domaine des équations aux dérivées partielles :

(E) Pour tous $a, b \in \mathbb{R}^+$, $2(ab)^{1/2} = \inf_{k>0} \frac{1}{k}a + kb$

Appliquée à l'inégalité ci-dessus, nous obtenons pour tout $k > 0$
$|B(f,f)-B(g,g)| \leq \frac{1}{2k} B(f+g,f+g) + \frac{k}{2} B(f-g,f-g)$.

§ 2. APPLICATION : ETUDE DES ALGEBRES CONTENUES DANS H_σ

Soient $u, v \in H_{\sigma,x}$ tels que $\|u\|_\infty , \|v\|_\infty \leqslant 1$ et soient $q,w \in \mathcal{S}_{\sigma,x}$ tels que $-q \prec u+v \prec q$, $-w \prec u-v \prec w$ avec $q-(u+v)$, $q + u+v$, $w + u-v$, $w - (u-v)$ dans $\mathcal{S}_{\sigma,x}$.

LEMME 5. *Pour tous* $n,m > 0$ *on a l'inégalité*

$$Au^2 - Av^2 \leqslant 4Aw + \frac{2}{n} Aq + 2Aq'_n + \frac{1}{2m}(4Aq - A(u+v)^2) + \frac{m}{2}(4Aw - A(u-v)^2)$$

où q'_n *est concave universellement mesurable,* $q'_n \leqslant q$ *et* $q'_n \geqslant q$ *sur* $\{w \geqslant \frac{1}{n}\}$, *et* $A = (\varepsilon_x - \mu)$ *avec* $\mu \prec \varepsilon_x$.

Démonstration. On remarquera que l'inégalité ci-dessus peut se mettre sous la forme $A\varphi \geqslant 0$. On a toujours

$$(1) \qquad 2v(x)Av - Av^2 - [\,2u(x)Au - Au^2]$$
$$\leqslant \frac{1}{2m}(2(u+v)(x)A(u+v) - A(u+v)^2) + \frac{m}{2}[\,2(u-v)(x)A(u-v) - A(u-v)^2)$$

On a les majorations $|u(x) - v(x)| \leqslant 2$, $|u(x) + v(x)| \leqslant 2$ et $|A(u-v)| \leqslant 2\,Aw$; $|A(u+v)| \leqslant 2Aq$

En se servant de l' égalité

$$2[\,u(x)Au - v(x)Av\,] = (u(x)+v(x))A(u-v) + (u(x)-v(x))A(u+v)$$

on obtient finalement

$$(2) \qquad Au^2 - Av^2 \leqslant 4\,Aw + 2|u(x)-v(x)|Aq + \frac{1}{2m}(4\,Aq - A(u+v)^2) + \frac{m}{2}(4\,Aw - A(u-v)^2)$$

Remarquons que si q' est concave u.m. $q' \leqslant q$ et $q'(x) = q(x)$, alors $Aq' \geqslant Aq$. Dans la suite q'_n désignera une fonction c.u.m telle que $q' \leqslant q$ et $q' \geqslant q$ sur $\{w \geqslant \frac{1}{n}\}$. On aura toujours, car $w \geqslant |u-v|$

$$(3) \qquad |u(x) - v(x)|Aq \leqslant \frac{1}{n} Aq + A(q'_n)$$

En se servant des inégalités (2) et (3) on obtient l'inégalité cherchée.

<u>COROLLAIRE 6.</u> *Soient* $u, v \in H_\sigma$ *tels que* $\|u\|_\infty$, $\|v\|_\infty \leqslant 1$. *On suppose qu'il existe* $q, w \in \mathcal{S}_{\sigma,o}$ *tels que*

$$-q \prec u+v \prec q \quad , \quad -w \prec u-v \prec w \quad .$$

On pose

$$\varphi = 4w + \frac{2}{n} q + 2q'_n + \frac{1}{2m}(\, 4q-(u+v)^2\,) + \frac{m}{2}(\, 4w-(u-v)^2\,) + v^2 - u^2$$

Alors φ *est égale quasi-partout à une fonction appartenant à* $\mathcal{S}_{\sigma,o}$.

<u>Démonstration</u>. Par hypothèse, il existe t_1, t_2, t_3, $t_4 \in \mathcal{S}_{\sigma,o}$ tels que

$$\begin{aligned} u + v + t_1 &= q && \text{quasi-partout} \\ -q + t_2 &= u + v && \text{"} \\ u - v + t_3 &= w && \text{"} \\ -w + t_4 &= u - v && \text{"} \end{aligned}$$

En un point $x \in X$ où $s = q + w + \sum_{i=1}^{4} t_i$ est finie, on a d'après ce qui précède, pour toute $\mu \prec \varepsilon_x$

$$A\,\varphi(x) = \varphi(x) - \int \varphi \, d\mu \geqslant 0 \quad .$$

Posons alors $\varphi'(x) = \varphi(x)$ si $s(x) < +\infty$ et $\varphi'(x) = +\infty$ si $s(x) = +\infty$.

On vérifie sans peine que φ' est concave et que $\{\varphi \neq \varphi'\} \subset \{s = +\infty\}$ qui est polaire.

<u>LEMME 7.</u> *Si* u *est bornée,* $u \in H_\sigma$, *alors* u^2 *est égale quasi-partout à un élément de* H_σ.

<u>Démonstration</u>. Comme $\mathcal{S}_{\sigma,o}$ est inf-stable, H_σ est réticulé. Supposons d'abord que $0 \leqslant u \leqslant 1$ avec $p_1 - p_2 = u$, $p_1, p_2 \in \mathcal{S}_{\sigma,o}$

On a l'identité suivante, sur l'ensemble $\{p_1 + p_2 < +\infty\}$,

$$u^2 = 2p_1 - 2\int_0^1 p_1 \wedge (p_2 + t)\,dt$$

$$= 2u - 2\int_0^1 u \wedge t\,dt$$

Par hypothèse $v \wedge 1 \in C$ pour tout $v \in C$, cette propriété est encore vraie pour v concave universellement mesurable.

On vérifie aisément que $q = \int_0^1 p_1 \wedge (p_2 + t)\,dt$ est un élément de $\mathcal{Y}_{\sigma,o}$.

Si on suppose seulement que $-1 \leq u \leq 1$, la formule ci-dessus appliquée à u^+ et u^- donne

$$u^2 = 2(p_1+p_2) - \int_0^1 (p_1 \wedge (p_2+t) + p_2 \wedge (p_1+t))\,dt$$

où $u = p_1 - p_2$.

<u>LEMME 8</u>. *Soient* $G \subset \mathcal{P}_{\sigma,o}$ *un sous-cône convexe héréditaire. Si* u, u^2 , $v, v^2 \in G-G$, *alors* $(u+v)^2 \in G-G$ *lorsque* u *et* v *sont bornées.*

<u>Démonstration</u>. Soit $A = (\varepsilon_x - \mu)$ où $\mu \prec \varepsilon_x$.

On a les inégalités

$$A(u+v)^2 \leq 2(u+v)\,A(u+v) \leq 2\,\|u+v\|_\infty\,|A(u+v)|$$

et

$$A(2(u^2+v^2)) - A(u+v)^2 = A(u-v)^2 \leq 2\,\|u-v\|_\infty\,|A(u-v)|$$

Soit alors $q \in G$ tel que

$$-q \prec u, u^2 , v, v^2 \prec q$$

On aura

$$-4Aq - 4\,\|u-v\|_\infty\,Aq \leq A(u+v)^2 \leq 4\,\|u+v\|_\infty\,Aq$$

On en déduit en faisant varier A que

$$4q(\|u-v\|_\infty + 1) \prec (u+v)^2 \prec 4\,\|u+v\|_\infty\,q$$

et donc que $u+v \in G - G$.

<u>CORÓLLAIRE 9.</u> *Les notations et hypothèses sont celles du corollaire précédent. On a l'inégalité*

$$\|u^2-v^2\| \leq 4\,\|u-v\| + 4\,\|u+v\|^{1/2}\,\|u-v\|^{1/2} + \frac{2}{n}\,\|u+v\| + 2\,\varphi_q(n\,\|u-v\|_+)$$

<u>Démonstration</u>. Les conditions $-q \prec u+v \quad q$, $-w \prec u-v \prec w$ et $|u|$, $|v| \leq 1$, montrent en particulier que

$t_1 = 4q - (u+v)^2$ et $t_2 = 4w - (u-v)^2$ sont égaux quasi-partout à des éléments t_1' , t_2' de $\mathcal{S}_{\sigma,o}$. Il suffit pour cela de calculer At_i où A est de la forme $\varepsilon_x-\mu$, avec $\mu \prec \varepsilon_x$. On a vu précédemment que φ est égal quasi partout à $\varphi' \in \mathcal{S}_{\sigma,o}$. On en déduit les deux inégalités

$$\begin{matrix} u^2 - v^2 \\ v^2 - u^2 \end{matrix} \prec 4w + \frac{2}{n}\,q + 2\,q_n' + \frac{1}{2m}\,t_1' + \frac{m}{2}\,t_2'$$

D'après la définition de la norme dans H_σ on en déduit que

$$\|u^2-v^2\| \leq \int (4w + \frac{2}{n}\,q + 2q_n' + \frac{1}{2m}\,t_1' + \frac{m}{2}\,t_2')\,d\sigma$$

et comme $\int t_1'\,d\sigma \leq \int 4q\,d\sigma$, $\int t_2'd\sigma \leq 4w\,d\sigma$

$$\|u^2-v^2\| \leq \int q_n'\,d\sigma + \int 4w\,d\sigma + \int \frac{2}{n}\,q\,d\sigma + 2\,[\,\frac{1}{m}\int q\,d\sigma + m\int w\,d\sigma]$$

Posons $\alpha = \int w\,d\sigma$ et $A_n = \{w \geq \frac{1}{n}\}$ on aura $\mathcal{C}_1(A_n) \leq n\alpha$

et par conséquent, on peut choisir $q_n' \leq q$, $q_n' \geq q$ sur $\{w \geq \frac{1}{n}\}$ de telle sorte que $[\varphi_q(n\alpha) - \int q_n'\,d\sigma]^+$ soit aussi petit qu'on veut.

Remarquons maintenant que, par définition, $\int q\,d\sigma$ et $\int w\,d\sigma$

peuvent être choisis aussi proches qu'on veut de $\| u+v \|$ et $\| u-v \|$ respectivement.

De façon générale si $g \prec q_1$ et $g \prec q_2$, on a encore $g \prec q_1 \wedge q_2$ car $\mathcal{S}_{\sigma,o}$ est inf-stable .

On peut donc trouver des suites décroissantes (w_k), (q_k), $(q'_n)_k$ d'éléments de $\mathcal{S}_{\sigma,o}$ telles que

$$\inf \int w_k \, d\sigma = \| u-v \| \ , \ \inf \int q_k \, d\sigma = \| u+v \| , \quad q_k \leqslant q$$

$$\int (q'_n)_k \, d\sigma \leqslant \varphi_{q_k}(n \int w_k d\sigma) + 2^{-k}$$

On note que si $q_k \leqslant q$, $\varphi_{q_k} \leqslant \varphi_q$ et la dernière condition peut être remplacée par

$$\int (q'_n)_k \, d\sigma \leqslant \varphi_q(n \int w_k d\sigma) + 2^{-k}.$$

Par passage à la limite, on obtient donc

$$\| u^2-v^2 \| \leqslant 4 \| u-v \| + \frac{2}{n} \| u+v \| \inf_{\alpha > \| u-v \|} \varphi_q(n\alpha)$$
$$+ 2 [\frac{1}{m} \| u+v \| + m \| u-v \|]$$

En faisant varier m dans $\mathbb{R}^+_\star$ on obtient

$$\| u^2-v^2 \| \leqslant 4 \| u-v \| + \frac{2}{n} \| u+v \| + \varphi_q(n \| u-v \|_+)$$
$$+ 4 \| u+v \|^{1/2} \| u-v \|^{1/2}$$

qui est la formule annoncée.

THEOREME 10. *Soit* $(u_n) \subset H_\sigma$ *une suite convergente pour la semi-norme de* H_σ *vers* $u \in H_\sigma$ *et telle que* $|u| \leqslant 1$ *et* $|u_n| \leqslant 1$ *pour tout* n . *Alors la suite* (u_n^2) *converge fortement vers* u^2 *dans* H_σ .

Démonstration. On peut se ramener au cas où la suite (u_n) vérifie la condition $\| u_n-u \| \leqslant n^{-2} \; 2^{-n-1}$.

On peut alors trouver une suite $(w_n) \subset \mathcal{S}_{\sigma,o}$ telle que

$$- w_n \prec u_n - u \prec w_n \quad \text{et} \quad \int w_n \, d\sigma \leq n^{-2} \, 2^{-n}$$

Posons alors $w = \sum_n n^2 w_n$, on aura $\int w \, d\sigma \leq 1$ et pour tout n

$$- n^{-2} w \prec u_n - u \prec n^{-2} w \quad .$$

Si $u = p_1 - p_2$, $p_1, p_2 \in \mathcal{S}_{\sigma,o}$ on pose $q = 2(p_1+p_2) + w$ de sorte que pour tout n , $- q \prec u_n + u \prec q$.

D'après le corollaire précédent, on a

$$\| u^2 - u_n^2 \| \leq \| u - u_n \| + 4 \| u + u_n \|^{1/2} \| u - u_n \|^{1/2}$$

$$+ \frac{2}{n} \| u + u_n \| + \varphi_q(n \| u - u_n \|_+)$$

Comme $\| u - u_n \| < n^{-2}$, $\| u + u_n \| \leq \| q \|$ on a

$$\| u^2 - u_n^2 \| \leq 4n^{-2} + n^{-1} \; 4 \| q \|^{1/2} + 2n^{-1} \| q \| + \varphi_q(n^{-1})$$

Comme $\lim\limits_{n \to \infty} \varphi_q(n^{-1}) = 0$, la suite (u_n^2) converge vers u^2 dans H_σ .

<u>THEOREME 11.</u> *Soit* $(u_n) \subset H_\sigma$ *une suite qui converge vers* $u \in H_\sigma$, *telle que* $|u| \leq 1$.

Alors la suite (v_n) *définie par* $v_n = (u_n \wedge 2) \vee -2$ *converge encore vers* u .

<u>Démonstration.</u> Montrons déjà que la suite définie par $t_n = u_n \wedge 2$ converge dans H_σ .

Si (u_n) converge vers $u = p - q$, $p, q \in \mathcal{S}_{\sigma,o}$, on peut trouver deux suites (p_n), $(q_n) \subset \mathcal{S}_{\sigma,o}$ telles que $u_n = p_n - q_n$ et $\lim p_n = p$, $\lim q_n = q$. En effet il existe $(w_n) \subset \mathcal{S}_{\sigma,o}$ telle que $- w_n \prec u_n - u \prec w_n$ et $\| w_n \| \leq 2 \| u - u_n \|$.

On a $u_n = (p + w_n) - (q + w_n - (u_n - u))$ et il suffit de poser

$p_n = p+w_n$, $q_n = q+w_n - (u_n-u)$. En extrayant au besoin une sous-suite, on peut supposer que (w_n) est sommable et de somme w dans $\mathcal{S}_{\sigma,o}$.

On a $t_n = p_n-q_n) \wedge 2 = p_n \wedge (q_n+2) - q_n$ et $u_n-t_n = p_n-p_n \wedge (q_n+2)$

Comme dans tous les cônes inf-stables on a toujours pour $a, b, c \in \mathcal{S}_{\sigma,o}$ tels que $\sup(a,b) = c$ la relation $c \prec a+b$.

Si p_n' désigne un élément quelconque de $\mathcal{S}_{\sigma,o}$ tel que $p_n' \leq p_n$ et $p_n' \geq p_n$ sur $\{p_n \geq q_n+2\}$ on aura donc

$$p_n \prec p_n \wedge (q_n+2) + p_n'$$

De $q_n \geq q$ on tire $\{p_n \geq q_n+2\} \subset \{p+w_n \geq q+2\} \subset \{w_n \geq 1\}$

et pour tout n, on a $p_n \prec p+w = p'$ et $\mathcal{C}_1(w_n \geq 1) \leq \|w_n\|$

Pour tout n, on peut choisir $p_n' \in \mathcal{S}_{\sigma,o}$ tel que

$$\|p_n'\| \leq \varphi_{p_n'}(\|w_n\|) + 2^{-n} \leq \varphi_{p'}(\|w_n\|) + 2^{-n}$$

Comme on a supposé la suite $(\|w_n\|)$ sommable, $\lim \|w_n\| = 0$

$\lim \varphi_{p'}(\|w_n\|) = 0$, et $\lim \|p_n'\| = 0$.

Posons $q_n' = p_n \wedge (q_n+2) + p_n' - p_n$, comme on a $\lim \int q_n' \, d\sigma = 0$

des inégalités

$$- q_n' \prec p_n-p_n \wedge (q_n+2) \prec p_n'$$

on tire $\lim \|u_n-t_n\| = 0$.

On peut recommencer avec la suite $v_n = t_n \vee -2$ et par conséquent

$$\lim \|u_n-v_n\| = 0 .$$

<u>DEFINITION 12</u>. *Soit* $H \subset H_\sigma$ *un sous-espace vectoriel de* H_σ *engendré par* $H \cap \mathcal{S}_{\sigma,o}$. *On dira qu'une suite* $(h_n) \subset H_\sigma$ *est faiblement dominée par* H, *s'il existe deux suites* $(q_n) \subset H \cap \mathcal{S}_{\sigma,o}$ *et* $(w_n) \subset \mathcal{S}_{\sigma,o}$ *telles que* $\lim_n \|w_n\| = 0$ *et*

$$w_n - q_n \prec h_n \prec q_n + w_n$$

on dira que H *est fortement épais si toute suite* $(h_n) \subset H_\sigma$ *convergente et faiblement dominée par* H *, converge vers un élément de* H .

On vérifie que si H *est fortement épais il est épais et fermé. La réciproque est vrai si* H *est réticulé pour l'ordre défini par* $\mathcal{S}_{\sigma,o}$.

PROPOSITION 13. *Soit* $H \subset H_\sigma$ *un sous-espace fortement épais et soit* $(u_n) \subset H$ *une suite d'éléments bornés tels que* $u_n^2 \in H$ *pour tout* n . *Si la suite* (u_n) *converge vers un élément borné* $u \in H$ *, alors* $u^2 \in H$.

Démonstration. Noter qu'on n'affirme pas que la suite (u_n^2) converge dans H . Ce point reste à élucider.

On commence par se ramener au cas $|u| \leqslant 1$.

Pour tout n , on pose $v_n = (u_n \wedge 2) \vee -2$.

On remarque que v_n est une contraction de u_n .

Si $A = (\varepsilon_x - \mu)$ avec $\mu \prec \varepsilon_x$ et si $u_n \in \mathcal{S}_{\sigma,x} - \mathcal{S}_{\sigma,x}$, on aura donc

(1) $$0 \leqslant 2v_n(x)Av_n - Av_n^2 \leqslant 2u_n(x)Au_n - Au_n^2$$

On sait par le théorème précédent, que $\lim_n \| v_n - u_n \| = 0$. et on sait aussi que la suite (v_n^2) est convergente .

Par hypothèse, il existe des suites (q_n) , $(r_n) \subset H \cap \mathcal{S}_{\sigma,o}$ et $(w_n) \subset \mathcal{S}_{\sigma,o}$ telles que $-w_n \prec u_n - v_n \prec w_n$ avec $\| w_n \| \leqslant 2 \| u_n - v_n \|$ et $-q_n \prec u_n \prec q_n$, $-r_n \prec u_n^2 \prec r_n$

Si q_n , r_n , $w_n \in \mathcal{S}_{\sigma,x}$ on aura

$$|Av_n| \leqslant Aq_n + Aw_n \quad \text{et} \quad \| v_n \|_\infty \leqslant 2$$

d'où l'on tire à partir de (1) ,

$$- Av_n^2 \leqslant 4(Aq_n + Aw_n) + 2 \| u_n \|_\infty Aq_n + Ar_n$$

et $$- 4(Aq_n + Aw_n) \leqslant - Av_n^2$$

En faisant varier x, μ on obtient

$$- 4w_n - 4q_n \prec - v_n^2 \prec 4 q_n + 2 \| u_n \|_\infty q_n + r_n + 4w_n$$

D'après la définition des espaces fortement épais, la limite de la suite v_n^2 , nécessairement égale à u^2 , est dans H .

<u>REMARQUE 18</u>. Nous verrons dans la suite que nous aurons à appliquer les résultats précédents à des sous-cônes convexes de $\mathcal{S}_\sigma$ et $\mathcal{S}_{\sigma,o}$. Plus précisément, soit $\mathcal{P}_\sigma$ un sous-cône convexe de $\mathcal{S}_\sigma$ qui vérifie les conditions suivantes

a) $C \subset \mathcal{P}_\sigma$, et $1 \in \mathcal{P}_\sigma$,

b) $\mathcal{P}_\sigma$ est inf-stable et si p_1 , $p_2 \in \mathcal{P}_\sigma$,

$q = \int_0^1 p_1 \wedge (p_2 + t)\, dt$ est encore dans $\mathcal{P}_\sigma$

c) si p_1 , $p_2 \in \mathcal{P}_\sigma$ et si $u = p_1 - p_2$ est égal quasi-partout à une fonction concave, alors u est égal quasi-partout à un élément de $\mathcal{P}_\sigma$.

en particulier $c \Rightarrow b$.

d) si $(p_n) \subset \mathcal{P}_\sigma$ est sommable dans $\mathcal{L}^1(\sigma)$, alors $\sum p_n = p \in \mathcal{P}_\sigma$. On définit des fonctions d'ensemble $\mathcal{C}'_q$ pour $q \in \mathcal{P}_\sigma$

$\mathcal{C}'_q(A) = \inf\{\int w d\sigma \mid w \in \mathcal{P}_\sigma, w \geqslant q$ sur $A\}$, pour $A \subset X$ puis pour $\alpha \in \mathbb{R}^+$

$$\varphi'_q(\alpha) = \sup \{\mathcal{C}'_q(A) \mid \mathcal{C}'_1(A) \leqslant \alpha\}$$

Ceci permet de définir

$$\mathcal{P}_{\sigma,o} = \{q \in \mathcal{P}_\sigma \mid \lim_{\alpha \to 0} \varphi'_q(\alpha) = 0\}$$

puis $H'_\sigma = \mathcal{P}_{\sigma,o} - \mathcal{P}_{\sigma,o}$ avec la norme correspondante. On vérifie sans peine que tous les résultats précédents restent vrais si l'on remplace partout $\mathcal{S}_\sigma$ par $\mathcal{P}_\sigma$ et $\mathcal{S}_{\sigma,o}$ par $\mathcal{P}_{\sigma,o}$.

§ 3. APPLICATION A LA THEORIE DU POTENTIEL.

On reprend les notations de l'introduction avec une résolvante $(V_\lambda)_{\lambda \geq 0}$, en supposant de plus que, sur X , le cône convexe des fonctions excessives bornées est inf-stable et que 1 est excessive. On se donne une mesure $\sigma \geq 0$ sur $(X,\mathcal{B})$. Posons alors $C = \overline{V(B^+(X))}$ et comme dans le § 1 , construisons les cônes convexes $\mathcal{S}_\sigma$, $\mathcal{S}_{\sigma,o}$.

LEMME 13. *Soit* $\mathcal{P}_\sigma$ *le cône des fonctions excessives σ-intégrables, alors* $\mathcal{P}_\sigma$ *vérifie les conditions a, b, c, d de la remarque précédente.*

Démonstration. Le seul point à vérifier est la condition c). Soient u_1 , $u_2 \in \mathcal{P}_\sigma$ et soit $w \in \mathcal{S}_\sigma$ telle que $u_1 - u_2 = w$ σ-quasi-partout.
Pour tout $\lambda > 0$, on a alors

$\lambda V_\lambda u_1 = \lambda V_\lambda u_2 + \lambda V_\lambda w$ sauf sur un ensemble σ-polaire au sens classique.

La fonction $w' = \sup_\lambda \lambda V_\lambda w$ est alors dans $\mathcal{P}_\sigma$ et $u_1 - u_2 = w'$ sauf sur un ensemble σ-polaire classique.

On construit alors $\mathcal{P}_{\sigma,o}$ et H_σ comme indiqués précédemment.

LEMME 14. 1) *Pour tout* f-*mesurable* ≥ 0 *sur* X , σV-*intégrable* $Vf \in \mathcal{P}_{\sigma,o}$

2) *Pour tout* $h \in V(\mathcal{L}^1(\sigma V)$, $h = Vf$, *la norme de* h *dans* H_σ *est égale à* $\| f \|_{L^1(\sigma V)}$.

Démonstration. Par hypothèse, (voir l'introduction), on a pour

$$f \in \mathcal{L}^1(\sigma V),\ (Vf = 0 \quad \sigma V\text{-pp}) \Longleftrightarrow \left(\int |f|\ d\sigma V = 0\right)$$

de sorte que si $w \in \mathcal{P}_\sigma$ et $-w \prec Vf \prec w$, on a puisque $\mathcal{P}_\sigma$ est réticulé $w \succ V(|f|)$. Ceci démontre le 2).

Pour vérifier 1) il suffit de voir que $V1 \in \mathcal{P}_{\sigma,o}$ et que pour $f \geq 0$ $Vf = V(f \wedge 1) + \sum_{n \geq 1} V(f \wedge n+1 - f \wedge n)$

LEMME 15. *Si on considère $\mathcal{P}_{\sigma,o}$ et H_σ comme des espaces de classes de fonctions définies σ-quasi-partout, alors H_σ est réticulé pour l'ordre défini par $\mathcal{P}_{\sigma,o}$ et $\mathcal{P}_\sigma$ est fermé dans H_σ.*

La démonstration est laissée au lecteur.

COROLLAIRE 16. *1) Tout sous-espace vectoriel épais et fermé H de H_σ est fortement épais.*

2) $V(\mathcal{L}^1(\sigma V))$ s'identifie à une bande fermée de H_σ et par suite est fortement épais.

Démonstration. 1) Soit $(h_n) \subset H_\sigma$ une suite convergente dans H_σ, et faiblement dominée par H. Il existe alors deux suites $(q_n) \subset H \cap \mathcal{P}_{\sigma,o}$, $w_n \in \mathcal{P}_{\sigma,o}$ telles que

$$-w_n - q_n \prec h_n \prec q_n + w_n .$$

Désignons par Q le projecteur canonique de H_σ sur H qui est aussi une bande de H, Q est de norme ≤ 1. On a alors $h_n = Qh_n + (I-Q)h_n$ et $-(I-Q)w_n \prec (I-Q)h_n \prec (I-Q)w_n$, ce qui montre que la suite (Qh_n) est convergente et a même limite que la suite (h_n) ; comme $(Qh_n) \subset H$ et que H est fermé $\lim h_n \in H$.

2) Le fait que $V(\mathcal{L}^1(\sigma V)$ est épais, est une conséquence du théorème de densité (Motoo et als [3]), voir aussi le lemme n°14 ci-dessus.

Nous pouvons maintenant identifier l'espace $D_e(A)$ tel qu'il est défini dans l'introduction avec l'espace

$H_\sigma \cap B(X) \cap V(\mathcal{L}^1(\sigma V))$ et pour tout $h \in D_e(A)$,

$$\| h \|_{H^\sigma} = \| Ah \|_{L^1(\sigma V)}$$

THEOREME 19. *1) L'ensemble des* $u \in De(A)$ *tels que* $u^2 \in D_e(A)$ *est une algèbre , notée* H .

2) Si $u \in D_e(A)$ et si $Au \in \overline{A(H)}$ *alors* $u \in H$.

Démonstration. Le point 1) résulte du lemme n°8 et du fait que $V(\mathcal{L}^1_+(\sigma V)$ est héréditaire dans $\mathcal{P}_{\sigma,o}$.

Pour 2) on remarque que $Au \in \overline{A(H)}$ équivaut à $\overline{u \in H}$, l'adhérence étant prise cette fois dans H_σ . Comme $V(\mathcal{L}^1(\sigma V))$ est fortement épais, on peut appliquer la proposition 13.

COROLLAIRE 20. *La plus grande algèbre* $H \subset D_e(A)$ *est stable par composition avec les fonctions nulles en* 0 *sur* $\mathbb{R}^n$ *de classe* C^2 *, et plus généralement avec les fonctions à dérivées partielles Lipchitziennes.*

Démonstration. Rappelons le résultat suivant [4] :

Soit $\varphi : \mathbb{R}^n \to \mathbb{R}$ une fonction sontinuement différentiable dont les dérivées partielles sont lipchitziennes de rapport k , sur une partie convexe bornée U de $\mathbb{R}^n$. Alors la fonction $\varphi' = \varphi + 2k.\varphi_o$ où $\varphi_o(x) = \sum x_i^2$ est convexe sur U . Soit alors $D = (\varepsilon x - \mu)$ où $\mu \dashv \varepsilon_x$. Pour toute ψ convexe nulle en 0 continuement dérivable sur $\mathbb{R}^n$ (ou sur une partie convexe ouverte

U de $\mathbb{R}^n$ avec $0 \in U$) et $u = (u_1, \dots, u_n)$ où $u_i \in H$, et $u(X) \subset U$

on a
$$D\psi(u_1, \dots, u_n) \leq \sum_{i=1}^{n} \frac{\partial\psi}{\partial x_i}(u), Du_i$$

Supposons $\varphi(0) = 0$ et appliquons cela à

$$\psi_1 = \varphi + 2k\,\varphi_o \quad \text{et} \quad \psi_2 = 2k\,\varphi_o - \varphi$$

Si U est borné il existe une constante $M > 0$ telle que

$$\sup \{ |\frac{\partial\psi_j}{\partial x_i}(x)| \ , \ x \in U \ , \ 1 \leq i \leq n \ , \ j = 1,2 \} \leq M$$

On en tire

$$D(\varphi(u_1, \dots, u_n)) \leq - 2kD(\varphi_o(u_1, \dots, u_n) + M \sum_i |Du_i|$$

$$- D(\varphi(u_1, \dots, u_n) \leq - 2kD(\varphi_o(u, \dots, u_n)) + M \sum_i |Du_i|$$

Si l'on prend $D_\lambda^x = \lambda(\varepsilon x - \varepsilon_x \lambda V_\lambda)$, on obtient

$$|D_\lambda(\varphi(u_1, \dots, u_n)| \leq 2k\,|D_\lambda\varphi_o(u)| + M\,|D_\lambda u_i|$$

Par hypothèse $H \subset D_e(A)$ est stable par carré, donc $\varphi_o(u) : x \longmapsto \varphi(u_1(x), \dots, u_n(x))$ est dans H et l'inégalité précédente montre que $D_\lambda(\varphi_o u)$ converge dans $L^1(\sigma V)$ vers $h \in L^1(\sigma V)$, par suite $\varphi_o u \in V(L^1(\sigma V))$.

La fonction $(y_1, \dots, y_n) \longmapsto \varphi(y_1, \dots, y_n)^2$ est encore à dérivées partielles lipchitziennes pour une constante de lipchitz k' sur U, par suite on a aussi $(\varphi \circ u)^2 \in V(\mathcal{L}^1(\sigma V))$, ce qui montre que $\varphi \circ u \in H$.

BIBLIOGRAPHIE

[1] MEYER P.A.,
Probabilités et Potentiel. Hermann Paris.

[2] MEYER P.A.,
" Opérateur carré du champ " , Séminaire de Probabilité de Strasbourg n°X Lecture Notes. Springer.

[3] MOKOBODZKI G.,
Densité relative de deux potentiels comparables. Séminaire de Probabilité de Strasbourg n°4 , Lectures Notes, Springer.

[4] MOKOBODZKI G.,
Espaces réticulés et algèbres de fonctions stables par composition avec les fonctions C^2 . Séminaire de Théorie du Potentiel (Paris) n°3 .

[5] ROTH J.P.,
Thèse.
Annales de l'Institut Fourier. Tome XXVI- 1976 - Fasc.4.

G.MOKOBODZKI
EQUIPE D'ANALYSE - ERA 294
Université Paris 6
4 Place Jussieu
75005 - PARIS

SUR L'OPERATEUR DE REDUITE

REMARQUES SUR UN TRAVAIL DE J.M. BISMUT

par Gabriel MOKOBODZKI *

Dans son article [1], J.M.BISMUT, montre que la solution d'un problème de jeu stochastique peut être définie à partir de l'opérateur de réduite, lorsqu'une telle solution existe.

Ceci m'a conduit à rechercher et à distinguer, dans les idées et formules trouvées par BISMUT, ce qui relevait strictement de la théorie du potentiel et ce qui pouvait être obtenu à l'aide de cônes convexes inf-stables de fonctions et de l'opérateur de réduite associé. J'ai pu ainsi montrer que la solution du problème de jeu stochastique sous des hypothèses assez générales, est continue lorsque les fonctions d'encadrement qui le définissent sont continues.
On se donne un espace localement compact à base dénombrable X, un cône convexe $C \subset \mathcal{C}^+(X)$, stable par enveloppe inférieure finie (inf-stable) qui de plus est a) adapté, c'est à dire que pour tout $u \in C$, il existe $v \in C$ tel que pour tout $\varepsilon > 0$, $\{u > \varepsilon v\}$ soit relativement compact b) il existe $v_o \in C$, strictement positif

---

* Cet article est la rédaction détaillée de l'exposé du 27/10/77.

sur X. (Cette dernière hypothèse est un peu superflue, puisqu'on peut toujours saturer C en un cône adapté C' qui vérifie cette condition, C' étant dans l'adhérence de C pour la convergence compacte).

L'espace vectoriel $H \subset \mathscr{C}(X)$ des fonctions qui sont majorées en module par des éléments de C est alors un espace adapté au sens de G. CHOQUET, de même que l'espace $E = C - C$, qui est réticulé. Toute forme linéaire croissante sur E se représente par une mesure de Radon sur X.

On désigne par $\mathcal{M}_C^+(X)$ l'ensemble des mesures $\geqslant 0$ sur X pour lesquelles tous les éléments de C sont intégrables. On n'utilisera dans la suite que des mesures de ce type.

A l'aide du couple (X,C) on définit le préordre du balayage sur $\mathcal{M}_C^+(X)$: pour $\mu,\nu \in \mathcal{M}_C^+(X)$, on dit que μ est balayée de ν, ce qu'on note $\mu \prec \nu$, si l'on a $\int v d\mu \leqslant \int v d\nu$ pour toute $v \in C$. Pour toute fonction s.c.s. φ sur X, majorée par un élément v de C, on définit la réduite de φ par rapport à C

$$R\varphi = \inf\{v \in C \mid v \geqslant \varphi\}$$

On a l'identité suivante, qui découle du théorème de Hahn-Banach :

$$\text{pour tout } \mu \geqslant 0, \quad \int R\varphi \, d\mu = \sup \left\{\int \varphi d\nu \;\middle|\; \nu \geqslant 0,\ \nu \prec \mu\right\}$$

On dira qu'une fonction numérique u sur X (majorée par un élément de C) est une C-fonction ou une fonction C-concave si l'on a $\int^* u d\mu \leqslant u(x)$ pour toute $\mu \geqslant 0$, $\mu \prec \varepsilon_x$. Par exemple, pour φ s.c.s., $R\varphi$ est une fonction C-concave. On désigne par C^* le cône convexe de ces fonctions et l'on définit un nouvel opérateur de réduite

$$R^*f = \inf\{v \in C^* \mid v \geqslant f\}$$

et pour toute f, R^*f est une fonction C-concave.

Nous rapellerons sans démonstration les résultats suivants

a) $R^*(\alpha f + \beta g) \leqslant \alpha R^* f + \beta R^* g$, si $\alpha,\beta \geqslant 0$.

b) $f \mapsto R^* f$ est croissant, et pour toute suite croissante majorée (f_n), on a $\sup R^*(f_n) = R^*(\sup f_n)$

c) pour toute suite décroissante (f_n) de fonctions s.c.s., $R^*(\inf f_n) = \inf R^* f_n$

d) pour toute fonction numérique g sur X, à sous-graphe $\mathcal{K}$-analytique dans $X \times \mathbb{R}$, $R^* g$ est à sous-graphe $\mathcal{K}$-analytique et l'on a $\int R^* g d\mu = \sup \{ \int g d\nu \mid \nu \geqslant 0, \nu \prec \mu \}$ pour toute $\mu \in \mathcal{M}_C^+(X)$.

Lorsque la formule ci-dessus est vérifiée, on écrira simplement Rg au lieu de $R^* g$.

Par rapport au couple (X,C), un problème équivalent au problème de jeu stochastique peut être présenté comme suit :

(P_1) Soient $h,g \in H$, $h \leqslant g$. Existe-t-il deux C-fonctions f et f' suffisamment mesurables, telles que l'on ait

$$h \leqslant f-f' \leqslant g \quad \text{et} \quad f = R(h+f'),\ f' = R(f-g)$$

On notera $P_1(h,g)$ le problème correspondant à la donnée de (h,g).

<u>THEOREME 1</u> : *On suppose qu'il existe deux C-fonctions p et q telles que $h \leqslant p-q \leqslant g$. Le problème $P_1(h,g)$ possède alors une solution à l'aide de C-fonctions boréliennes.*

<u>Démonstration</u> : On reprend la méthode de BISMUT [1].

On définit par récurrence deux suites (f_n), (f'_n) comme suit

$$f_o = Rh\ ,\quad f'_o = R(f_o-g)$$

puis
$$f_{n+1} = R(h+f'_n)\ ,\quad f'_{n+1} = R(f_n-g).$$

a) les suite (f_n) et (f'_n) sont croissantes, parce que l'opérateur de réduite est croissant.

b) pour tout n, on a $f_n \leq p$ et $f'_n \leq q$. On le démontre par récurrence. En effet; on a $f_o = Rh \leq p$ et

$$f'_o = R(Rh-g) \leq R^*(p-g) \leq q$$

Supposons qu'on ait pour un certain n, $f_n \leq p$, $f'_n \leq q$. On obtient alors au rang n+1 :

$$f_{n+1} = R(h+f'_n) \leq R^*(h+q) \leq p \text{ et } f'_{n+1} = R(f_n-g) \leq R^*(p-g) \leq q$$

Posons maintenant $f = \sup f_n$, $f' = \sup f'_n$; par passage à la limite, on aura :

$$f = R(h+f') \quad \text{et} \quad f' = R(f-g)$$

On a les inégalités

$$h+f' \leq f \quad \text{et} \quad f-q \leq f' \quad \text{d'où l'on tire} \quad h \leq f-f' \leq g \ .$$

Dans la suite nous appellerons <u>solution minimale</u>, la solution ainsi obtenue.

<u>Remarque</u>. Considérons l'ensemble Γ supposé non vide des couples (p,q) de C-fonctions tels que $h \leq p-q \leq g$.

Pour (p',q'), (p",q") appartenant à Γ, le couple

$$\begin{cases} p = \inf p',p" \\ q = \inf q',q" \end{cases} \quad \text{est encore dans } \Gamma.$$

La solution (f,f') fournie par le théorème précédent est encore optimale en ce sens que $(f,f') = \inf \Gamma$.

<u>THEOREME 2</u>. *On suppose qu'il existe deux C-fonctions semi-continues supérieurement p et q telles que $h \leq p-q \leq g$; le problème (P_1) possède alors une solution formée par un couple de C-fonctions semi-continues supérieurement.*

<u>Démonstration :</u> Considérons l'ensemble G des couples (u,u') de C-fonctions s.c.s. tels que $h \leqslant u-u' \leqslant g$. L'ensemble G est stable par enveloppe inférieure au sens de la remarque précédente. Posons alors

$$v = \inf \{u \mid \exists (u,u') \in G\}$$
$$v' = \inf \{u' \mid \exists (u,u') \in G\}$$

On a encore $h \leqslant v-v' \leqslant g$.

Soit $w = R(h+v')$; c'est une C-fonction s.c.s. et l'on a $h+v' \leqslant w \leqslant v$, d'où $h \leqslant w-v' \leqslant g$.

Comme v est minimal, on doit avoir $v = w = R(h+v')$; on montrerait de même que $v' = R(v-g)$.

Nous verrons plus loin sous quelles conditions les solutions fournies par les théorèmes précédents coincīdent.

Le résultat suivant est encore une adaptation du Th. III.3 de [1].

<u>LEMME 3 :</u> *Soient $h \leqslant g$ des fonctions mesurables et soient p et q des C-fonctions mesurables telles que $h \leqslant p-q \leqslant g$. Pour tout $x \in X$ et $\mu,\nu \in \mathcal{M}_C^+(X)$, telle que $\mu \prec \nu$ et $\nu \prec \mu+\varepsilon_x$ on a $\int h d\nu - \int g d\mu \leqslant p(x)$.*

<u>Démonstration :</u>

$$\int h d\nu \leqslant \int (p-q) d\nu \leqslant \int (-q) d\nu + \int p d\mu + p(x)$$
$$\int -g d\mu \leqslant \int (q-p) d\mu \leqslant \int q d\nu + \int (-p) d\mu .$$
$$\int h d\nu - \int g d\mu \leqslant p(x).$$

<u>THEOREME 4 :</u> *La solution minimale (f,f') pour le couple (h,g) vérifie pour tout $x \in X$, les relations*

$$f(x) = \sup \{\int h d\nu - \int g d\mu \mid \mu,\nu \in \mathcal{M}^+(C),\ 0 \prec \nu-\mu \prec \varepsilon_x\}$$
$$f'(x) = \sup \{\int h d\nu - \int g d\nu \mid \mu,\nu \in \mathcal{M}_C^+ ,\ C \prec \nu-\mu \prec \varepsilon_x\}$$

Démonstration : Commençons par remarquer que pour toute $\mu \in \mathcal{M}_C^+(X)$, l'ensemble $A_\mu = \{\nu \in \mathcal{M}^+(X) \mid \nu \prec \mu\}$ est compact pour la topologie $\sigma(\mathcal{M}_C^+(X), H)$ et que tout élément de H y atteint sa borne supérieure. Fixons $x \in X$. Pour tout n, il existe alors deux suites $(\nu_1, \ldots, \nu_{n+1})$ $(\mu_1, \mu_2, \ldots, \mu_n)$ telles que $\varepsilon_x \succ \nu_i \succ \mu_i \succ \nu_{i+1}$ pour tout $i \leqslant n$ et telles que

$$f_n(x) = \int (h+f'_{n-1})\,d\nu_1.$$

$$\int f'_{n-1}\,d\nu_1 = \int (f_{n-1}-g)\,d\mu_1$$

$$\text{----------}$$

$$\int f'_{n-p}\,d\nu_p = \int (f_{n-p}-g)\,d\mu_p$$

$$\int f_{n-p}\,d\mu_p = \int (h+f'_{n-p-1})\,d\nu_{p+1}$$

$$\text{----------}$$

$$\int f'_o\,d\nu_n = \int (f_o-g)\,d\mu_n$$

$$\int f_o\,d\mu_n = \int h\,d\nu_{n+1}$$

En additionnant membre à membre, et en posant $\nu = \sum_{i=1}^{n+1} \nu_i$, $\mu = \sum_{i=1}^{n} \mu_i$ on obtient

$$f_n(x) = \int h\,d\nu - \int g\,d\mu$$

On a $\nu \succ \mu$ et $\nu - \nu_1 \prec \mu$

d'où l'on tire $0 \prec \nu-\mu \prec \nu_1 \prec \varepsilon_x$.

Comme $f = \sup f_n$, on obtient bien la formule annoncée. Pour f', il suffit de considérer le couple (-g,-h) au lieu du couple (h,g). On définit la condition supplémentaire suivante, dite de continuité de la réduite:

(CR): Pour toute $\varphi \in H$, $R\varphi$ est continue.

Comme C est adapté, il suffit d'ailleurs de supposer que pour toute $\varphi \in \mathcal{C}_K(X)$, $R\varphi$ est continue.

On suppose que C vérifie (CR).

THEOREME 6 : *Soient $h,g \in H$, $h \leq g$. On suppose qu'il existe deux C-fonctions semi-continues supérieurement p,q et $v_0 \in C$ telles que $p+q \leq v_0$, v_0 strictement positif, et telles que pour un $\alpha > 0$ convenable $h+\alpha v_0 \leq p-q \leq g-\alpha v_0$. Dans ces conditions la solution minimale du problème P_1 pour le couple (h,g) est un couple de C-fonctions continues.*

Démonstration : Remarquons d'abord que sous l'hypothèse (CR) les deux suite (f_n) et (f'_n) utilisées pour le théorème n°1 sont composées de fonctions continues, la solution minimale de P_1 est donc un couple de C-fonctions semi-continues inférieurement.

1er cas : l'espace X est compact.

Pour tout $r \in]-\alpha, +\alpha[$, on désigne par (f_r, f'_r) la solution minimale de P_1 pour le couple $(h-rv_0, g+rv_0)$; de même on désigne par (u_r, u'_r), l'enveloppe inférieure des couples de C-fonctions semi-continues supérieurement qui sont solutions de P_1 pour $(h-rv_0, g+rv_0)$ et l'on a toujours $u_r \geq f_r$, $u'_r \geq f'_r$.

a) pour tout $x \in X$, les applications
$r \to u_r(x)$ et $r \to f_r(x)$ sont convexes et décroissantes sur $]-\alpha, +\alpha[$, donc continues. Vérification immédiate.

b) si $r' > r$, on a $u'_r \leq f_r$ (et bien sûr $f_r \leq u_r$).

Ce point est plus délicat et crucial puisqu'il va impliquer que $u_r = f_r$ pour tout $r \in]-\alpha, +\alpha[$. On sait qu'il existe deux suites croissantes de C-fonctions continues (f_n) et (f'_n) (sous l'hypothèse CR) telles que $f_r = \sup f_n$, $f'_r = \sup f'_n$. Malheureusement on ne peut en déduire que pour n assez grand, on aura

$$h-r'v_0 \leq f_n-f'_n \leq g+r'v_0$$

Considérons alors l'ensemble G des couples (u,v) de C-fonctions continues tels que $u \leq f_r$, $v \leq f'_r$. L'ensemble $B = \{u-v \mid (u,v) \in G\}$

est convexe de même que l'ensemble $D = \{t \in \mathscr{C}(X) \mid h-rv_o \leq t \leq g+rv_o\}$ et la fonction $(f_r - f'_r)$ est dans l'adhérence faible de B et dans l'adhérence faible de D dans le bidual $(\mathscr{C}(X))''$ de $\mathscr{C}(X)$.

Il en résulte que pour tout $\varepsilon > 0$, il existe $t \in D$ et $s \in B$ tels que $\| s-t \| < \varepsilon$. Sinon on pourrait trouver des voisinages convexes ouverts disjoints de B et D dans $\mathscr{C}(X)$, ce qui impliquerait, d'après le théorème de Hahn-Banach, que les adhérences faibles de B et D dans $(\mathscr{C}(X))''$ soient disjointes, contrairement à l'hypothèse.

Comme on a supposé v_o strictement positif, donc $\inf v_o > 0$, on peut trouver $s = u-v \in B$, $(u,v) \in G$ et $t \in D$ tels que $|s-t| < (r'-r)v_o$, ce qui donne, comme $t \in D$,

$$h-r'v_o < u-v < g+r'v_o$$

Par suite on a $u \geq u'_r$ et $v \geq u'_r$, ce qui implique $u'_r \leq f_r$. En tenant compte des points a, b, ci-dessus, on en déduit bien que $u_r = f_r$ pour tout $r \in]-\frac{\alpha}{2}, +\frac{\alpha}{2}[$ et donc que f_r est continue.

<u>2ème cas.</u> l'espace X est seulement localement compact.

La méthode va consister à remplacer (h,g) par un couple (h',g') donnant la même solution minimale puis à faire une compactification convenable de X.

Quitte à remplacer le cône C par le cône $\frac{1}{v_o}$ C, on peut supposer que $v_o = 1$.

Les deux suites (f_n), (f'_n) de C-fonctions qui fournissent la solution minimale vérifiaient $f_o = Rh$, $f'_o = R(f_o - g)$

$$f_{n+1} = R(h+f'_n) \quad , \quad f'_{n+1} = R(f_{n+1}-g)$$

et $f_n \leq p \leq v_o$, $f'_n \leq q \leq v_o$ pour tout n.

Il en résulte qu'en posant $h' = \sup(h,-2v_o)$, $g' = \inf(g,2v_o)$ le couple (h',g') définira les mêmes suites (f_n) et (f'_n) et donc fournira la même solution minimale.

On suppose désormais que $v_o = 1 \in C$.
Considérons le cône C_o des C-fonctions continues bornées; c'est un cône convexe inf-stable fermé pour la convergence uniforme et pour toute fonction continue bornée φ,
$R\varphi \in C_o$ et $R\varphi = \inf \{v \in C_o | v \geq \varphi\}$.
Soient alors $\overline{X}$ le compactifié de Stone-Čech de X et $\overline{C_o}$ l'ensemble des prolongements à $\overline{X}$ des éléments de C_o. Le nouveau cône $\overline{C_o}$ est toujours convexe, inf-stable, de plus il vérifie la propriété de continuité de la réduite (C.R.) relativement à l'espace $\overline{X}$.

En effet, soit $g \in \mathscr{C}(\overline{X})$ et posons $u = R(g_{|X})$; la fonction $u \in C_o$ et son prolongement par continuité $\overline{u}$ à $\overline{X}$ est dans $\overline{C_o}$, par conséquent pour toute $v \in \overline{C_o}$, $v \geq g$, on a $v \geq g_{|X}$, donc $v \geq \overline{u}$ et par suite $\overline{u} = Rg$ (au sens du cône $\overline{C_o}$). Revenons alors au système h',g',p,q,α avec $p,q \in C_o, p,q \leq 1$ et $h'+\alpha \leq p-q \leq g'-\alpha$ et considérons, relativement à $(\overline{X},\overline{C_o})$ la solution minimale du problème P_1 pour le couple $(\overline{h'},\overline{g'})$ des prolongements par continuité à $\overline{X}$ de h' et g'. C'est un couple (f,f') de $\overline{C_o}$-fonctions continues, donc en fait d'éléments de $\overline{C_o}$, et le couple $(f_{|X}, f'_{|X})$ est la solution minimale du problème P_1, relativement à (X,C) pour le couple (h,g).

Le théorème est donc démontré en toute généralité pour X localement compact.

II. APPLICATIONS A LA THEORIE DU POTENTIEL

En théorie du Potentiel les cônes de potentiels vérifient naturellement l'hypothèse (C.R) de continuité de la réduite.

C'est pratiquement immédiat à vérifier en théorie locale du potentiel dès qu'un axiome de convergence est vérifié comme dans le cas des théories de Brelot, Bauer, Constantinescu-Cornéa, ce qui englobe dans le cas classique les faisceaux de fonctions surharmoniques associés à des opérateurs elliptiques ou paraboliques assez réguliers.

Le résultat suivant est moins connu :

THEOREME 7 : *Soit X un espace localement compact $V = \int_0^\infty P_t dt$ un noyau de Hunt borné, intégrale d'un semi-groupe fortement continu sur $\mathcal{C}_0(X)$. Le cône C des fonctions excessives continues, majorées par un potentiel, est adapté et vérifie la propriété de continuité de la réduite.*

(Par potentiel, on entend ici une fonction excessive v sur X telle que $\inf \{R_v^{\complement K} \mid K \text{ compact} \subset X\} = 0$.)

Exemple d'application, sous les hypothèses du théorème ci-dessus.

On désigne par (V_λ) la résolvante de (P_t).

THEOREME 8: *Soit $h \in \mathcal{E}(X)$ une fonction bornée telle que $\lim_{\lambda \to \infty} \|\lambda V_\lambda h - h\| = 0$ et $g \in \mathcal{E}(X)$ telle que $h + \varepsilon \leq g$. Le problème (P_1) possède une solution pour le couple (h,g). Si de plus 1 est un potentiel, la solution minimale est un couple de potentiels continus bornés.*

Démonstration : Pour λ assez grand on a

$$\|\lambda V_\lambda h - h\| < \frac{\varepsilon}{2} \quad \text{et} \quad \lambda V_\lambda h = V(\lambda(h - \lambda V_\lambda h))$$

est différence de deux potentiels bornés p et q. On aura alors $h \leq p-q+\frac{\varepsilon}{2} \leq g$, ce qui implique l'existence d'une solution de P_1, puisque $p+\frac{\varepsilon}{2}$ et q sont des C-fonctions. Si on suppose de plus que 1 est un potentiel sur X, alors pour toute fonction continue bornée u sur X, Ru est un potentiel continu. Il en résulte que la solution minimale est un couple de potentiels continus, d'après le théorème n°6.

En restant dans le même cadre de théorie du potentiel on va maintenant voir un nouveau moyen de définir la fonction (f-f'), où (f,f') est une solution minimale, ce qui permettra de mieux voir ce qui se passe lorsqu'on fait varier les données (h,g).

D'abord quelques rappels et notations.

Pour toute f , fonction mesurable bornée sur X, on définit Af par

$$A\,f(x) = \limsup_{\omega \to x} \frac{f(x) - H^{\omega}(f)(x)}{V1(x) - H^{\omega}V1(x)}$$

où les ω sont ouverts, H^{ω} est le noyau de réduction sur ω . L'opérateur A est presque dérivant* (cf [8]) pour la résolvante (V_{λ}). Pour une fonction s.c.s. u sur X, majorée par un potentiel, positive en un point au moins, la fonction Ru n'est pas nulle, l'ensemble $\{u = Ru\} = B$ n'est pas vide, et si H^B désigne le noyau de réduction sur B, on a l'identité $Ru = H^B Ru$. De plus on a $A(Ru)(x) = 0$ pour tout $x \notin \overline{B}$ et il existe $x \in \{u = Ru\} \cap \{u > 0\}$ tel que

$$A(-u)(x) < 0 \quad \text{si} \quad Ru \neq 0 .$$

Soient h,g des fonction continues, majorées en module par un potentiel, tel qu'il existe deux potentiels p,q avec $h \leq p-q \leq g$ et $g(x) > h(x)$ pour tout $x \in X$. On désigne par (f,f') la solution minimale de P_1 solution qu'on suppose continue.

La propriété suivante a été remarquée par ANCONA dans un cas particulier; la démonstration qui suit est établie pour le cas

---

* Appelé "presque positif" dans [8].

général .

<u>LEMME 9</u> : *Soit* v *une fonction continue sur* X, $v \geq h$, *telle que* $Av(x) \geq 0$ *si* $v(x) < g(x)$. *Alors on a nécessairement* $v \geq f-f'$.

<u>Démonstration</u> : Commençons par remarquer que pour $u = f-f'$ on a bien $A(u)(x) \geq 0$ si $u(x) < g(x)$. En effet, on a $f' = R(f-g)$ et par conséquent $Af'(x) = 0$ pour tout x tel que $f'(x) > (f-g)(x)$, c'est à dire que $u(x) < g(x)$. En effet, on a $f = u+f'$ et comme A est sous-additif $0 \leq Af \leq Au+Af'$. De même on aura $Au(x) \leq 0$ pour tout x tel que $u(x) > h(x)$.

On va montrer que $v \geq u$ en prouvant que $R(u-v) = 0$. Supposons $s = R(u-v)$ non nul.
Dans l'ensemble $\{s = u-v\} \cap \{u > v\}$ il existe x tel que $A(-s)(x) < 0$.

On a aussi en ce point, $A(u-s)(x) \geq A(v)(x)$

puisque A est presque dérivant et que $u-s \leq v$ et $(u-s)(x) = v(x)$; on a donc $Av(x) \leq Au(x) + A(-s)(x)$. Mais on a aussi

$$g(x) \geq u(x) > v(x) \geq h(x)$$

donc

$$Au(x) \leq 0 \quad \text{et} \quad A(v)(x) \geq 0.$$

Comme on a pris $x \in \{s = u-v\} \cap \{u > v\}$ tel que $-A(-s)(x) > 0$ on devrait avoir $Av(x) < 0$ d'où une contradiction.

Finalement on a bien $v \geq u$.

<u>Remarque 10</u> : L'ensemble $E(h,g)$ des fonctions continues $v \geq h$ telles que $Av(x) \geq 0$ si $v(x) < g(x)$ est stable par enveloppe inférieure, car l'opérateur A est presque dérivant.

Ceci nous conduit à poser, pour un couple (h,g) de fonctions continues, avec $h \leq g$,

$$B(h,g) = \inf \{v | v \in E(h,g)\}$$

Si le problème $P_1(h,g)$ possède une solution minimale (f,f') continue, alors on a aussi

$$B(h,g) = -B(-g,-h)$$

Nous allons voir que cette propriété reste vraie indépendamment de l'existence d'une solution de $P_1(h,g)$.

LEMME 11 : *Soit $u \in C$; on a toujours*

$$|B(h,g) - B(h,g+u)| \leq u$$

et de même

$$|B(h-u,g) - B(h,g)| \leq u.$$

Démonstration : On a toujours $B(h,g) \leq B(h,g+u)$, d'autre part si $v = B(h,g)+u$, on a bien $A(v)(x) \geq 0$ si $v(x) < (g+u)(x)$, qui équivaut à $B(h,g)(x) < g(x)$. Par conséquent $v \in E(h,g+u)$ d'où $B(h,g+u) \leq B(h,g)+u$.

THEOREME 12. *Pour tout couple (h,g) de fonctions continues sur X, majorée en module par un potentiel la fonction $B(h,g)$ est continue et l'on a*

$$B(h,g) = -B(-g,-h)$$

Démonstration : Soient $u, u' \in C$ tel que $|h|+|g| \in o(u')$ et $u' \in o(u)$ pour tout $\varepsilon > 0$, il existe alors deux potentiels continus p,q tels que

$$h-\varepsilon u \leq p-q \leq g+\varepsilon u.$$

On en déduit que pour tout $\varepsilon > 0$,

$$B(h-\varepsilon u, g+\varepsilon u) = -B(-g-\varepsilon u, -h+\varepsilon u)$$

est continue. D'après le lemme précédent, on a

$$|B(h-\varepsilon u,\ g+\varepsilon u) - B(h,g)| \leqslant 2\varepsilon u$$

$$|B(-g-\varepsilon u,\ -h+\varepsilon u) - B(-g,-h)| \leqslant 2\varepsilon u$$

On fait alors tendre ε vers 0, ce qui démontre le théorème. Plusieurs voies s'offrent pour étendre l'opérateur B à des couples de fonctions (h,g) qui ne sont plus nécessairement continues.

On peut par exemple remarquer que B est un opérateur croissant par rapport à la première variable.

Nous allons préciser le comportement des suites (f_n), (f'_n) qui permettent d'approcher la solution minimale du problème P_1.

Rappelons d'abord la propriété fondamentale du cône C des potentiels, dite propriété de réduite.

(R) Pour tout couple u,v d'éléments de C,

$R(u-v) = \inf\{w \in C \mid w \geqslant u-v\}$ appartient à C de même que $u-R(u-v)$.

Si on note $\prec$ la relation d'ordre définie par C, aussi appelé ordre spécifique, on peut écrire $0 \prec R(u-v) \prec u$.

P.A. Meyer a montré [4] qu'on peut étendre cette propriété comme suit :

(R') Soient f une fonction continue, $p \in C$, alors on a toujours $0 \prec R(f) \prec R(f+p)$. Par des procédés standards de prolongement de l'opérateur R aux fonctions boréliennes, et en remplaçant C par le cône C^* des C-fonctions, on a encore la relation (R') pour f et p à sous-graphe analytique, $p \in C^*$.

Pour énoncer le théorème suivant, on fixe h,g continues, $h \leqslant g$, avec $|h|+|g| \leqslant p$, $p \in C$ et on définit les suites (f_n), (f'_n) :

$$f_o = Rh,\quad f'_o = R(f_o-g),\quad f_{n+1} = R(h+f'_n),\quad f'_n = R(f_n-g).$$

<u>THEOREME 13</u>. *1) Les suites (f_n), (f'_n) sont croissantes pour l'ordre spécifique de C.*

2) la suite de terme général

$$u_n = f_{n+1} - f'_n \quad (\textit{resp } v_n = f_n - f'_n)$$

est décroissante (resp croissante)

3) pour tout n, f_n *et* f'_n *sont étrangers.*

<u>Démonstration :</u> Le point 1 se démontre par récurrence. Supposons que la suite (f_n) soit spécifiquement croissante jusqu'à l'ordre n. On a alors

$$f_{n-1} \prec f_n \quad \text{d'où} \quad R(f_{n-1}-g) \prec R(f_n-g),$$

C'est à dire $$f'_{n-1} \prec f'_n$$

On en tire $$R(h+f'_{n-1}) \prec R(h+f'_n),$$

C'est à dire $$f_n \prec f_{n+1} .$$

On raisonne de même pour la suite (f'_n).

2) posons $q = f'_n - f'_{n-1}$ et $w = h + f'_{n-1}$. On a toujours $R(w+q) - R(w) \leq q$, ce qui donne

$$f_{n+1}-f_n = R(f'_n+h) - R(f'_{n-1}+h) \leq f'_n-f'_{n-1}$$

d'où l'on tire

$$u_n = f_{n+1}-f'_n \leq f_n-f'_{n-1} = u_n-1$$

De même, on aura

$$f'_{n+1}-f'_n = R(f_{n+1}-g) - R(f_n-g) \leq f_{n+1}-f_n$$

d'où l'on tire

$$fv_n = f_n-f'_n \leq f_{n+1}-f'_{n+1} = v_{n+1}$$

3) Rappelons que pour toute u continue, majorée par un potentiel on a $Ru = R_{Ru}^{\{u=Ru\}}$ ou encore, $Ru = H^{\{u=Ru\}}Ru$ où $H^{\{u=Ru\}}$ désigne le noyau de réduction sur $\{u = Ru\}$.

Le potentiel $f_n = R(h-f'_{n+1})$ est porté par $A_n = \{f_n = f'_{n-1}+h\}$

de même $f'_{n-1} = R(f_{n-1}-g)$ est porté par $B_n = \{f'_{n-1} = f_{n-1}-g\}$

Posons $w_n = f_n - f_{n-1}$, on a alors $w_n(x) = 0$ si $x \in A_n \cap B_n$; en effet, on a alors

$$w_n(x) = (f_n - f_{n-1})(x) = h(x)-g(x) \leq 0.$$

Soit $p \in C$, strictement positif, on a

$$w_n = \sup_{\varepsilon} R(w_n - \varepsilon p) \quad \text{(sup au sens de l'ordre spécifique)}$$

et l'ensemble $\{w_n - \varepsilon p = R(w_n - \varepsilon p)\}$ est disjoint de B_n, par conséquent $R(w_n-\varepsilon p)$ est étranger à f'_{n-1} qui est porté par B_n, et w_n est étranger à f'_{n-1}.

De la même façon, on montrerait que $f'_n - f'_{n-1} = s_n$ est étranger à f_{n-1}; on vérifie facilement que f_o et f'_o sont étrangers et par conséquent f_n et f'_n sont étrangers pour tout n.

<u>Remarque :</u> Supposons que h et g soient seulement boréliennes. Les deux suites (f_n) et (f'_n) construites à partir de h et g sont des C-fonctions à sous-graphe analytique qui vérifient encore les conditions 1 et 2 du théorème 13. Cela se vérifie aisément pour h s.c.s et g.s.c.i et dans le cas général par un argument de capacitabilité [2] et [6].

<u>*COROLLAIRE 14 :*</u> *Supposons qu'il existe des fonctions excessives* s,t,g,r *telles que* $h = s-t$, $g = q-r$. *Pour tout* n, *on a alors* $f_n \prec s$, $f'_n \prec r$.

<u>Démonstration immédiate.</u>

<u>Remarque :</u> La fonction $u_n = f_{n+1} - f'_n$ vérifie la condition $Au_n(x) \geq 0$ si $u_n(x) < g(x)$. En effet, on a $f'_n = R(f_n-g)$ et si $u_n(x) < g(x)$ ceci implique $(f_n-f'_n)(x) \leq g(x)$, ou $f'_n(x) > (f_n-g)(x)$ et ceci implique $A(f'_n)(x) = 0$ et par suite $Au_n(x) \geq 0$.

De même on montrerait que $v_n = f_n - f'_n$ vérifie la condition

$Av_n(x) \leq 0$ si $v_n(x) > h(x)$.

COROLLAIRE 15 : *Si on suppose que $h(x) < g(x)$ pour tout x, alors les suites de terme général $u_n = f_{n+1}-f'_n$ et $v_n = f_n - f'_n$ convergent vers $B(h,g)$.*

Démonstration : Posons $A_1 = \{h = B(h,g)\}$, $A_2 = \{g = B(h,g)\}$. On a deux fermés disjoints et par conséquent pour tout potentiel continu q, $\inf_n (R^{A_1} R^{A_2})^n q = 0$.

Posons alors $s_n = f_{n+1}-f_n$, $t_n = f'_{n+1}-f'_n$. On a vu que $t_{n+1} \leq s_n \leq t_n$ et pour tout n, f_{n+1} est porté par $\{f_{n+1} = h+f'_n\} = A_1^n$ et comme $f_{n+1}-f'_n \geq B(h,g)$, $A_1^n \subset A_1$; de même f'_n est porté par $\{f'_n = f_n - g\} \subset A_2$. Si on suppose que h et g sont majorés par un potentiel q, alors on a $f_1 - f_o \leq 4q$.

Posons $p = \inf s_n = \inf t_n$.

Pour tout n, $s_n = R^{A_1} s_n$, $t_n = R^{A_2} t_n$, on a donc $p = R^{A_1} p = R^{A_2} p$ et comme $p \leq 4q$ ceci implique $p = 0$, autrement dit $\inf_n (f_{n+1}-f_n) = 0$ par suite $\sup(f_n - f'_n) = B(h,g) = \inf(f_{n+1}-f'_n)$.

Convenons dans tous les cas de poser

$$\overline{B}(h,g) = \inf (f_{n+1}-f'_n)$$

$$\underline{B}(h,g) = \sup (f_n - f'_n)$$

les suites (f_n) et (f'_n) étant construites à partir de h et g comme dans le théorème 1.

Ceci nous conduit à poser le problème suivant pour h et g boréliennes, $h \leq g$.

$P_2(h,g)$: a-t-on l'égalité $\overline{B}(h,g) = \underline{B}(h,g)$

THEOREME 16 : *On suppose que h et g sont boréliennes sur X et qu'il existe des fonctions continues u,v telles que*

$$h(x) \leq u(x) < v(x) \leq g(x) \quad \textit{pour tout } x.$$

On suppose de plus qu'il existe des C-fonctions localement bornées p, q *telles que* $h \leq p-q \leq g$.

Dans ces conditions $P_1(h,g)$ *possède une seule solution universellement mesurable localement bornée qui est la solution minimale.*

Nous admettrons le résultat suivant

LEMME 17 : *Le cône des* C^**-fonctions universellement mesurables localement bornées est un cône de potentiels sur* X. [3] [9]

Démonstration : Rappelons que le cône C est adapté.

Considérons le complété Ω de X pour la structure uniforme la moins fine rendant uniformément continues les éléments de C qui sont majorés par des éléments de C^*. Montrons que Ω est localement compact.

Soient $q_o, q_1 \in C$, avec $q_o \in o(q_1)$, et tel que pour toute $\varphi \in \mathcal{C}_K(X)$, il existe une suite : $s_n = (s_n^1 - s_n^2)$ $(s_n^1) \subset C$, $(s_n^2) \subset C$, $s_n^i \leq \lambda_n^i\, q_o$ pour un λ_n^i convenable et

$$|\varphi - (s_n^1 - s_n^2)| < n^{-1} q_1 .$$

Posons $C^*_{q_1} = \{v \in C^* - C^* \mid |v| \leq q_1\}$ et compactifions X par rapport à la famille $\frac{1}{q_1} C^*_{q_1}$. On obtient ainsi un compact Ω_1, l'espace Ω est alors isomorphe à $\Omega_1 - \{q_o \cdot q_1^{-1} = 0\}$.

On obtient ainsi un couple $(\Omega, \mathcal{S})$ où $\mathcal{S}$ est l'ensemble des prolongements par continuité des éléments de C^*, qui est donc un cône de potentiels adapté. On désignera par Π l'application continue propre et surjective de Ω sur X.

Posons $\tilde{h} = \inf(\bar{s} - \bar{t})$ avec $s - t \geq h$ $s, t \in C^*$, $\bar{s}$, $\bar{t}$ désignant les prolongement par continuité de s et t à Ω.

Pour tout $t \in C$, on a ${}^{C}\overline{R(h+t)} = {}^{\mathcal{S}}R(\tilde{h}+\bar{t})$ (réduite dans Ω)

En effet la fonction $\tilde{h} + \bar{t}$ est s.c.s sur Ω , on a donc

$$\mathcal{S}_R(\tilde{h}+\bar{t}) = \inf \{\bar{s} \in \mathcal{S}, \bar{s} \geq \check{h}+\bar{t}\}.$$
$$= \inf \{\bar{s} \in \mathcal{S}, s \geq h+t\} = \overline{R(h+t)}$$

On définit de même $\tilde{g}$.

On remarquera que l'on a $\tilde{h} < u_\circ\Pi < v_\circ\Pi < g$.

Soient alors (s,s'), (f,f') deux solutions continues sur Ω de $P_1(\tilde{h},\tilde{g})$. On a donc

$$R(\tilde{h}+f') = f \qquad R(f-\tilde{g}) = f'$$
$$R(\tilde{h}+s') = s \qquad R(s-\tilde{g}) = s'$$

Posons

$$A = \{f = \tilde{h}+f'\} \qquad E = \{s = \tilde{h}+s'\}$$
$$B = \{f' = f-\tilde{g}\} \qquad D = \{s' = s-\tilde{g}\}$$

et posons $w = (f-f')-(s-s')$; les ensembles A,B,E,D sont alors fermés. On sait que Rw est porté par l'ensemble $K = \{w > 0\} = \{f-f' > s-s'\}$ et K est disjoint de A qui porte f et de D qui porte s'. Pour tout $\varepsilon > 0$, $R(w - \varepsilon q_1)$ est porté par le compact $H = \{w-\varepsilon q_1 = R(w-\varepsilon q_1)\} \subset K$. D'autre part, en raison de la propriété de réduite, on a toujours $R(w-\varepsilon q_1) \prec f+s'$ et $f+s'$ est porté par $A \cup D$ on doit donc avoir pour $r = R(w-\varepsilon q_1)$, $r = R^H r = R^{A\cup D} r$ ce qui implique $r = 0$, et par suite $w = 0$. En changeant les rôles de $(s-s')$ et $(f-f')$ on en déduit que $s-s' = f-f'$. Supposons par exemple que (f,f') est la solution minimale de $P_1(\tilde{h},\tilde{g})$. Comme f et f' sont étrangers, ceci entraine $s \succ f$, $s' \succ f'$. Posons $r = s-f = s'-f'$.

On a l'égalité,

$$\{\tilde{h}+f'+r = R(\tilde{h}+f'+r)\} = \{\tilde{h}+f'+r = f+r\} = \{\tilde{h}+f' = f\} = A = E$$

de même $B = D$.

Comme $s = f+r$ est porté par A, r est porté par A, de même $s' = f'+r$ est porté par B, et r est porté par B.

Comme on a supposé $\tilde{h} \leq u \circ \Pi < v \circ \Pi \leq \tilde{g}$, les ensembles fermés A et B sont disjoints, ce qui entraine que $r = 0$.

Au passage, on remarquera, que pour montrer l'égalité $s-s' = f-f'$ on a seulement utilisé le fait que $\tilde{h} \leq \tilde{g}$. Ceci est automatiquement réalisé dès qu'on connait l'existence d'un couple p,q de C-fonctions mesurables localement bornées telles que $h \leq p-q \leq g$.

<u>COROLLAIRE 18</u> : *On suppose que h est s.c.s , g est s.c.i et que $h(x) < g(x)$ pour tout x et qu'il existe deux C-fonctions s.c.s p et q, majorés par des potentiels telles que $h \leq p-q \leq g$. La solution minimale de $P_1(h,g)$ est un couple de C-fonctions s.c.s.*

<u>Démonstration</u> : Considérons l'ensemble G des couples v,v' de C-fonctions s.c.s telles que $h \leq v-v' \leq g$ et posons

$$u = \inf \{v \mid (v,v') \in G\}$$
$$u' = \inf \{v' \mid (v,v') \in G\}$$

alors (u,u') est une solution de $P_1(h,g)$ et $u \leq p$ $u' \leq q$; d'après le théorème précédent (u,u') est alors la solution minimale.

Note : GUILLERME a obtenu indépendamment des résultats du même type que ceux de cet article dans un cadre de théorie axiomatique locale du potentiel.

B I B L I O G R A P H I E

[1] BISMUT J.M.
Sur un problème de Dynkin.
Zeit. für Warscheinlichskeitstheorie 1977 n°39

[2] DELLACHERIE C.
Ensembles analytiques. Capacités, Mesures de Haussdorf.
Lecture Notes n°295 - Springer-Verlag.

3 MERTENS J.
Stongly supermedian functions and optimal stopping.
Zeit. für Warscheinlichskeitstheorie 1973.

[4] MEYER P.A.
Deux petits résultats de théorie du potentiel.
Séminaire de probabilités. Strasbourg n°5 Lect.Notes 191
Springer-Verlag

[5] MOKOBODZKI G.
Cônes de fonctions et théorie du potentiel I et II.
Séminaire Brelot-Choquet-Deny. Théorie du Potentiel
1966-1967.

[6] MOKOBODZKI G.
Capacités fonctionnelles.
Séminaire Choquet. Initiation à l'Analyse 1966-1967.

7 MOKOBODZKI G.
Structure des cônes de Potentiels.
Séminaire Bourbaki 1969-1970. n°377.

[8] MOKOBODZKI G.
"Densité relative de deux potentiels comparables." et
"Quelques propriétés remarquables des opérateurs presque positifs."
Séminaire de Probabilités . Strasbourg n°IV
Lecture Notes n°124. Springer-Verlag.

[9] MOKOBODZKI G.
Approximation des noyaux subordonnés fortement surmédians.
à paraître.

G.MOKOBODZKI
EQUIPE D'ANALYSE - ERA 294
Université Paris 6 - Tour 46
4 Place Jussieu
75005 - PARIS

ESPACES RETICULES ET ALGEBRE DE FONCTIONS STABLES

PAR COMPOSITION AVEC LES FONCTIONS C^2

par Gabriel MOKOBODZKI

Le but de cette note est d'exposer des propriétés de stabilité de certains espaces vectoriels réticulés engendrés par des cônes inf-stables vis-à-vis de la composition avec des fonctions de classe C^2 de $\mathbb{R}^n$ dans $\mathbb{R}$.

On considère un espace compact X, et $C \subset \mathcal{C}^+(X)$ un cône convexe inf-stable, contenant les constantes et séparant les points de X. La plupart des résultats obtenus seront encore valables pour X localement compact, et C cône convexe adapté.

L'espace $H = C-C$ est dense dans $\mathcal{C}(X)$ et C définit une relation d'ordre (du balayage) sur $\mathcal{M}(X)$

$$(\mu \prec \nu) \iff (\int v d\mu \leq \int v d\nu \quad \forall v \in C)$$

Rappelons le résultat suivant de Choquet-Deny :

<u>*THEOREME 1:*</u> *Pour que $u \in \mathcal{C}(X)$ soit dans $\overline{C}$, il faut et il suffit que l'on ait $\int u d\mu \leq u(x)$ pour tout couple (μ, x) tel que $(\mu \prec \varepsilon_x)$, $\mu \geq 0$.*

<u>*COROLLAIRE 2:*</u> *Pour tous $p,q \in C$, $a \in R^+$, la fonction*

$$w = \int_0^a p \wedge (q+t)dt \quad \text{est dans} \quad \overline{C}.$$

<u>Démonstration</u>: On montre sans peine que w est une fonction continue et vérifie les conditions du théorème précédent.

Nous supposons désormais que C est fermé.

Transmis le 20 décembre 1977.

COROLLAIRE 3: *Pour tout* $u \in H = C - C$, *on a* $u^2 \in H$.

Démonstration : Comme H est réticulé, on peut se ramener au cas $u \geq 0$ et même $u \leq 1$.

L'identité suivante valable pour les réels, s'étend aux fonctions.

LEMME 4: *Si* $0 \leq u \leq 1$, *on a*

$$u^2 = 2\left[u - \int_0^1 u \wedge t \, dt\right]$$

En effet, posons $u = p-q$, avec $p,q \in C$. On a alors $(p-q)\wedge t = p \wedge (q+t) - q$ et par intégration $u^2 = 2\left[(p-q) - (\int_0^1 p \wedge q+t \, dt - q)\right] = 2\left[p - \int_0^1 p \wedge q+t \, dt\right]$ et d'après le corollaire 2

$u^2 \in H$. Fixons désormais $x \in X$ et $\mu \in \mathcal{M}^+(X)$, $\mu \prec \varepsilon_x$, ce qui entraine $\mu(1) \leq 1$. Les opérateurs du type $\varepsilon_x - \mu = A$ ont été étudiés par J.P. Roth [2] qui a montré pour tout $f \in \mathcal{E}(X)$ l'inégalité $Af^2 \leq 2fAf$.

Un calcul plus détaillé permet d'obtenir le résultat suivant :

LEMME 5 : *Pour tout* $f \in \mathcal{E}(X)$, *on a*

$$2fAf - Af^2 - f^2A1 = \int (f(x) - f(y))^2 d\mu(y)$$

Plus généralement, si $u \in \mathcal{E}(X)$,

$$2fAuf - Auf^2 - f^2Au = \int u(y)\left[f(x) - f(y)\right]^2 d\mu(y)$$

La démonstration sera laissée au lecteur.

Si l'on impose la condition $\mu \prec \varepsilon_x$, alors $A1 \geq 0$ et l'on retrouve la propriété de Roth.

De façon générale si $f,g \in \mathcal{E}(X)$, $f \leq g$ et $f(x) = g(x)$ alors $Af \geq Ag$.

THEOREME 6: *Soit* φ *une fonction convexe de classe* C^1 *sur* $\mathbb{R}$, *nulle en 0. Alors pour tout* $f \in \mathcal{E}(X)$, *on a l'inégalité* $A(\varphi \circ f) \leq (\varphi' \circ f)(x) Af$.

<u>Démonstration</u> : Considérons la fonction numérique h sur $\mathbb{R}$
h: $y \to \varphi(y)-\varphi(y_o)-\varphi'(y_o).(y-y_o)$. C'est une fonction qui est ≥ 0 parce que φ est convexe et $h(y_o) = 0$. Posons alors $y_o=f(x)$ et $u=h\circ f$. On aura $u(x)=0$ et par conséquent $Au \leq 0$, ce qui donne $A(\varphi\circ f) - \varphi(y_o)A1 - (\varphi'\circ f)(x).Af + \varphi'(y_o).y_o.A1 \leq 0$.

La relation $h \geq 0$ donne en particulier, puisque $\varphi(0) = 0$,

$$-\varphi(y_o) + \varphi'(y_o).y_o \geq 0 \quad \text{et comme } A1 \geq 0 ,$$

on en déduit $A(\varphi\circ f) \leq (\varphi'\circ f)(x)Af$.

On remarquera que le théorème précédent reste vrai pour φ définie seulement sur un intervalle I de $\mathbb{R}$ et f à valeurs dans I.

<u>COROLLAIRE 7</u>: *Soient U un ouvert de $\mathbb{R}^n$, contenant 0, φ une fonction numérique convexe sur U de classe C^1, nulle en 0.*

Soit $u=(u_1,\ldots,u_n)$ un système de fonctions de $\mathcal{E}(X)$ tel que $u(X) \subset U$. Alors on a l'inégalité

$$A(\varphi\circ u) \leq \sum_{i=1}^{n} \left(\frac{\partial\varphi}{\partial x_i} \circ u\right)(x).Au_i$$

<u>Démonstration</u> : Posons $y_o=u(x)$ et considérons la fonction numérique h sur U définie par

$$h(y)=\varphi(y)-\varphi(y_o)-\Sigma \frac{\partial\varphi i}{\partial x_i} (y^i-y_o^i) \quad \text{où} \quad y=(y^i)$$

La fonction h est alors convexe, positive, nulle en y_o et l'on termine en reprenant la démonstration du théorème 7.

<u>COROLLAIRE 8</u>: *Sous les hypothèses du corollaire 7, si $u_1,\ldots,u_n$ sont dans C alors, $\varphi\circ u \in C-C$.*

<u>Démonstration</u> : Soit K l'enveloppe convexe fermée de u(X) et de 0 et soit $M= \sup\limits_i \left\|\frac{\partial\varphi}{\partial x^i}\right\|_K$.

Posons $w = M.\Sigma u_i$ et $v = w-\varphi\circ u$.

Pour tout A de la forme $(\varepsilon_x-\mu)$, avec $\mu \prec \varepsilon_x$, on a $Av \geq 0$ et d'après le théorème 1, ceci entraîne que $v \in C$, par suite

$\varphi\circ u = v-w \in C-C$.

Remarque : Si on suppose seulement que φ est lipchitzienne de rapport M, ce qui est toujours vérifié à l'intérieur de l'ouvert de définition de φ, et si l'on remplace la différentielle de φ par des formes linéaires définissant des hyperplans touchant le graphe de φ , et en dessous de ce graphe, alors on aura encore l'inégalité

$A(\varphi\circ u) \leqslant \sum_{i=1}^{n} M.Au_i$ pour $u_i \in C$, et la conclusion du corollaire 8 subsistera.

THEOREME 9: Soient U *un ouvert convexe de* $\mathbb{R}^n$ *, contenant 0 ,* φ *une fonction numérique de classe* C^2 *(ou à dérivées lipchitziennes) nulle en 0. Soit* $u=(u_1,\dots,u_n)$ *un système d'éléments de C-C tel que* $u(X) \subset U$.

Alors $\varphi\circ u$ *est dans* C-C .

Démonstration : Considérons la fonction $\varphi_0 : y \to \Sigma y_i^2 = \|y\|^2$ sur $\mathbb{R}^n$. Pour une constante $\lambda > 0$ convenable, la fonction $\varphi + \lambda\varphi_0 = \varphi'$ est convexe et vérifie les conditions du corollaire 7 et le théorème est démontré lorsque les u_i sont dans C.

Si les $u_i \in$ C-C. Posons $u_i = r_i - s_i$ avec r_i, $s_i \in$ C. Considérons T, l'application de $\mathbb{R}^{2n}$ dans $\mathbb{R}^n$ qui a $z=(z_1,\dots,z_{2n})$ fait correspondre $t=(z_1-z_2, z_3-z_4,\dots, z_{2n-1}-z_{2n})$.

Posons $v_{2i+1}=r_i$ $v_{2i+2}=s_i$ pour i=0,1,n-1. On aura alors $\varphi\circ u = \varphi\circ T\,(v_1,\dots,v_{2n})$.

THEOREME 10 : Soient $S \subset C$ *un sous cône convexe héréditaire de C, et* $H_S = S-S$.

L'ensemble A_S *des éléments de* H_S *dont le carré est encore dans* H_S *forme une algèbre stable par composition avec les fonctions de classe* C^2 *sur* $\mathbb{R}^n$ *(resp. à dérivées lipchitziennes.)*

Démonstration : Soient $r_1, s_1, r_2 \in S$, $u_1 = r_1 - s_1$, $u_2 = r_2 - s_2$ avec

$u_1^2 = v_1 - t_1$; $u_2^2 = v_2 - t_2$ $v_i, t_i \in S$.

On a l'identité $2(x^2+y^2)-(x+y)^2 = (x-y)^2$.

On en tire $A(2(u_1^2+u_2^2)-(u_1+u_2)^2) \leqslant A(u_1-u_2)^2 \leqslant 2(u_1-u_2)A(u_1-u_2)$

et $-A(t_1+t_2)-2(\|u_1\|_\infty+\|u_2\|_\infty)A(r_1+s_2) \leqslant A(u_1+u_2)^2$.

D'autre part on a toujours

$$A(u_1+u_2)^2 \leqslant 2(u_1+u_2)A(u_1+u_2) \leqslant 2(\|u_1\|_\infty+\|u_2\|_\infty)A(r_1+r_2)$$

Si l'on prend tous les couples (x,μ) avec $\mu \prec \varepsilon_x$, et si on pose $k=2(\|u_1\|_\infty+\|u_2\|_\infty)$ on en déduit que

$[k(r_1+r_2)-(u_1+u_2)^2] \in C$ et $[(u_1+u_2)^2+k(r_1+s_2)+t_1+t_2] \in C$.

Comme on a supposé que S est un sous-cône convexe héréditaire de C, ceci implique que $(u_1+u_2)^2 \in S-S$.

On a donc montré que A_S est une algèbre.

Soient maintenant U un ouvert borné convexe de $\mathbb{R}^n$, contenant 0, φ une fonction de classe C^1, à dérivées partielles lipchitziennes sur U. Posons $\varphi_0(y) = \Sigma y_i^2 = \|y\|^2$. Il existe alors un $\lambda > 0$ tel que, sur U, les fonction $\psi_1 = \varphi + \lambda\varphi_0$ et $\psi_2 = -\varphi + \lambda\varphi_0$ soient convexes.

Soient $u_1,\dots,u_n \in S-S$ tel que $u(X) = (u_1,\dots,u_n)(X) \subset U$.

On suppose que $u_i^2 \in S-S$, de sorte que $\varphi \circ u \in S-S$.

On aura $A\psi_1 \circ u \leqslant \Sigma \frac{d\psi_1}{dy_i} \circ u(x).Au_i$

$$A\psi_2 \circ u \leqslant \Sigma \frac{d\psi_2}{dy_i} \circ u(x) Au_i$$

Posons $k = \sup_{i,\ell} \left\| \frac{d\psi_\ell}{dy_i} \right\|_\infty$. On aura finalement les inégalités

$$A(\varphi \circ u) \leqslant -\lambda A\varphi_0 \circ u + k\Sigma Au_i$$

$$-A(\varphi \circ u) \leqslant \lambda A\varphi_0 \circ u + k\,\Sigma Au_i$$

Les fonctions $w = k\Sigma u_i + \lambda\varphi_0 \circ u$ et $v = k\Sigma u_i - \lambda\varphi_0 \circ u$ sont dans $S-S$ et en faisant varier le couple (ε_x, μ) on obtient que $(w - \varphi \circ u) \in C$ et $(v + \varphi \circ u) \in C$. Comme on a supposé S héréditaire dans C, ceci entraîne que $\varphi \circ u \in S-S$.

- EXTENSION AU CAS LOCALEMENT COMPACT.

Tous les résultats précédents restent valables avec les modifications suivantes

a) C est un cône convexe adapté fermé au sens suivant ; si $u \in \overline{C}$, adhérence de C pour la convergence compacte et si u est majoré par un élément de C , alors $u \in C$.

b) pour tout $u \in C$, $u \wedge 1 \in C$

c) toutes les fonctions considérées doivent être bornées.

B I B L I O G R A P H I E

[1] CHOQUET G. , DENY J.
Ensembles semi-réticulés et ensembles réticulés de fonctions.
Journal de Maths. pures et appliquées 1975.

[2] ROTH J.P.
Thèse. Ann. Institut Fourier 1975

[3] MOKOBODZKI G. et SIBONY D.
Cône adaptés de fonctions continues et théorie du potentiel.
Séminaire Choquet. Initiation à l'Analyse. 1966-1977
Secrétariat Mathématique. 11, rue Pierre et Marie Curie
Paris 5 ième.

G.MOKOBODZKI

EQUIPE D'ANALYSE - ERA 294
Université Paris 6 -Tour 46
4 Place Jussieu
75005 - PARIS

CONES DE POTENTIELS DANS DES ESPACES DE BANACH ADAPTES ET DUALITE

par A de La PRADELLE *

INTRODUCTION. Etant donné un cône de potentiels C sur un espace Ω, on sait que le cône $\tilde{C}$ adjoint des mesures forme un cône de potentiels. Le problème se pose de représenter ce cône ou un sous-cône par des fonctions. Pour cela on considère une norme adaptée γ sur $K(\Omega)$. C devient un sous-cône de potentiels dans un cône de potentiels dit réguliers et on ne représente que certaines mesures dites régulières formant un cône $\tilde{C}$ adjoint. On obtient alors un espace localement compact S muni d'un cône de potentiels réguliers $\tilde{C}$ et d'une norme adaptée $\tilde{\gamma}$ telle que les couples (Ω, C) et $(S, \tilde{C})$ soient en dualité de façon symétrique, et ceci sous des conditions très générales, qui n'utilisent pas, notamment de représentation intégrale.

Si de plus on suppose un axiome de convergence sur C (du type théorème de convergence de CARTAN-BRELOT) l'espace S devient " quasi-isomorphe " à Ω, ce qui permet de ramener le

* Cet article est la rédaction détaillée de l'exposé du 24/11/77.

cône $\tilde{C}$ sur Ω et d'obtenir ainsi le résultat le meilleur, en particulier des résultats sur le support de domination des potentiels réguliers et le support fin des mesures associées.

Lorsqu'on ne suppose pas l'axiome de convergence vérifié, on donne des exemples où Ω et S sont quasi-isomorphes. On montre alors que les quasi-topologies associées sont identiques, ce qui permet encore de retrouver les résultats concernant les supports fins des potentiels réguliers et des mesures associées.

On peut évidemment retrouver des résultats connus sur les espaces de Dirichlet réguliers mais aussi établir des résultats analogues pour un noyau de Hunt vérifiant des hypothèses très générales, comme par exemple la théorie du potentiel associée au semi-groupe des translations.

I. DEFINITION DES POTENTIELS ADJOINTS.

§ 1 - Les notations sont celles de [3].

Ω est un espace localement compact muni d'une norme fonctionnelle γ sur $K(\Omega)$, c'est-à-dire

a) $\gamma(\varphi) = \gamma(|\varphi|)$

b) $0 \leqslant \varphi \leqslant \psi \Rightarrow \gamma(\varphi) \leqslant \gamma(\psi)$

On note $\mathbb{L}^1(\gamma)$ le complété de K et on suppose qu'il est de type dénombrable (cf. [3]).

C est un cône convexe réticulé inférieurement dans $\mathbb{L}^1(\gamma)$, c'est-à-dire :

a) $C \subset (L^1(\gamma))^+$

b) Pour tout $u \in L^1(\gamma)$, il existe $p \in C$ tel que

$$u \leqslant p$$

c) $C-C$ est partout dense dans $L^1(\gamma)$.

On suppose de plus que C est un cône de potentiels : Pour tout $p, q \in C$

$$R(p-q) = \text{Inf } \{v, v \in C, v \geqslant p-q\} \text{ existe}$$

et appartient à C, ainsi que $p - R(p-q)$.

On sait d'après [3] que la norme γ est équivalente à $|||u||| = \gamma(R|u|)$ et on supposera que pour $p \in C$ $\gamma(p) = \int p \, d\sigma$ où σ est une mesure.

On peut supposer que σ charge tous les quasi ouverts fins Soit $p_o \in C$, $p_o = p'_c + \sum \varepsilon_n p_n$ où les p_n forment une suite dense dans C et où p'_o est un potentiel tel que $1/p'_o$ soit borné. Considérons le pseudo-noyau V défini par $V(1) = p_o$ et tel que $\delta(V\varphi) \subset \overline{\{\varphi > 0\}}$ = quasi-adhérence fine de $\{\varphi > 0\}$, pour toute φ quasi-borélienne bornée et la résolvante (V_λ) associée ((cf. [3]).

Soit $\tau = \sigma V$; τ charge les quasi ouverts fins et est (V_λ)-excessive. (λV_λ) devient une famille résolvante à contraction dans $L^1(\tau)$.

2. <u>THEOREME</u>. *Soit* $\mu \geqslant 0$, μ *ne chargeant pas les polaires et* $\mu(p_o) < +\infty$, *alors* μV *est absolument continue par rapport à* τ. *On note* $\tilde{G}^\mu$ *sa densité et on a :*

$$\int \tilde{G}^\mu \, d\tau = \mu(p_o) < +\infty$$

<u>DEMONSTRATION.</u> La mesure μV est évidemment bornée. De plus, si $\tau(\varphi) = 0$, $\varphi \geqslant 0$ on a $V\varphi = 0$ q.p. d'où $\mu V(\varphi) = 0$

c. q. f. d.

3. *PROPOSITION.* *L'application* $\mu \mapsto \tilde{G}^{\mu}$ *est injective.*

DEMONSTRATION. Supposons que $\tilde{G}^{\mu} = \tilde{G}^{\nu}$ τ.p.p. alors $\mu V = \nu V$ donc $\mu V V_{\lambda} = \nu V V_{\lambda}$ d'où $\mu V_{\lambda} = \nu V_{\lambda}$ pour tout λ .
Soit donc $\varphi \geqslant 0$, $\varphi \in \mathbb{L}^1(\gamma)$, $\varphi \leqslant kp_o$, on a :

$$\mu(\lambda V_{\lambda}\varphi) = \nu(\lambda V_{\lambda}\varphi) \text{ d'où (théorème de Lebesgue)}$$

$$\mu(\varphi) = \nu(\varphi)$$

d'où par convergence monotone

$$\mu(\varphi) = \nu(\varphi) \quad \text{pour toute} \quad \varphi \in K(\Omega) \quad \text{d'où} \quad \mu = \nu$$

($\mu(p_o) < +\infty \Rightarrow \mu$ = mesure de Radon)

4. MESURES REGULIERES. Soit p une fonction concave s.c.i. on désigne par K_p l'ensemble des fonctions C-concaves quasi-s.c.i $q \leqslant p$ (cf. [3]).

Soit ξ une mesure équivalente à τ et telle que $\xi(p) < +\infty$ et ξ γ-intégrable (i.e. $\mathcal{L}^1(\gamma) \subset \mathcal{L}^1(\xi)$)

5. *THEOREME.* K_p *s'injecte dans* $L^1(\xi)$ *et est faiblement compact.*

DEMONSTRATION. Montrons d'abord que K_p s'injecte dans $\mathbb{L}^1(\xi)$.
Soient u et v concave s.c.i. (i.e. quasi-excessive s.c.i.) égales ξ p.p. (i.e. τ pp).

Or $\lambda V_{\lambda} u = \lambda V_{\lambda} v$ q.p. $\lambda > 0$ d'où $(\lambda \to +\infty)$

$u = v$ q.p.

$K_p \subset \mathbb{L}^1(\xi)$ car $\xi(p) < +\infty$

D'autre part K_p est uniformément intégrable. K est métrisable pour la topologie faible. On doit montrer qu'il est fermé. Soit $p_n \in K_p$, $\{p_n\}$ convergeant vers u faiblement dans $\mathbb{L}^1(\xi)$. Il existe p'_n appartenant à l'enveloppe convexe de $\{p_n, p_{n+1}, \ldots, \}$ qui converge vers u fortement et ξ pp .

On pose $q_k = \underset{n \geq k}{\text{Inf}}\ p'_n$ et $\hat{q}_k$ = régularisée quasi-excessive de q_k, puis $q = \underset{k}{\text{Sup}}\ \hat{q}_k$. $q_k = \hat{q}_k$ V pp donc aussi ξ pp.

On a ainsi $u = q$ ξ pp , or $q \in K_p$.

c. q. f. d.

6. DEFINITION. *Soit* μ *ne changeant pas les polaires et* $\mu(p_o) < +\infty$, *on dit que* μ *est régulière si pour toute suite décroissante de concaves quasi s. c. i.* p_n , *on a :*

$$p = \hat{p}\ \mu \text{ pp} \quad \text{où} \quad p = \text{Inf}\ p_n$$

7. THEOREME. *Les conditions suivantes sont équivalentes :*

a) μ *est régulière*

b) μ *est continue sur* K_{p_o} *muni de la topologie affaiblie de* $\mathbb{L}^1(\xi)$ (*cf. Théorème 5*).

c) $\mu \circ \lambda V_\lambda$ *converge vers* μ *uniformément sur* K_{p_o} *quand* $\lambda \to +\infty$

d) $\int \widetilde{R}(\widetilde{G}^\mu - \lambda \widetilde{V}_\lambda \widetilde{G}^\mu)\,d\tau$ *tend vers* 0 *quand* $\lambda \to +\infty$ *où* $\lambda \widetilde{V}_\lambda \widetilde{G}^\mu$ *est le potentiel adjoint* $\widetilde{G}^{\mu \circ \lambda V_\lambda}$ *de la mesure* $\mu \circ \lambda V_\lambda$ *et où* $\widetilde{R}$ *désigne la pseudo-réduite associée à la résolvante adjointe de pseudo-noyaux* $\widetilde{V}_\lambda$ *sur* $\mathbb{L}^\infty(\tau)$.

DEMONSTRATION.

a) $\Rightarrow$ b). On reprend la démonstration du théorème 5 en remplaçant ξ par $\xi + \mu$

b) $\Rightarrow$ c) Il est clair que $\mu \circ \lambda V_\lambda$ est régulière, donc continue sur K_{p_o} , ou $\mu \circ \lambda V_\lambda$ converge en croissant vers μ

sur K_{p_o} : le lemme de Dini permet de conclure.

c) $\Rightarrow$ d) On a :

$$\int \widetilde{R}(\widetilde{G}^{\mu}-\lambda\widetilde{V}_{\lambda}\widetilde{G}^{\mu})d\tau = R(\mu-\mu \circ \lambda V_{\lambda})(p_o) = \mathrm{Sup}\{\mu(q-\lambda V_{\lambda}q)/q \in K_{p_o} \cap \mathbb{L}^1(\gamma)\}$$

La première égalité résulte d'une identification évidente, la seconde est vraie d'après [5]. Enfin ceci vaut

$\mathrm{Sup}\{\mu(q-\lambda V_{\lambda}q)/q \in K_{p_o}\}$ car $\mu \circ \lambda V_{\lambda}$ est régulière.

Les implications d) $\Rightarrow$ c) $\Rightarrow$ h) $\Rightarrow$ a) sont évidentes.

c. q. f. d.

8. PROPOSITION. *L'application* $\mu \mapsto \widetilde{G}^{\mu}$ *de* $X = \{\mu \geq 0, \mu < \sigma\}$ *dans* $\widetilde{K}_{\widetilde{G}^{\sigma}} = \{\widetilde{q}, \widetilde{q}\widetilde{V}_{\lambda}\text{-excessive}, \widetilde{q} \leq \widetilde{G}^{\sigma} = 1\}$ *est un isomorphisme de* X *muni de la topologie faible sur* $K_{\widetilde{G}^{\sigma}}$ *muni de la topologie* $\sigma(\mathbb{L}^{\infty}, \mathbb{L}^1)$.

DEMONSTRATION. On sait déjà que $\mu \mapsto \widetilde{G}^{\mu}$ est injectif. Si $\mu_n \to \mu$ faiblement $\mu_n(V\varphi) \to \mu(V\varphi)$ pour toute $\varphi \in \mathbb{L}^1(\tau)$, donc $\widetilde{G}^{\mu_n} \to \widetilde{G}^{\mu}$ faiblement. Soit maintenant $\widetilde{q} \in \widetilde{K}_{\widetilde{G}^{\sigma}}$ et soit $\mu_{\lambda} = \lambda(\widetilde{q}-\lambda\widetilde{V}_{\lambda}\widetilde{q})\cdot\tau$, on a :

$$\mu_{\lambda}(p) = \int \lambda p(\widetilde{q}-\lambda\widetilde{V}_{\lambda}\widetilde{q})d\tau = \int \lambda\widetilde{q}(p-\lambda V_{\lambda}p)d\tau \leq \lambda \int \widetilde{G}^{\sigma}(p-\lambda V_{\lambda}p)d\tau =$$

$$= \int \lambda V_{\lambda}p d\sigma \leq \int p\, d\sigma < +\infty$$

On en déduit que μ_{λ} converge faiblement vers une mesure μ pour laquelle $\widetilde{q} = \widetilde{G}^{\mu}$.

c. q. f. d.

9. COROLLAIRE. $\widetilde{K}_{\widetilde{G}^{\sigma}}$ *est faiblement compact et métrisable dans* $\sigma(\mathbb{L}^{\infty}, \mathbb{L}^1)$.

10. CONSTRUCTION DE $\mathbb{L}^1(\tilde{\gamma})$

Soit H , l'espace réticulé engendré par les $\tilde{G}^\mu$ pour μ régulière et γ-intégrable. H s'identifie à un sous-espace dense de $\mathscr{C}_o(S)$ où S est localement compact. La mesure τ devient une mesure τ sur S de support S . En effet soit $u \in \mathscr{C}_o(S)$, $u \geqslant 0$, $u = 0$ τ pp , on a :

$$u = \operatorname{Sup}\{\tilde{G}^\mu - \tilde{G}^\nu \ \mu,\nu \geqslant 0 \ , \ 0 \leqslant \tilde{G}^\mu - \tilde{G}^\nu \leqslant u\}$$

donc $\quad G^\mu = G^\nu \ \tau \text{ pp} \quad \Rightarrow \quad \mu = \nu \quad \text{d'où} \quad u = 0$.

On pose pour $u \in \mathscr{C}_o(S)$:

$$\|\mu\| = \int \tilde{R}|u| \, d\tau$$

c'est une norme fonctionnelle sur $\mathscr{C}_o(S)$, d'après ce que l'on vient de voir. On note $\mathbb{L}^1(\tilde{\gamma})$ le complété de $\mathscr{C}_o$ pour cette norme. $(\lambda\tilde{V}_\lambda)$ se prolonge en résolvante à contraction dans $\mathbb{L}^1(\tilde{\gamma})$ et le problème se pose de savoir si elle est fortement continue.

11. THEOREME. *$\tilde{V}_\lambda$ est fortement continue si et seulement si pour toute mesure μ et ν régulière $\geqslant 0$, la mesure θ telle que $\tilde{G}^\theta = \tilde{G}^\mu \wedge \tilde{G}^\nu$ est elle-même régulière.*

DEMONSTRATION. Supposons la condition réalisée. D'après le théorème 7 , $\lambda\tilde{V}_\lambda\tilde{G}^\theta$ converge vers $\tilde{G}^\theta$ au sens de la norme $\tilde{\gamma}$ et ceci a donc lieu pour tout élément de H et donc pour tout élément de $\mathbb{L}^1(\tilde{\gamma})$ par densité de H et équicontinuité de $\lambda\tilde{V}_\lambda$.

Inversement si $\lambda\tilde{V}_\lambda$ est fortement continue θ est régulière d'après le théorème 7 .

12. AXIOME. *On suppose que pour μ , ν régulières, θ définie par $\tilde{G}^\theta = \tilde{G}^\mu \wedge \tilde{G}^\nu$ est régulière.*

13. <u>*THEOREME*</u>. *Soit* $\tilde{C} = \{\tilde{G}^{\mu},\ \mu$*-régulière* $\geq \sigma,\ \mu(P_o) < +\infty\}$ *alors* $\tilde{C}$ *est un cône de potentiels adapté inclus dans* $\mathbb{L}^1(\tilde{\gamma})$.

<u>DEMONSTRATION.</u> Soit $\tilde{C}_o = \{\tilde{G}^{\mu},\ \mu \geq 0\ ,\ \mu$ régulière et γ-intégrable$\}$. $\tilde{C}_o$ est un sous-cône convexe réticulé inférieurement de $\mathcal{C}_o(s)$.

Si $p,\ q \in \tilde{C}_o$, alors $\tilde{R}(p,q) \in \tilde{C}_o$ d'après la proposition 8 et on a

$$\| p-q \| = \int \tilde{R}(|p-q|)\, d\tau$$

alors pour $u,\ v \in H$, on a :

$$\tilde{R}(\tilde{R}u-\tilde{R}v) \leq \tilde{R}(u-v)$$

d'où

$$\| \tilde{R}u-\tilde{R}v \| \leq \| u-v \|$$

donc l'application $u \longmapsto \tilde{R}u$ est uniformément continue sur H . On en déduit par continuité uniforme que pour tout élément $u \in \mathbb{L}^1(\tilde{\gamma})$, $\tilde{R}(u) \in \mathbb{L}^1(\gamma)$ et $\tilde{R}(u) \in \bar{\tilde{C}}_o$ = adhérence de $\tilde{C}_o$ dans $\mathbb{L}^1(\tilde{\gamma})$.

D'autre part pour $p,\ q \in \bar{\tilde{C}}_o$ la continuité uniforme de la réduite prouve que $p - \tilde{R}(p-q) \in \bar{\tilde{C}}_o$, donc $\bar{\tilde{C}}_o$ est un cône de potentiels. Il reste seulement à voir que $\bar{\tilde{C}}_o = \tilde{C}$. Il est évident que $\tilde{C} \subset \bar{\tilde{C}}_o$. Montrons que $\bar{\tilde{C}}_o \subset \tilde{C}$:

Soit $\tilde{G}^{\mu_n} \in \tilde{C}_o$, $\tilde{G}^{\mu_n}$ convergeant vers $\tilde{q}$ dans $\bar{\tilde{C}}_o$. Considérons $\tilde{G}^{\mu_n} \wedge k\, \tilde{G}^{\sigma}$ qui converge vers $\tilde{q} \wedge k\, \tilde{G}^{\sigma}$ d'où $k\, \tilde{G}^{\sigma} \wedge \tilde{q} = \tilde{G}^{\mu}$ grâce à la proposition 8 . μ est régulière grâce au théorème 7 $(\tilde{G}^{\mu} \in \mathbb{L}^1(\tilde{\gamma}))$. On se ramène ainsi au cas des suites croissantes $\tilde{G}^{\mu_n}$. On s'appuie alors sur le lemme :

14. <u>*LEMME*.</u> *Soit* p *concave quasi s.c.i.* $p \leq p_o$, *il existe* λ $\tilde{\gamma}$*-intégrable tel que* $p = G^{\lambda}$ i.e. $\mu(p) = \int \tilde{G}^{\mu}\, d\lambda$ *pour toute* $\mu \geq 0$

DEMONSTRATION. Soit $\widetilde{G}^{\mu} \rightsquigarrow \mu(p)$ définie sur H . C'est une forme linéaire ≥ 0 sur un sous-espace dense de $\mathcal{C}_0(S)$ d'où la mesure λ vérifiant $\mu(p) = \int \widetilde{G}^{\mu}\, d\lambda$.. On a :

$$\lambda(\widetilde{G}^{\mu}) \leq \tau(\widetilde{G}^{\mu}) = \|\widetilde{G}\| \quad \text{pour} \quad \mu \geq 0$$

d'où le résultat.

c. q. f. d.

Fin de la démonstration du théorème 13 :

Les μ_n forment une suite croissante pour le balayage et on a

$$\mu_n(p_o) \leq \int \widetilde{q}\, d\tau < +\infty$$

ainsi μ_n converge vers une forme linéaire ≥ 0 μ sur le sous-espace des fonctions quasi-continues ≥ 0 majorées par $k\, p_o$ (k = constante ≥ 0}. Montrons que si φ_n tend vers 0 q.p. en décroissant , $\mu(\varphi_n)$ tend vers 0 .

On a : $$\mu(\varphi_n) \leq \mu(R\, \varphi_n) = \mu(G^{\lambda_n}) \leq \lambda_n(\widetilde{q})$$

(λ_n définie au lemme 14)

D'autre part $\|R\, \varphi_n\| = \|\varphi_n\|$ tend vers 0 , donc λ_n converge faiblement vers 0 sur $\mathbb{L}^1(\widetilde{\gamma})$. On en déduit que $\lambda_n(\widetilde{q})$ tend vers 0 et $\mu(\varphi_n)$ également. Ainsi μ est une mesure de Daviell ne changeant pas les polaires et telle que $\mu(p_o) < +\infty$: μ est de Radon . On vérifie que $\widetilde{q} = \widetilde{G}^{\mu}$ donc μ est régulière et $\widetilde{q} \in \widetilde{C}$.

c. q. f. d.

15. *THEOREME*. *Soit* $Y = \{\lambda, \lambda \geq 0$ *sur* S , $\lambda\widetilde{\gamma}$-*intégrable* , $\lambda < \tau\}$. *L'application* $K_{p_o} \rightsquigarrow Y$ *qui à* p *fait correspondre* λ *tel que* $p = G^{\lambda}$ *est un isomorphisme de* K_{p_o} *muni de la topologie* $\sigma(\mathbb{L}^1(\xi), \mathbb{L}^{\infty}(\xi))$ *sur* Y *muni de la topologie faible.*

DEMONSTRATION. Elle est évidemment injective. C'est aussi une surjection : en effet soit $\lambda \in Y$ et soit p la densité de $\lambda\tilde{v}$ par rapport à τ . Il est clair que p est pseudo-excessive directe ; on peut la supposer concave s.c.i. donc $\leq p_o$. On vérifie sans difficulté que $p = G^\lambda$ i.e.
$\mu(p) = \int \tilde{G}^\mu \, d\lambda$.

On voit comme dans la proposition 8 qu'elle est bicontinue.

c. q. f. d.

16. COROLLAIRE. *$\mathbb{L}^1(\tilde{\gamma})$ est de type dénombrable.*

DEMONSTRATION. Y est métrisable d'après 15 et $\mathbb{L}^1(\tilde{\gamma})$ est isomorphe à un sous-espace fermé dans $\mathscr{C}(Y)$.

17. COROLLAIRE. *$\mu \in X$ est régulière si et seulement si $\tilde{G}^\mu \in \mathbb{L}^1(\tilde{\gamma})$.*

DEMONSTRATION. Si μ est régulière $\lambda \rightsquigarrow \int G^\lambda \, d\mu$ est faiblement continue sur Y , donc de la forme

$$\int G^\lambda \, d\mu = \int u \, d\lambda \quad \text{où} \quad u \in L^1(\tilde{\gamma})$$

on a donc $u \in \tilde{G}^\mu$ et $\tilde{G}^\mu \in L^1(\tilde{\gamma})$

Inversement si $\tilde{G}^\mu \in L^1(\tilde{\gamma})$, $\lambda \rightsquigarrow \int G^\lambda \, d\mu = \int \tilde{G}^\mu \, d\lambda$ est continue. Y et K_{p_o} étant isomorphes, on en déduit que μ est régulière (d'après 7).

18. REMARQUE. $L^1(\tilde{\gamma})$ et $\tilde{C}$ vérifient exactement les mêmes hypothèses que $L^1(\gamma)$ et C .

II. IDENTIFICATION DES ESPACES S ET Ω AVEC AXIOME DE CONVERGENCE

19. *THEOREME. Les propriétés suivantes sont équivalentes :*

1) Toute fonction G concave quasi-s.c.s. ou quasi-s.c.i. est quasi-continue.

2) $K'_{p_o} = K_{p_o} \cap L^1(\gamma)$ est compact dans la topologie faible de $L^1(\gamma)$.

3) Toute mesure μ γ-intégrable est régulière et toute fonction concave quasi-s.c.i. est quasi-continue.

DEMONSTRATION. 1) entraîne 3) est évident

Si 3) a lieu, alors la propriété $\tilde{1})$ a lieu dans $L^1(\tilde{\gamma})$ donc aussi la propriété $\tilde{3})$ pour les mesures $\tilde{\gamma}$-intégrables et donc aussi la propriété 1)

1) et 3) entraînent $K'_{p_o} = K_{p_o}$, d'où la propriété 2) d'après le théorème 7.

Enfin 2) entraîne 3) de façon évidente.

c. q. f. d.

On appelle axiome (c) de convergence les trois propriétés équivalentes du théorème précédent. On a vu qu'elle a lieu simultanément dans $\mathbb{L}^1(\gamma)$ et $\mathbb{L}^1(\tilde{\gamma})$.

On suppose maintenant que l'axiome (c) est vérifié.

20. *LEMME. (MOKOBOZKI). Pour que q soit extrêmal dans K_{p_o} il faut et il suffit que l'on ait*

$$R(q - \frac{1}{2} p_o) = \frac{1}{2} q$$

DEMONSTRATION. Soit q extrêmal. On a :

$$q = q_1 + R(q - \frac{1}{2} p_o) \quad \text{et} \quad R(q - \frac{1}{2} p_o) \leq \frac{1}{2} p_o$$

$$q_1 = q - R(q - \frac{1}{2} p_o) \leq q - (q - \frac{1}{2} p_o) \leq \frac{1}{2} p_o .$$

comme q est extrémal, on a donc $R(q - \frac{1}{2} p_o) = \frac{1}{2} q$

Inversement si on a : $R(q - \frac{1}{2} p_o) = \frac{1}{2} q$

soit $q = u+v$ avec $u \leq \frac{1}{2} p_o$ et $v \leq \frac{1}{2} p_o$

on a :

$$\frac{1}{2} q = R(q - \frac{1}{2} p_o) \leq v \quad \text{et} \quad \frac{1}{2} q = R(q - \frac{1}{2} p_o) \leq u$$

d'où en ajoutant

$$q \leq u + v$$

on en déduit que les deux inégalités sont des égalités d'où $u = v = \frac{1}{2} q$.

21. <u>*COROLLAIRE*</u> ([5]) *μ est extrêmal dans X si et seulement si* $R(\mu - \frac{1}{2} \sigma) = \frac{1}{2} \mu$.

<u>DEMONSTRATION</u>. En effet l'isomorphisme de X sur $\tilde{K}_{\tilde{G}^\sigma}$ transforme l'ordre usuel des fonctions dans l'ordre du balayage des mesures et conserve les réduites. On caractérise de même les points de Y .

22. <u>*THEOREME*</u>. *q est extrêmal dans K_{p_o} si et seulement si* $q = R^F_{p_o}$ *où F est quasi-fermé fin* ((cf. [3])

<u>DEMONSTRATION</u>. Soit q extrêmal et soit $F = \{q = p_o\}$.

On a bien sûr

$$q \geq R^F_{p_o}$$

Montrons que $\delta(q) \subset F$. On a

$$\delta(q) \subset \delta\, R(q - \frac{1}{2} p_o) \subset \{q - \frac{1}{2} p_o = R(q - \frac{1}{2} p_o) = \frac{1}{2} q\} \subset F$$

Comme $R^F_{p_o}$ majore q sur F, on a : $R^F_{p_o} \geqslant q$

Soit maintenant F un quasi-fermé fin et

$$R^F_{p_o} = \frac{u}{2} + \frac{v}{2} \qquad \text{avec} \qquad \begin{matrix} u \leqslant p_o \\ v \leqslant p_o \end{matrix}$$

Sur F, on a : $u = p_o = v$ donc

$$u \geqslant R^F_{p_o} \qquad v \geqslant R^F_{p_o} \quad \text{d'où}$$

$$u + v \geqslant 2\, R^F_{p_o}$$

L'égalité de départ montre que $u = v = R^F_{p_o}$

c. q. f. d.

23. THEOREME (cf. [5]) *μ est extrêmal dans X si et seulement si $\mu = \sigma^F$ où F est un quasi-fermé fin.*

DEMONSTRATION. Montrons que σ^F est extrêmal. Soit $\sigma^F = \frac{1}{2}(\mu + \nu)$ avec $\mu < \sigma$, $\nu < \sigma$

On a :

$$\mu^F < \sigma^F \,,\; \nu^F < \sigma^F \quad \text{et} \quad \mu = \mu^F \,,\; \nu = \nu^F$$

Car μ et ν sont portées par F. Donc $\mu + \nu < 2\,\sigma^F$

L'égalité initiale prouve donc que $\mu = \sigma^F$ et $\nu = \sigma^F$

Inversement soit μ extrêmal dans X, on a :

$$\frac{1}{2}\,\mu = R(\mu - \frac{1}{2}\,\sigma)$$

$$R(\mu - \frac{1}{2}\,\sigma)(p_o) = \sup_{q \in K_{p_o}} (\mu - \frac{1}{2}\,\sigma)(q)$$

Ce Sup est atteint car K_{p_o} est compact. On a donc

$$\frac{1}{2}\,\mu(p_o) = R(\mu - \frac{1}{2}\,\sigma)(p_o) = (\mu - \frac{1}{2}\,\sigma)(q) \geqslant \frac{1}{2}\,\mu(q)$$

On a d'autre part

$$\mu(q) - \frac{1}{2}\,\sigma(q) \leq \frac{1}{2}\,\mu(q) \quad \text{d'où l'égalité}$$

$$\mu(p_o) = \mu(q) = \sigma(q)$$

Soit $F = \{p_o = q\}$. μ est portée par F puisque la fonction $p_o - q$ est μ-négligeable. On en déduit $\mu < \sigma^F$.

On va montrer que $\mu = \sigma^F$: il suffit de voir que

$$\mu(p_o) = \sigma^F(p)$$

Or $\mu(p_o) = \sigma(q) \geq \sigma(R^F_{p_o}) = \sigma^F(p_o)$ car q majore $R^F_{p_o}$

c. q. f. d.

24. LEMME. *Soit* $\tilde{F}$ *le quasi-fermé fin de* S *défini par* $\tilde{G}^{\sigma F} = R^{\tilde{F}}_{\tilde{G}^\sigma}$ *où* F *est un quasi-fermé fin de* Ω. *Si* μ *est une mesure* γ*-intégrable, on a aussi* $\tilde{G}^{\mu^F} = R^{\tilde{F}}_{\tilde{G}^\mu}$.

DEMONSTRATION. Il suffit de le voir lorsque μ est $\leq \sigma$. Soit donc $\sigma = \mu + \nu$. On écrit

$$\tilde{G}^{\sigma F} = \tilde{G}^{\mu F} + \tilde{G}^{\nu F} = R^{\tilde{F}}_{\tilde{G}^\mu} + R^{\tilde{F}}_{\tilde{G}^\nu}$$

D'autre part $\tilde{G}^{\mu F}$ est extrêmal dans les potentiels majorés par $\tilde{G}^\mu$, soit $\tilde{K}_{\tilde{G}^\mu}$, il en est de même pour $\tilde{G}^{\nu F}$ dans $\tilde{K}_{\tilde{G}^\nu}$.

Le point extrêmal $\tilde{G}^{\sigma F}$ n'ayant qu'une seule décomposition comme somme de points extrêmaux dans $\tilde{K}_{\tilde{G}^\sigma} = \tilde{K}_{\tilde{G}^\mu} + \tilde{K}_{\tilde{G}^\nu}$ ân en déduit : $\tilde{G}^{\mu F} = R^{\tilde{F}}_{\tilde{G}^\mu}$.

25. THEOREME. *L'application* $F \rightsquigarrow \tilde{F}$ *est un isomorphisme de l'espace des quasi-fermés de* Ω *dans l'espace des quasi-fermés de* S.

DEMONSTRATION. Calculons $\tilde{\tilde{F}}$. On a

$$\lambda(R^{\tilde{F}}_{\tilde{G}^{\mu}}) = \mu^{F}(G^{\lambda}) = \mu(R^{F}_{G^{\lambda}}) = \mu(R^{\tilde{\tilde{F}}}_{G^{\lambda}})$$

Les deux premières égalités ont lieu par définition de $\tilde{F}$; la dernière s'obtient en permutant le rôle de Ω et S . Ceci ayant lieu pour toute λ ,et toute μ , on en déduit que $\tilde{\tilde{F}} = F$ et $F \longmapsto \tilde{F}$ est déjà une bijection.

Il est clair que $F \longmapsto \tilde{F}$ est croissante : on en déduit qu'elle conserve les opérations d'algèbre de Boole et aussi le passage à l'intersection quelconque.

26. THEOREME. *Soit* f *quasi-s.c.i. sur* S . *Il existe alors une et une seule fonction* g *quasi-s.c.i. sur* Ω *telle que les ensembles* $\{g \leq k\}$ *soient égaux à* $\{f \leq k\}$.

DEMONSTRATION. - Evident -

On transporte ainsi tout l'espace $\mathbb{L}^1(\tilde{\gamma})$ sur Ω et il reste à prouver que l'on obtient bien un espace fonctionnel adapté. Il suffit de voir que $K(\Omega)$ est partout dense dedans. Soit $\varphi \in K(\Omega)$, $0 \leq \varphi \leq 1$, elle se transporte en fonction quasi-continue sur S majorée par $1 = \tilde{G}^{\sigma}$ donc appartient à $\mathbb{L}^1(\tilde{\gamma})$. Soit maintenant λ et μ deux mesures sur $\mathbb{L}^1(\tilde{\gamma})$ elles induisent des mesures quasi-boréliennes sur Ω qui intègrent 1, elles sont donc bornées, donc de Radon. $\lambda = \mu$ sur $K(\Omega)$ implique donc $\lambda = \mu$ sur $\mathbb{L}^1(\tilde{\gamma})$, ainsi $K(\Omega)$ est dense dans $\mathbb{L}^1(\tilde{\gamma})$.

c. q. f. d.

$\mathbb{L}^1(\tilde{\gamma})$ vérifie également l'axiome de convergence $(\tilde{C})$ d'après le théorème 18.

III. ETUDE D'UN CAS PARTICULIER SANS AXIOME (C)

On suppose toujours que μ et ν réguliers admettent une borne inférieure θ pour le balayage , θ régulière (cf. Théorème 11).

On ne suppose plus l'axiome de convergence (C) que l'on remplace par l'hypothèse plus faible suivante :

L'image de $K(\Omega)$ dans $\mathbb{L}^1(\tau)$ est incluse et partout dense dans $\mathbb{L}^1(\widetilde{\gamma})$. On transporte ainsi $\mathbb{L}^1(\widetilde{\gamma})$ par l'application réciproque en espace adapté sur Ω .

27. EXEMPLES.

a) $\Omega = [\,0\,,+\infty\,[$, τ = mesure de Lebesgue. λV_λ est la résolvante associée au semi-groupe des translations où on applique la théorie précédente en décalant la résolvante.

b) V et $\widetilde{V}$ sont deux noyaux de Hunt en dualité par une mesure τ chargeant Ω , et envoient $\mathbb{L}^\infty$ dans $\mathbb{L}^1_{loc}$. Les résolvantes associées vérifient alors nécessairement les hypothèses ci-dessus.

c) Soit H un espace de Dirichlet sur Ω , de base τ , et V et $\widetilde{V}$ sont les noyaux associés à une forme de Dirichlet continue et coercitive telle que 1 soit excessive directe et adjointe, alors les résolvantes associées vérifient les hypothèses ci-dessus.

28. THEOREME. *Les polaires directes et adjoints sont les mêmes ainsi que les quasi-topologies fines.*

DEMONSTRATION. Il suffit de démontrer que les suites évanescentes d'ouverts usuels relativement compacts sont les mêmes. Soit donc (ω_n) décroissante telle que $\gamma(\omega_n) \downarrow 0$. Soit

Soit $0 \leq \theta \leq 1$, $\theta \in K(\Omega)$ $\theta = 1$ au voisinage de $\overline{\omega}_0$.

Posons $R\theta = G^\lambda \in \mathbb{L}^1(\gamma)$ et $\widetilde{R}_\theta = \widetilde{G}^\mu \in \mathbb{L}^1(\widetilde{\gamma})$, alors

$$\gamma(\omega_n) = \int R_1^{\omega_n} d\sigma = \int R_{G^\lambda}^{\omega_n} d\sigma = \int G^\lambda d\sigma^{\omega_n}$$

tend vers 0 où σ^{ω_n} est la balayée directe de σ sur ω_n .

σ^{ω_n} converge faiblement vers une mesure σ' telle que

$$\int G^\lambda d\sigma' = \lim \gamma(\omega_n) = 0 \quad \text{donc} \quad \sigma' = 0$$

On en déduit que

$$\int R_{G^\lambda}^{\omega_n} d\sigma = \int G^\lambda d\sigma^{\omega_n} \quad \text{tend vers} \quad 0$$

soit

$$\int \widetilde{R}_{\widetilde{G}^\sigma}^{\omega_n} d\lambda = \int \widetilde{G}^\sigma d\widetilde{\lambda}^{\omega_n} \quad \text{tend vers} \quad 0$$

où $\widetilde{\lambda}^{\omega_n}$ est la balayée adjointe de λ sur ω_n . De même que plus haut, on montre que $\widetilde{\lambda}^{\omega_n}$ tend vers 0 faiblement.

Donc

$$\int \widetilde{R}_{\widetilde{G}^\mu}^{\omega_n} d\lambda = \int \widetilde{G}^\mu d\widetilde{\lambda}^{\omega_n} \quad \text{tend vers} \quad 0$$

c'est-à-dire $\widetilde{\gamma}(\omega_n) \to 0$.

c. q. f. d.

29. <u>REMARQUE.</u> La formule de dualité

$$\int \psi \, R_{V\varphi}^{\omega} d\tau = \int \varphi \, \widetilde{R}_{\widetilde{V}\psi}^{\omega} \, d\tau$$

connue pour ω ouvert en théorie des résolvantes s'étend sans difficulté au cas des potentiels de mesure par convergence monotone. C'est ce que l'on a utilisé plus haut.

30. <u>THEOREME.</u> *Soit* $G^\lambda \in \mathbb{L}^1(\gamma)$, *on a* $\delta_c(G^\lambda)$ = *quasi-support fin fermé de* λ .

<u>DEMONSTRATION.</u> Montrons d'abord que $\delta(G^\lambda) \subset F$ = support de λ . Soit $v \geq G^\lambda$ sur F . On a pour toute μ régulière

$$\mu(v) \geq \mu^F(v) \geq \mu^F(G^\lambda) = \mu(R^F_{G^\lambda}) = \lambda(\tilde{R}^F_{\tilde{G}^\mu}) = \lambda(\tilde{G}^\mu) = \mu(G^\lambda)$$

toutes ces inégalités étant valable pour μ et λ régulières

on en déduit

$$v \geq G^\lambda \qquad \sigma \text{ pp donc}$$

$$v \geq G^\lambda \qquad \text{quasi-partout}$$

Si on avait $H = \delta_C(G^\lambda) \neq F$, on aurait

$$R^H_{G^\lambda} \geq G^\lambda \quad \text{d'où} \quad \lambda < \lambda^H$$

et $\lambda = \lambda^H$ ce qui est impossible puisque λ^H est portée par H (cf. [3]).

c. q. f. d.

BIBLIOGRAPHIE

[1] G. CHOQUET.
Le problème des moments
Séminaire d'initiation à l'analyse I.H.P.

[2] J. DENY.
Méthodes Hilbertiennes en théorie du Potentiel
C.I.M.E. Stresa 1969.

[3] D. FEYEL.
Espace de Banach adapté, quasi-topologie et balayage (dans ce fascicule).

[4] P.H. MEYER.
Probabilités et Potentiel.
Paris, Hermann 1966.

[5] G. MOKOBODZKI.
Eléments extrêmaux pour le balayage
Séminaire Brelot - Choquet - Deny (I.H.P.)
13 ème année 1969/70, n°5.

A. de La PRADELLE
EQUIPE D'ANALYSE -ERA 294
Université Paris 6 - Tour 46
4 Place Jussieu
75005 - PARIS

LES OPERATEURS ELLIPTIQUES COMME GENERATEURS INFINITESIMAUX DE SEMI-GROUPES DE FELLER.

par J.-P.ROTH.*

INTRODUCTION. Soit $P(x) = [p_{ij}(x)]$ une matrice carrée d'ordre m et $\xi(x) = (\xi_i(x))$ un vecteur de $\mathbb{R}^m$, fonctions de classe $\mathscr{C}^2$ de $x \in \mathbb{R}^m$, bornées ainsi que leurs dérivées première et seconde.

Soit $Q(x) = \widetilde{P(x)}\, P(x) = [q_{ij}(x)]$, où $\widetilde{P}$ désigne la matrice transposée de P.

On considère l'opérateur B sur $\mathscr{C}_o(\mathbb{R}^m)$ défini par :

$$D(B) = \{f \in \mathscr{C}^2(\mathbb{R}^m) \,/\, f, \frac{\partial f}{\partial x_i}, \frac{\partial^2 f}{\partial x_i \partial x_j} \in \mathscr{C}_o(\mathbb{R}^m)\}$$

$$Bf = \sum_i \sum_j q_{ij} \frac{\partial^2 f}{\partial x_i \partial x_j} + \sum_i \xi_i \frac{\partial f}{\partial x_i} \quad \text{si } f \in D(B).$$

On montre alors que B préengendre un semi-groupe de Feller sur $\mathscr{C}_o(R^m)$.

L'intérêt de cet article ne tient pas au résultat, très classique, qui a déjà été obtenu sous des hypothèses plus générales

★ Cet article est une rédaction détaillée de l'exposé du 13/01/77

par des méthodes hilbertiennes ou probabilistes (voir [1] par exemple).

Deux choses peuvent cependant retenir l'attention :

- premièrement la démonstration est entièrement élémentaire et ne sort pas du cadre strict de la théorie des semi-groupes de Feller.
- deuxièmement nous donnons une formule explicite simple pour la construction du semi-groupe associé à l'opérateur elliptique.

La preuve de ce résultat repose sur une discrétisation du temps qui est à rapprocher :

- d'une part de la méthode des solutions ε-approchées linéaires par morceaux pour la résolution du problème de Cauchy en théorie des équations différentielles ordinaires,
- d'autre part d'un certain type d'approximation des solutions d'équations différentielles stochastiques.

NOTATIONS. $\|.\|$ désigne la norme euclidienne canonique sur $\mathbb{R}^m$ ainsi que la norme des applications linéaires et bilinéaires de $\mathbb{R}^m$ dans $\mathbb{R}^p$.

Si M est une matrice carrée d'ordre m on l'identifie à l'application linéaire qui lui est associée dans $\mathbb{R}^m$ muni de sa base canonique.

$\mathscr{C}_o(\mathbb{R}^m)$ désigne l'espace des fonctions réelles continues sur $\mathbb{R}^m$, tendant vers 0 à l'infini.

$\mathscr{C}^k(\mathbb{R}^m)$ désigne l'espace des fonctions réelles de classe K sur $\mathbb{R}^m$

Si $f \in \mathscr{C}^1(\mathbb{R}^m)$ on note $D_i f = \frac{\partial f}{\partial x_i}$.

Si F est une fonction dérivable d'un espace normé dans un autre on note indifféremment F' ou DF sa dérivée.

On pose $\|F\| = \sup\limits_x \|F(x)\|$ et, si F est de classe $\mathscr{C}^2$,

$$|||F||| = \sup_x \| DF(x) \| + \sup_x \| D^2F(x) \|$$

LEMME PRELIMINAIRE. *Soit* $Q = [q_{ij}]$ *une matrice carrée d'ordre* m, *constante, de la forme* $Q = \tilde{P}P$ ($\tilde{P}$ *est la transposée de* P) *et* $\xi \in \mathbb{R}^m$.

Pour $f \in \mathcal{C}_0(\mathbb{R}^m)$, $t \geq 0$, $x \in \mathbb{R}^m$ *on pose*

$$R_t f(x) = \frac{1}{\pi^{\frac{m}{2}}} \int_{\mathbb{R}^m} e^{-u^2} f(x + t\xi - 2\sqrt{t}\, P.u)\, du$$

Alors $(R_t)_{t \geq 0}$ *est un semi-groupe de Feller sur* $\mathcal{C}_0(\mathbb{R}^m)$, *dont le générateur infinitésimal est le plus petit prolongement fermé de l'opérateur* A *défini par*

$$D(A) = \{ f \in \mathcal{C}^2(\mathbb{R}^m) \,/\, f,\ D_i f,\ D_i D_j f \in \mathcal{C}_0(\mathbb{R}^m) \}$$

$$\forall f \in D(A),\ Af = \sum_i \sum_j q_{ij}\, D_i D_j f + \sum_i \xi_i\, D_i f .$$

Ce résultat étend le cas bien connu du semi-groupe de Gauss dont le générateur est le laplacien. Donnons-en la démonstration.

Etudions d'abord le cas où $\xi = 0$ *et posons*

$$U_t f(x) = \frac{1}{\pi^{\frac{m}{2}}} \int_{\mathbb{R}^m} e^{-u^2} f(x - 2\sqrt{t}\, P.u)\, du .$$

On voit immédiatement que $\| U_t \| \leq 1$ *et que*

$$\forall f \in \mathcal{C}_0(\mathbb{R}^m),\ \lim_{t \to 0} U_t f = f \text{ dans } \mathcal{C}_0(\mathbb{R}^m) .$$

Par changement de variable $U_t f$ *prend la forme suivante,*

$$\text{si } t > 0,\ U_t f(x) = \frac{1}{(4\pi t)^{\frac{m}{2}}} \int_{\mathbb{R}^m} e^{-\frac{u^2}{4t}} f(x - P.u)\, du .$$

Si $s, t > 0$ *on a :*

$$U_s(U_t f)(x) = \frac{1}{(4\pi s)^{\frac{m}{2}}} \frac{1}{(4\pi t)^{\frac{m}{2}}} \iint_{\mathbb{R}^m \times \mathbb{R}^m} e^{-\frac{u^2}{4s}} e^{-\frac{u^2}{4t}} f(x - P.u - P.v)\, du dv$$

Après changement de variable et en utilisant le fait que la convolée de deux fonctions de Gauss est encore une fonction de Gauss on obtient :

$$U_s(U_t f)(x) = \frac{1}{(4\pi(t+s))^{\frac{m}{2}}} \int_{\mathbb{R}^m} e^{-\frac{w^2}{4(t+s)}} f(x - P.w)\,dw = U_{s+t}f(x).$$

$(U_t)_{t \geq 0}$ est donc bien un semi-groupe de Feller.

Soit $f \in D(A)$ et $x \in \mathbb{R}^m$.

Déterminons la dérivée de $t \to U_t f(x)$ sur $]0\ +\infty[$.

$$\frac{d}{dt} U_t f(x) = -\frac{1}{\pi^{\frac{m}{2}}} \int_{\mathbb{R}^m} \frac{e^{-u^2}}{\sqrt{t}} \sum_i \sum_j p_{ij}\, u_j\, D_i f(x - 2\sqrt{t}\ P.u)\,du$$

$$= \sum_i \sum_j -\frac{1}{\pi^{\frac{m}{2}}} \frac{p_{ij}}{\sqrt{t}} \int_{\mathbb{R}^m} e^{-u^2} u_j\, D_i f(x - 2\sqrt{t}\ P.u)\,du$$

Après intégration par parties on obtient :

$$\frac{d}{dt} U_t f(x) = \sum_i \sum_j \frac{1}{\pi^{\frac{m}{2}}} p_{ij} \int_{\mathbb{R}^m} e^{-u^2} \sum_k p_{kj}\, D_i D_k f(x - 2\sqrt{t}\ P.u)\,du$$

$$\frac{d}{dt} U_t f(x) = \frac{1}{\pi^{\frac{m}{2}}} \int_{\mathbb{R}^m} e^{-u^2} \sum_i \sum_k q_{ik}\, D_i D_k f(x - 2\sqrt{t}\ P.u)\,du.$$

Revenons au cas général.

Pour $f \in \mathscr{C}_0(\mathbb{R}^m)$, $t \geq 0$, $x \in \mathbb{R}^m$ posons $T_t f(x) = f(x + t\xi)$

Il est facile de voir que $(T_t)_{t \geq 0}$ est un semi-groupe de Feller qui commute avec $(U_t)_{t \geq 0}$. Par conséquent la famille des opérateurs $R_t = U_t o T_t$ forme un semi-groupe de Feller et, d'après le calcul fait précédemment, on voit que

$$\forall f \in D(A), \quad \lim_{t \to 0} \frac{R_t f - f}{t} = Af \text{ dans } \mathscr{C}_0(\mathbb{R}^m).$$

Le générateur infinitésimal de $(R_t)_{t \geq 0}$ prolonge donc A. Comme d'autre part $D(A)$ est stable par $(R_t)_{t \geq 0}$ et dense *dans* $\mathcal{C}_0(\mathbb{R}^m)$ *un résultat classique simple montre que* A *préengendre le semi-groupe* $(R_t)_{t \geq 0}$.

DEFINITION DES MATRICES DE TYPE $\mathcal{E}$: Une matrice carrée d'ordre m, $Q(x)$, dont les coefficients $q_{ij}(x)$ sont des fonctions réelles de $x \in \mathbb{R}^m$ est dite de type $\mathcal{E}$ s'il existe une matrice carrée d'ordre m , $P(x)$, fonction de classe $\mathcal{C}^2$ de x sur $\mathbb{R}^m$ telle que :

(i) P , DP , D^2P sont bornées sur R^m ,

(ii) $\forall x \in \mathbb{R}^m$, $Q(x) = \widetilde{P}(x)P(x)$.

Nous pouvons alors énoncer le

THEOREME. *Soit* Q *une matrice de type* $\mathcal{E}$ *et* ξ *une fonction de classe* $\mathcal{C}^2$ *de* $\mathbb{R}^m$ *telle que* ξ , $D\xi$ *et* $D^2\xi$ *sont bornées dans* $\mathbb{R}^m$.

Soit B *l'opérateur sur* $\mathcal{C}_0(\mathbb{R}^m)$ *défini par*

$$D(B) = \{ f \in \mathcal{E}^2(R^m) \,/\, f , D_i f , D_i D_j f \in \mathcal{C}_0(\mathbb{R}^m) \}$$

$$\forall f \in D(B) , \quad Bf = \sum_i \sum_j q_{ij} D_i D_j f + \sum_i \xi_i D_i f .$$

Alors B *est le prégénérateur infinitésimal d'un semi-groupe de Feller* $(P_t)_{t \geq 0}$ *sur* $\mathcal{C}_0(\mathbb{R}^m)$. *Ce semi-groupe est donné par la formule suivante*

$$\forall f \in \mathcal{C}_0(\mathbb{R}^m), \ \forall t \geq 0 , \ P_t f = \lim_{n \to \infty} (S_{\frac{t}{n}})^n (f)$$

où
$$S_t f(x) = \frac{1}{\pi^{\frac{m}{2}}} \int_{\mathbb{R}^m} e^{-u^2} f(x + t\,\xi(x) - 2\sqrt{t}\, P(x).u)\,du .$$

INTRODUCTION DES OPERATEURS S_t : y étant fixé dans $\mathbb{R}^m$ considérons l'opérateur A_y défini par

$$D(A_y) = D(B)$$

$$\forall f \in D(A_y) \quad A_y f(x) = \sum_i \sum_j q_{ij}(y) D_i D_j f(x) + \sum_i \xi_i(y) D_i f(x).$$

D'après le lemme préliminaire A_y préengendre le semi-groupe de Feller $(R_{y,t})_{t \geqslant 0}$ défini par

$$R_{y,t} f(x) = \frac{1}{\pi^{\frac{m}{2}}} \int_{\mathbb{R}^m} e^{-u^2} f(x + t\,\xi(y) - 2\sqrt{t}\,P(y).u)\,du$$

Soit S_t l'opérateur sur $\mathcal{C}_o(\mathbb{R}^m)$ défini par

$$\forall x \in \mathbb{R}^m, \ \forall f \in \mathcal{C}_o(\mathbb{R}^m), \quad S_t f(x) = R_{x,t} f(x)$$

c'est à dire

$$S_t f(x) = \frac{1}{\pi^{\frac{m}{2}}} \int_{\mathbb{R}^m} e^{-u^2} f(x + t\,\xi(x) - 2\sqrt{t}\,P(x).u)\,du.$$

On montre immédiatement les propriétés suivantes :

S_t est linéaire, positif et de norme $\leqslant 1$.

$D(B)$ est stable par S_t

$\forall f \in \mathcal{C}_o(\mathbb{R}^m)$, $t \to S_t f$ est continue

Soit $f \in D(B)$. D'après le théorème des accroissements finis, pour tout $t \geqslant 0$ et tout $x \in \mathbb{R}^m$, il existe $\theta(x,t) \in]0\ 1[$ tel que

$$R_{x,t} f(x) - f(x) = t\, R_{x,\theta t}\, A_x f(x)$$

$$\frac{S_t f(x) - f(x)}{t} - Bf(x) = \frac{R_{x,t} f(x) - f(x)}{t} - Bf(x)$$

$$= R_{x,\theta t}\, A_x f(x) - Bf(x)$$

$$= \sum_i \sum_j q_{ij}(x) \left[S_{\theta t}\, D_i D_j f(x) - D_i D_j f(x) \right]$$

$$+ \sum_i \xi_i(x) \left[S_{\theta t}\, D_i f(x) - D_i f(x) \right]$$

D'après la continuité de $t \to S_t g$ pour tout $g \in \mathcal{C}_o(\mathbb{R}^m)$ il s'ensuit que

$$\forall f \in D(B) \ , \quad \lim_{t \to 0} \frac{S_t - f}{t} = Bf \ .$$

PROPRIETES DES OPERATEURS S_t : Ce paragraphe est technique mais élémentaire. Les inégalités obtenues permettent de montrer la convergence des opérateurs $(S_{\frac{t}{n}})^n$ lorsque $n \to +\infty$.

LEMME 1. *Il existe* $K > 0$ *tel que*

$$\forall f \in D(B), \ \forall t \in [0\ 1]\ , |||S_t f||| \leq (1 + Kt)\ |||f|||\ .$$

REMARQUE : La constante K peut être différente d'une ligne à l'autre au cours de cet article. Toutefois à chaque ligne elle ne dépend que de $Q(.)$ et de $\xi(.)$.

PREUVE DU LEMME 1.

$$\boxtimes\ DS_t f(x) = \frac{1}{\pi^{\frac{m}{2}}} \int_{\mathbb{R}^m} e^{-u^2} f'(x + t\xi(x) - 2\sqrt{t}\,P(x).u) \circ (I + t\,D\xi(x) - 2\sqrt{t}\,DP(x).u)\,du$$

où I est l'identité de $\mathbb{R}^m$.

$$DS_t f(x) = \frac{1}{\pi^{\frac{m}{2}}} \int_{\mathbb{R}^m} e^{-u^2} f'(\ldots) \circ (I + t\,D\xi(x))\,du$$

$$+ \frac{1}{\pi^{\frac{m}{2}}} \int_{\mathbb{R}^m} e^{-u^2} [f'(\ldots) - f'(x + t\xi(x))] \circ (-2\sqrt{t}\,DP(x).u)\,du$$

$$+ \frac{1}{\pi^{\frac{m}{2}}} \int_{\mathbb{R}^m} e^{-u^2} f'(x + t\,\xi(x)) \circ (-2\sqrt{t}\,DP(x).u)\,du$$

La norme du premier terme est majorée par $(1 + Kt)\ \|Df\|$

La norme du second terme est majorée par $Kt\ \|D^2 f\|$

Le troisième terme est nul car la fonction intégrée est impaire par rapport à u.

Finalement $\|DS_t f\| \leqslant (1 + Kt) |||f|||$

⊠ $$D^2S_t f(x) = \frac{1}{\pi^{\frac{m}{2}}} \int_{\mathbb{R}^m} e^{-u^2} f''(\dots) \circ$$

$$(I + t\,D\xi(x) - 2\sqrt{t}\,DP(x).u,\ I + tD\xi(x) - 2\sqrt{t}\,DP(x).u)\,du$$

$$+ \frac{1}{\pi^{\frac{m}{2}}} \int_{\mathbb{R}^m} e^{-u^2} f'(\dots) \circ (tD^2\xi(x) - 2\sqrt{t}\,D^2P(x).u)\ du$$

Par un calcul analogue à celui que l'on vient de faire on montre que la seconde intégrale est majorée par $Kt\,|||f|||$.

Cherchons à majorer la première intégrale. C'est une forme bilinéaire symétrique J. On a donc

$$\|J\| = \sup_{\substack{\alpha \in \mathbb{R}^m \\ \|\alpha\| = 1}} |J(\alpha, \alpha)|$$

$$|J(\alpha, \alpha)| \leqslant \frac{\|D^2f\|}{\pi^{\frac{m}{2}}} \int_{\mathbb{R}^m} e^{-u^2} (\alpha + t\,D\xi(x).\alpha - 2\sqrt{t}\,DP(x).\alpha.u)^2\,du$$

$$|J(\alpha, \alpha)| \leqslant \frac{\|D^2f\|}{\pi^{\frac{m}{2}}} \int_{\mathbb{R}^m} e^{-u^2} (\alpha + t\,D\xi(x).\alpha)^2\ du$$

$$- 2\,\frac{\|D^2f\|}{\pi^{\frac{m}{2}}} \int_{\mathbb{R}^m} e^{-u^2} (\alpha + t\,D\xi(x).\alpha \mid 2\sqrt{t}\,DP(x).\alpha.u)\ du$$

$$+ \frac{D^2f}{\pi^{\frac{m}{2}}} \int_{\mathbb{R}^m} 4te^{-u^2} (DP(x).\alpha.u)^2\ du$$

Le premier terme est majoré par $\|D^2f\|\ \|\alpha\|^2 (1 + Kt)$

Le second est nul par imparité par rapport à u

Le troisième est majoré par $\|D^2f\|\ \|\alpha\|^2\ Kt$

Finalement $\|D^2S_t f\| \leqslant (1 + Kt) |||f|||$

Le lemme 1 est donc démontré.

<u>DEFINITION.</u> Pour toute subdivision $\Delta = (t_o = a < t_1 < \dots < t_n = b)$

de l'intervalle $[a\,b]$ on note S_Δ l'opérateur

$$S_{t_n - t_{n-1}} \circ S_{t_{n-1} - t_{n-2}} \circ \dots \circ S_{t_1 - t_0}$$

Si Δ est une subdivision de $[a\,b]$ on note $\sigma(\Delta)$ son pas.

On déduit alors immédiatement du lemme 1 le

<u>LEMME 2 :</u> *Il existe $K > 0$ tel que*

$$\forall f \in \mathcal{D}(B)\ ,\ \forall t \in [0\,1]\ ,\forall \Delta \text{ subdivision de } [0\,t]\ ,\ |||S_\Delta f||| \leq K|||f|||\ .$$

<u>LEMME 3 :</u> *Il existe $K > 0$ tel que*

$$\forall f \in \mathcal{D}(B), \forall s,t \geq 0\ ,\ s + t \leq 1, \| S_s \circ S_t f - S_{s+t} f \| \leq K t\sqrt{s}\ |||f|||.$$

<u>DEMONSTRATION :</u> Soient $f \in D(B)$ et $s,t \geq 0$ tels que $s+t \leq 1$. On a, d'après la définition de S_t et S_s ,

$$S_s \circ S_t f(x) = \frac{1}{\pi^m} \iint_{\mathbb{R}^{2m}} e^{-u^2 - v^2}\, f(z + t\xi(z) - 2\sqrt{t}\, P(z).u)\,du\,dv$$

où l'on a posé, pour simplifier l'écriture,

$$z = x + s\xi(x) - 2\sqrt{s}\, P(x).v$$

D'autre part $S_{s+t}f(x) = R_{x,s+t}f(x) = R_{x,s}(R_{x,t}f)(x)$,
c'est à dire,

$$S_{s+t}f(x) = \frac{1}{\pi^m} \iint_{\mathbb{R}^{2m}} e^{-u^2 - v^2}\, f(z + t\xi(x) - 2\sqrt{t}\, P(x).u)\ du\,dv$$

On a donc,

$$S_s \circ S_t\, f(x) - S_{s+t}f(x) =$$

$$\frac{1}{\pi^m} \iint_{R^{2m}} e^{-u^2 - v^2} [\, f(z + t\xi(z) - 2\sqrt{t}\, P(z).u) - f(z + t\xi(x) - 2\sqrt{t}\, P(z).u)]\ du\,dv$$

$$+ \frac{1}{\pi^m} \iint_{R^{2m}} e^{-u^2-v^2} \begin{bmatrix} f(z+t\xi(x) - 2\sqrt{t}\,P(z).u) - f(z+t\xi(x) - 2\sqrt{t}\,P(x).u) \\ + f'(z+t\xi(x)).2\sqrt{t}(P(z).u - P(x).u) \end{bmatrix} du\,dv$$

$$- \frac{1}{\pi^m} \iint_{R^{2m}} e^{-u^2-v^2} \quad f'(z+t\xi(x)).\ 2\sqrt{t}\ (P(z).u - P(x).u)\ du\,dv\ .$$

La norme du premier terme est majorée par $Kt\sqrt{s}\ \|Df\|$.

La norme du second terme est majorée par $Kt\sqrt{s}\ \|D^2 f\|$, il suffit en effet d'utiliser l'inégalité suivante qui est conséquence de la formule des accroissements finis :

$$|f(y+h) - f(y+k) - f'(y).\ (h-k)| \leqslant \|f''\|\ \|h-k\|\ (\|h\| + \|k\|)$$

Le troisième terme est nul comme intégrale d'une fonction impaire par rapport à u .

Le lemme 3 est donc démontré. On en déduit le

LEMME 4 : *Il existe $K > 0$ tel que pour tout $t \in [0\ 1]$ et toute subdivision Δ de $[0\ t]$ on ait*

$$\forall f \in \mathcal{D}(B)\ ,\ \|S_t f - S_\Delta f\| \leqslant Kt\sqrt{t}\ \ |||f|||\ .$$

DEMONSTRATION. Il suffit d'écrire $S_t f - S_\Delta f$ sous la forme

$$\sum_{k=0}^{n-2} \left(S_{t_n - t_k} - S_{t_n - t_{k+1}} \circ S_{t_{k+1} - t_k}\right) \circ S_{t_k - t_{k-1}} \circ$$

$$\circ \ldots \circ S_{t_1 - t_0}\ f\ .$$

D'après les lemmes 2 et 3 la norme du terme d'ordre k est majorée par $K\ (t_{k+1} - t_k)\sqrt{t_n - t_{k+1}}\ \ |||f|||$, donc par $K(t_{k+1} - t_k)\ \sqrt{t}\ |||f|||$.

En faisant la somme de ces majorations pour $k = 0\ , \ldots\ , n-2$ on obtient le résultat recherché.

LEMME 5 : *Il existe $K > 0$ tel que*

$\forall f \in D(B)$, $\forall t \in [0\ 1]$, $\forall\ \Delta_1, \Delta_2$ *subdivisions de* $[0\ t]$,

$$\| S_{\Delta_1} f - S_{\Delta_2} f \| \leqslant K\ \|\!| f |\!\|\ t\ \sqrt{Max\ \{\sigma(\Delta_1), \sigma(\Delta_2)\}}\ .$$

DEMONSTRATION : On peut supposer que Δ_2 est plus fine que Δ_1 (sinon on introduit $\Delta_3 = \Delta_1 \cup \Delta_2$ et on majore $\| S_{\Delta_1} f - S_{\Delta_3} f \|$ et $\| S_{\Delta_2} f - S_{\Delta_3} f \|$).

$$\Delta_1 = (t_o = 0 < t_1 < \ldots < t_n = t).$$

Notons $\Delta_{2,i}$ la subdivision induite par Δ_2 sur $[t_i , t_{i+1}]$. On peut alors écrire $S_{\Delta_1} f - S_{\Delta_2} f$ sous la forme

$$\sum_{k=0}^{n-1} S_{t_n - t_{n-1}} \circ \ldots \circ S_{t_{k+2} - t_{k+1}} \circ \left[S_{t_{k+1} - t_k} - S_{\Delta_{2,k}} \right]$$

$$\circ\, S_{\Delta_{2,k-1}} \circ \ldots \circ S_{\Delta_{2,o}}\ f$$

D'après les lemmes 2 et 4 la norme du terme d'ordre k est majorée par $K\ \|\!| f |\!\|\ (t_{k+1} - t_k)\ \sqrt{t_{k+1} - t_k} \leqslant K\ \|\!| f |\!\|\ (t_{k+1} - t_k)\sqrt{\sigma(\Delta_1)}$ D'où le résultat par sommation sur k .

<u>LEMME 6 :</u> *Soit* $(\alpha_n)_{n \in \mathbb{N}}$ *une suite régularisante :*

$\alpha_n \in \mathcal{D}(\mathbb{R}^n)$, $\alpha_n \geqslant 0$, $\int_{\mathbb{R}^m} \alpha_n(x)dx = 1$, *supp* $\alpha_n \subset B(0, \frac{1}{n})$,

où $B(0,r)$ *désigne la boule ouverte de* $\mathbb{R}^m$ *de centre* 0 *et de rayon* r .

Alors il existe $K > 0$ *tel que*

$$\forall\ t \in [0\ 1],\ \forall f \in D(B),\ \| S_t(f * \alpha_n) - S_t(f) * \alpha_n \| \leqslant K\ \|\!| f |\!\|\ \frac{t}{n}$$

DEMONSTRATION :

$$S_t f * \alpha_n(x) = \frac{1}{\pi^{\frac{m}{2}}} \iint_{R^{2m}} e^{-u^2} f(x-z+t\xi(x-z) - 2\sqrt{t}\, P(x-z).u)\, \alpha_n(z)\, du dz$$

$$S_t(f * \alpha_n)(x) = \frac{1}{\pi^{\frac{m}{2}}} \iint_{R^{2m}} e^{-u^2} f(x-z+t\xi(x) - 2\sqrt{t}\, P(x).u)\, \alpha_n(z)\, du\, dz .$$

On a donc

$$S_t f * \alpha_n(x) - S_t(f * \alpha_n)(x) =$$

$$\frac{1}{\pi^{\frac{m}{2}}} \iint_{R^{2m}} e^{-u^2} \begin{bmatrix} f(x-z+t\xi(x-z) - 2\sqrt{t}\, P(x-z).u) \\ - f(x-z+t\xi(x) - 2\sqrt{t}\, P(x-z).u) \end{bmatrix} \alpha_n(z)\ du\ dz$$

$$+ \frac{1}{\pi^{\frac{m}{2}}} \iint_{\mathbb{R}^{2m}} e^{-u^2} \begin{bmatrix} f(x-z+t\xi(x) - 2\sqrt{t}\ P(x-z).\ u) \\ - f(x-z + t\xi(x) - 2\sqrt{t}\ P(x).u) \\ + f'(x-z + t\xi(x)). \\ .2\sqrt{t}\ (P(x-z).u - P(x).u) \end{bmatrix} \alpha_n(z)\ du\ dz$$

$$- \frac{1}{\pi^{\frac{m}{2}}} \iint_{\mathbb{R}^{2m}} e^{-u^2} f'(x-z + t\xi(x)).\ 2\sqrt{t}\,(P(x-z).u - P(x).u)\ \alpha_n(z)\ du\ dz$$

La norme du premier terme est majorée par $K \| Df \| \frac{t}{n}$

La norme du second terme est majorée par $K \| D^2 f \| \frac{t}{n}$, d'après l'inégalité suivante

$$|f(y+h) - f(y+k) - f'(y).(h+k)| \leq \| f'' \| \ \| h-k \| \ (\| h \| + \| k \|).$$

Le troisième terme est nul comme intégrale d'une fonction impaire en u.

Le lemme 6 est donc démontré.

DEFINITION DU SEMI-GROUPE DE FELLER $(P_t)_{t \geq 0}$:

Pour $t \in [0\ 1]$ et $n \in \mathbb{N}$ posons $P_{n,t} = (S_{\frac{t}{2^n}})^{2^n}$.

D'après le lemme 5 on a

$$\forall f \in D(B)\ ,\ \forall t \leqslant 1\ ,\ \| P_{n,t}f - P_{n+1,t}f \| \leqslant K \| f \| \frac{t\sqrt{t}}{(\sqrt{2})^n} .$$

Par suite, pour $f \in D(B)$, $P_{n,t}f$ converge uniformément en t sur $[0\ 1]$ vers un élément de $\mathscr{C}_o(\mathbb{R}^m)$ noté $P_t f$.
Comme les $P_{n,t}$ sont bornés par 1 et comme $D(B)$ est dense dans $\mathscr{C}_o(\mathbb{R}^m)$ cette convergence uniforme a lieu pour tout $f \in \mathscr{C}_o(\mathbb{R}^m)$.

On obtient une famille $(P_t)_{t \in [0\ 1]}$ d'opérateurs sur $\mathscr{C}_o(\mathbb{R}^m)$ positifs et bornés par 1.
Comme $t \to P_{n,t}f$ est continu pour tout n et tout $f \in \mathscr{C}_o(\mathbb{R}^m)$ et comme la convergence est uniforme en t sur $[0\ 1]$, $t \to P_t f$ est continue sur $[0\ 1]$ pour tout $f \in \mathscr{C}_o(\mathbb{R}^m)$.
On a évidemment $P_o = I$ (identité de $\mathscr{C}_o(\mathbb{R}^m)$).

Montrons que $(P_t)_{t \in [0\ 1]}$ vérifie la loi de semi-groupe.

Soient $s, t \geqslant 0$ tels que $s + t \leqslant 1$.
D'après le lemme 5 on a l'inégalité

$$\forall f \in D(B), \forall n \in \mathbb{N}\ , \| P_{n,t} \circ P_{n,s}(f) - P_{n,s+t}f \| \leqslant K \| f \| (s+t)\sqrt{\frac{s+t}{2^n}}.$$

Par passage à la limite lorsque $n \to +\infty$ on obtient

$$\forall f \in D(B),\ P_t \circ P_s(f) = P_{t+s}f$$

Finalement $P_t \circ P_s = P_{t+s}$ et on peut alors étendre la famille $(P_t)_{t \in [0\ 1]}$ en un semi-groupe de Feller $(P_t)_{t \geqslant 0}$.

DETERMINATION DU GENERATEUR INFINITESIMAL DE $(P_t)_{t \geqslant 0}$.

Notons C le générateur infinitésimal de $(P_t)_{t \geqslant 0}$.

D'après le lemme 4 nous avons

$\forall f \in D(B), \forall t \in [0\ 1], \forall n \in \mathbb{N}, \|P_{n,t}f - S_t f\| \leqslant K \,|||f|||\, t\sqrt{t}$.

Par passage à la limite on obtient

$\forall f \in D(B), \forall t \in [0\ 1], \|P_t f - S_t f\| \leqslant K \,|||f|||\, t\sqrt{t}$.

Pour $\lambda > 0$, notons E_λ l'ensemble des fonctions f de $\mathcal{C}_0(\mathbb{R}^m)$ qui sont limites uniformes d'éléments f_n de $D(B)$ tels que $\forall n, \ |||f_n||| \leqslant \lambda$.

Notons $E = \bigcup_{\lambda > 0} E_\lambda$. E est un sous-espace vectoriel de $\mathcal{C}_0(\mathbb{R}^m)$.

On a alors l'inégalité suivante

$\forall \lambda > 0, \forall f \in E_\lambda , \forall t \in [0\ 1], \|P_t f - S_t f\| \leqslant K\lambda t\sqrt{t}$.

On en déduit en particulier l'équivalence suivante, si $f \in E$

$\lim\limits_{t \to 0} \frac{1}{t} (P_t f - f)$ existe $\iff \lim\limits_{t \to 0} \frac{1}{t} (S_t f - f)$ existe et alors les deux limites sont égales.

Si $f \in D(B)$ on sait que $\lim\limits_{t \to 0} \frac{1}{t} (S_t f - f) = Bf$

Ceci montre que C prolonge B.

Notons $\overline{B}$ la fermeture de B . On sait donc que $\overline{B} \subset C$ et il reste simplement à établir que $\overline{B} \supset C$.

De manière générale on sait que $\forall t \geqslant 0, P_t(D(C)) \subset D(C)$.

D'autre part, d'après la construction de P_t et le lemme 2 on voit facilement que

$\forall \lambda > 0, \forall t \in [0\ 1] , P_t(E_\lambda) \subset E_{K\lambda}$.

Par suite, $t \geqslant 0, P_t(E) \subset E$.

Comme $E \cap D(C)$ est stable sous $(P_t)_{t \geqslant 0}$ et dense dans $\mathcal{C}_0(\mathbb{R}^m)$, un résultat élémentaire de théorie des semi-groupes montre que C est la fermeture de sa restriction à $D(C) \cap E$.

Nous allons maintenant prouver que $\bar{B}$ prolonge $C/_{D(C)} \cap E$.

Ceci impliquera alors $\bar{B} \supset C$ et nous aurons $\bar{B} = C$.

Soit $f \in E_\lambda \cap D(C)$ pour un $\lambda > 0$ et $(\alpha_n)_{n \in \mathbb{N}}$ une suite régularisante comme dans le lemme 6 .

D'après ce lemme on a

$$\forall t \in [0\ 1],\ \| S_t(f * \alpha_n) - (S_t f) * \alpha_n \| \leqslant \frac{K\lambda}{n}\, t\ .$$

$$\forall t \in [0\ 1],\ \| \frac{1}{t}\, [S_t(f * \alpha_n) - f * \alpha_n] - \frac{1}{t}(S_t f - f) * \alpha_n \| \leqslant \frac{K\lambda}{n}\ .$$

En tenant compte du fait que $f \in E \cap D(C)$ et $f * \alpha_n \in D(B)$ et en passant à la limite lorsque $t \to 0$ on obtient

$$\forall n \in \mathbb{N}\ ,\ \| B(f * \alpha_n) - C(f) * \alpha_n \| \leqslant \frac{K\lambda}{n}\ .$$

Lorsque $n \to +\infty$, $f * \alpha_n$ converge vers f et $B(f * \alpha_n)$ converge vers $C(f)$ donc,

$$f \in D(\bar{B}) \quad \text{et} \quad \bar{B}(f) = C(f)\ .$$

Finalement $\bar{B} \supset C/_{E \cap D(C)}$ donc $\bar{B} \supset C$.

Le théorème est démontré.

EXEMPLES DE MATRICES DU TYPE $\mathcal{E}$:

PROPOSITION : Soit $Q(x) = [q_{ij}(x)]$ une matrice carrée symétrique d'ordre m, fonction de x de classe $\mathcal{C}^2$ sur $\mathbb{R}^m$.

On suppose que :

(i) Q ainsi que ses dérivées premières et secondes sont bornées sur $\mathbb{R}^m$.

*(ii) $\exists\, a > 0, \forall x \in \mathbb{R}^m, \forall \xi \in \mathbb{R}^m$, $Q(x)(\xi) \geqslant a \|\xi\|^2$
où l'on identifie la matrice $Q(x)$ avec la forme bilinéaire qui lui est associée sur $\mathbb{R}^m$ muni de sa base canonique.*

Alors Q est de type $\mathcal{E}$.

DEMONSTRATION : Elle se fait par récurrence sur l'ordre p de $Q(x)$ en utilisant la méthode de réduction en carrés de Gauss.

Pour $p = 1$ le résultat est évident.

Supposons la propriété vraie pour p et montrons la pour $p + 1$.

Soit $Q(x,\xi) = 2 \sum_{0 \leq i < j \leq p} q_{ij}(x)\xi_i \xi_j + \sum_{0 \leq i \leq p} q_{ii}(x) \xi_i^2$,

vérifiant les propriétés (i) et (ii) .

D'après (ii), $q_{oo} \geq a$. On peut donc écrire

$$Q(x,\xi) = (\sqrt{q_{oo}(x)}\ \xi_o + \sum_{1 \leq j \leq p} \frac{q_{oj}(x)}{\sqrt{q_{oo}(x)}} \xi_j)^2 + Q_1(x,\hat{\xi}) ,$$

où $Q_1(x,\hat{\xi})$ est quadratique en $\hat{\xi} = (\xi_1, \ldots, \xi_p) \in \mathbb{R}^p$.

Q_1 vérifie évidement (i) .

Q_1 vérifie aussi (ii), en effet,

$$Q_1(x,\hat{\xi}) = Q(x,(\xi_o,\hat{\xi})) \quad \text{avec} \quad \xi_o = - \sum_{1 \leq j \leq p} \frac{q_{oj}(x)}{q_{oo}(x)} \xi_j$$

Par conséquent $Q_1(x,\hat{\xi}) \geq a \,\|(\xi_o,\hat{\xi})\|^2 \geq a \,\|\hat{\xi}\|^2$.

Il existe donc une matrice carrée d'ordre p , $P_1(x)$, de classe $\mathcal{C}^2$ sur $\mathbb{R}^m$, bornée sur $\mathbb{R}^m$ ainsi que ses dérivées première et seconde telle que

$$Q_1(x) = \widetilde{P_1(x)}\ P_1(x),$$

c'est à dire $\forall \hat{\xi} \in \mathbb{R}^p$, $Q_1(x,\hat{\xi}) = [P_1(x).\hat{\xi}]^2$

$$\text{On pose } P(x) = \begin{bmatrix} \sqrt{q_{oo}(x)} & \frac{q_{oI}(x)}{\sqrt{q_{oo}(x)}} \;\cdots\cdots\; \frac{q_{op}(x)}{\sqrt{q_{oo}(x)}} \\ \begin{matrix} 0 \\ \vdots \\ 0 \end{matrix} & P_1(x) \end{bmatrix}$$

Pour $\xi = (\xi_o, \xi_1, \ldots, \xi_p) = (\xi_o, \hat{\xi}) \in \mathbb{R}^{p+1}$ on a

$$[P(x).\xi]^2 = \left(\sqrt{q_{oo}(x)}\ \xi_o + \sum_{1 \leq j \leq p} \frac{q_{oj}(x)}{\sqrt{q_{oo}(x)}}\ \xi_j\right)^2 + [P_1(x).\hat{\xi}]^2 = Q(x,\xi)$$

Par suite on a bien $Q(x) = \widetilde{P(x)}\ P(x)$.

D'autre part P est fonction de classe $\mathcal{C}^2$ sur $\mathbb{R}^m$ bornée ainsi que ses dérivées première et seconde .

La propriété est donc vraie à l'ordre $p + 1$, donc finalement à l'ordre m .

REMARQUE 1 : Les matrices Q données par cette proposition ne sont pas les seules du type $\mathcal{E}$. Il y a une grande classe de matrices dégénérées qui sont aussi du type $\mathcal{E}$.

Un autre méthode de démonstration pour ce genre de résultat est basée sur le calcul fonctionnel pour les matrices.

A ce propos on peut consulter [3] (page 81).

REMARQUE 2 : La technique de restriction des générateurs infinitésimaux locaux développée dans [4] permet d'étendre le résultat du théorème au cas d'un ouvert régulier quelconque de $\mathbb{R}^m$.

REMARQUE 3 : Le théorème de perturbation multiplicative de Dorroh (étendu par Lumer [2]) montre que, si φ est une fonction continue, majorée et minorée par un nombre strictement positif sur R^m et si c est un réel positif, $\varphi(B - cI)$ préengendre encore un semi-groupe de Feller.

B I B L I O G R A P H I E

[1] K.ITÔ - H.P.Mc KEAN
Diffusion processes and their sample paths.
Springer Verlag 1965.

[2] G.LUMER
Pertubations de générateurs infinitésimaux
du type "changement de temps".
Ann.Inst.Fourier, 23,4, (1974).

[3] P.A.MEYER - P.PRIOURET - F.SPITZER
Ecole d'été de probabilité de St Flour III.
1973. Springer - Lecture Notes in Math. 390.

[4] J.P.ROTH
Opérateurs dissipatifs et semi-groupes dans
les espaces de fonctions continues.
Ann.Inst.Fourier, 26,4, (1976).

par J.-P. ROTH.
I.S.E.A.
4, rue des Frères Lumière
68093 MULHOUSE-CEDEX

POLARITE ET EFFILEMENT

DANS LES ESPACES BIHARMONIQUES

par Emmanuel P. SMYRNELIS*

INTRODUCTION. Donnant suite à nos préoccupations exprimées dans l'introduction de [9], nous étudions dans ce travail la polarité et l'effilement en théorie axiomatique des fonctions biharmoniques.

On se placera dans un espace biharmonique fort $(\Omega, \mathcal{H})$ au sens de [9] et on utilisera les mêmes notations.

Dans le premier chapitre, on introduit les ensembles $\mathcal{H}$ - polaires(1) c'est-à-dire les ensembles sur lesquels les valeurs de deux fonctions d'un couple $\mathcal{H}$ - surharmonique deviennent infinies ; des propriétés de ces ensembles, analogues à celles des ensembles polaires dans un espace harmonique, sont établies. Ensuite, on démontre que la $\mathcal{H}$ - polarité équivaut à la $\mathcal{H}_1$ et $\mathcal{H}_2$ - polarité. (Par exemple, la Δ^2 - polarité est équivalente à la Δ - polarité.)

Dans le deuxième chapitre, on définit le $\mathcal{H}$ - effilement.

---

(1) Une autre polarité, la polarité d'ordre 2, a été étudiée dans [11].

* Cet article est une rédaction détaillée de l'exposé du 6/01/77.

Des résultats préliminaires (quelquefois assez techniques) nous permettent de montrer que le $\mathcal{H}$-effilement d'un ensemble E en un point $x \in \Omega$ équivaut au $\mathcal{H}_1$ et $\mathcal{H}_2$-effilement ou à l'existence d'un $\mathcal{H}$-potentiel $P=(p_1,p_2) \in \mathcal{P}_c$ tel que $\hat{P}_j^E(x) < p_j(x)$, $j = 1,2$; on en déduit quelques autres résultats concernant les ensembles lisses (ensembles "non $\mathcal{H}$-effilés"). Enfin, on introduit deux topologies fines associées aux couples $\mathcal{H}$-hyperharmoniques et l'on établit des propriétés caractéristiques ainsi que leurs relations avec les topologies $\mathcal{H}_1$ et $\mathcal{H}_2$-fines, c'est-à-dire les topologies fines par rapport aux faisceaux harmoniques associés.

Dans le troisième chapitre, on donne quelques exemples relatifs aux opérateurs : Δ^2, G^2, ΔG, $G\Delta$ où Δ est le laplacien et G l'opérateur de la chaleur ; en fait, les résultats établis dans ce travail sont applicables aux équations $L_2L_1u = 0$ (ou aux systèmes équivalents $L_1u_1 = -u_2$, $L_2u_2 = 0$) où L_j, $j = 1,2$, est un opérateur différentiel linéaire du second ordre elliptique ou parabolique ([10]).

I . POLARITE

Définition 1.1. Un ensemble $A \subset \Omega$ est dit $\mathcal{H}$-polaire s'il existe un couple $(s_1,s_2) \in {}_+\mathcal{S}(\Omega)$ tel que $A \subset s_j^{-1}(+\infty)$, $j = 1,2$.

Comme les fonctions s_j sont $\mathcal{H}_j$-surharmoniques ([9], 1.23), il est évident qu'un ensemble $\mathcal{H}$-polaire est $\mathcal{H}_1$ et $\mathcal{H}_2$-polaire.

En adaptant au cas biharmonique les raisonnements du cas harmonique et en utilisant les résultats de [9] et [10], on démontre les 1.2, 1.3, 1.4, 1.5 suivants.

<u>LEMME 1.2.</u> *Soit* A *un ensemble* $\mathcal{H}$*-polaire et un point* $x \in \complement A$ *. Alors il existe un couple* $(s_1, s_2) \in {}_{+}\mathcal{S}(\Omega)$ *tel que* $A \subset s_j^{-1}(+\infty)$ *et* $s_j(x) < +\infty$, $j = 1,2$.

<u>PROPOSITION 1.3.</u> *Soit un ensemble* $A \subset \Omega$. *Si* A *est* $\mathcal{H}$*-polaire, alors pour tout couple* $\Phi = (\varphi_1, \varphi_2)$ *de fonctions numériques* $\geqslant 0$ *dans* Ω *on aura*

$$\Phi_j^A(x) = 0 \ , \forall x \in \complement A \ , \quad et \quad \hat{\Phi}_j^A = 0 \ ; \ j = 1,2.$$

Inversement, si $\hat{\Phi}_j^A = 0$ *pour un couple* $\Phi = (\varphi_1, \varphi_2)$ *de fonctions numériques* $\geqslant 0$ *dans* Ω *telles que* $\varphi_j(x) > 0$, $\forall x \in A$ $(j = 1,2)$, *alors* A *est* $\mathcal{H}$*-polaire.*

<u>LEMME 1.4.</u> *Soit deux ensembles* A, B *de* Ω *et un couple* $P = (p_1, p_2) \in \mathcal{P}_c$. *Alors, on a :*

(1) $\quad P^{A \cup B} + P^{A \cap B} \leqslant P^A + P^B$.

(2) $\quad \hat{P}^{A \cup B} + \hat{P}^{A \cap B} \leqslant \hat{P}^A + \hat{P}^B$.

(Pour les notations, voir [9] , p. 73.)

<u>PROPOSITION 1.5.</u> *Soit un* $\mathcal{H}$*-potentiel* $P = (p_1, p_2) \in \mathcal{P}_c$. *Pour tout* $x \in \Omega$, *l'application* φ:

$$K \ (\text{ensemble compact de } \Omega) \rightarrow P_1^K(x)$$

est une capacité forte de Choquet. La capacité extérieure est donnée par :

$$\varphi^*(E) = P_1^E(x), \quad \text{où} \quad E \subset \Omega \ ^{(2)}.$$

<u>Définition 1.6.</u> Un $\mathcal{H}$-potentiel (p_1, p_2) dans Ω est dit <u>strict</u> si deux couples de mesures (de Radon) $\geqslant 0$ (μ, ν), (σ, τ) coïncident lorsque

---
(2) voir [2] ou [3] .

$$\int p_1 d\sigma + \int p_2 d\tau = \int p_1 d\mu + \int p_2 d\nu < +\infty$$

et

$$\int u_1 d\sigma + \int u_2 d\tau \leq \int u_1 d\mu + \int u_2 d\nu$$

pour tout couple $(u_1, u_2) \in {}_+\mathcal{H}^*(\Omega)$.

Grâce au théorème d'approximation (5.20,[9]) et en raisonnant de façon analogue avec le cas harmonique, on peut montrer l'existence d'un $\mathcal{H}$-potentiel strict fini continu, à savoir :

LEMME 1.7. *Dans un espace biharmonique fort, il existe un $\mathcal{H}$-potentiel strict fini continu dans Ω.*

Si (p_1, p_2) est un $\mathcal{H}$-potentiel strict, alors on aura $p_j(x) > 0$ pour tout $x \in \Omega$.

En effet, si $p_1(x) = 0$, en prenant $\sigma = \tau = \nu = 0$ et $\mu = \varepsilon_x$, on aboutit à la contradiction $\varepsilon_x = 0$. De même, si $p_2(x) = 0$, en prenant $\sigma = \tau = \mu = 0$ et $\nu = \varepsilon_x$, on aboutit à la même contradiction.

Soit ω un ouvert $\mathcal{H}$-régulier et $x \in \omega$.

Si $\mu = \varepsilon_x$, $\nu = 0$, $\sigma = \mu_x^\omega$, $\tau = \nu_x^\omega$, on a

$$p_1(x) > \int p_1 d\mu_x^\omega + \int p_2 d\nu_x^\omega .$$

Si $\mu = 0$, $\nu = \varepsilon_x$, $\sigma = 0$, $\tau = \lambda_x^\omega$, on a

$$p_2(x) > \int p_2 d\lambda_x^\omega .$$

Par conséquent, tout $\mathcal{H}$-potentiel strict est strictement $\mathcal{H}$-surharmonique.

LEMME 1.8. *Si un compact $K \subset \Omega$ est $\mathcal{H}_1$ et $\mathcal{H}_2$-polaire, il est aussi $\mathcal{H}$-polaire.*

DEMONSTRATION. Soit un $\mathcal{H}$-potentiel $p = (p_1, p_2) \in \mathcal{P}_c$ avec $p_j > 0$, $j = 1, 2$, dans Ω (1.7). D'après le théorème 7.11 de [10], on a

$$\hat{P}_1^K(x) = \int p_1 \, d\mu_x^K + \int p_2 \, d\nu_x^K \quad \text{et} \quad \hat{P}_2^K = {}^{\mathcal{H}_2}\hat{R}_{p_2}^K .$$

Comme le compact K est $\mathcal{H}_1$ et $\mathcal{H}_2$-polaire, on a aussi

$${}^{\mathcal{H}_1}\hat{R}_{p_1}^K(x) = \int p_1 \, d\mu_x^K = 0 \quad \text{et} \quad \hat{P}_2^K(x) = \int p_2 \, d\lambda_x^K = 0, \forall\, x \in \Omega.$$

Mais le couple $(\hat{P}_1^K, \hat{P}_2^K)_{|\complement K} = (\hat{P}_1^K, 0)_{|\complement K} \in {}_+\mathcal{H}(\complement K)$ ([9], 5.7); d'où $\hat{P}^K_{1|\complement K} \in {}_+\mathcal{H}_1(\complement K)$. D'autre part, comme la fonction $p_{1|\complement K}$ est un $\mathcal{H}_1$-potentiel dans $\complement K$ et $p_1 \geqslant \hat{P}_1^K \geqslant 0$ dans Ω, alors $P_1^K = \hat{P}_1^K = 0$ dans $\complement K$. La fonction $\hat{P}_1^K$ étant s.c.i. $\geqslant 0$ et nulle sur l'ensemble dense $\complement K$ ([1], p. 80), il en résulte que $\hat{P}_1^K = 0$ (donc $\nu_x^K = 0, \forall\, x \in \Omega$). Par conséquent, K est $\mathcal{H}$-polaire grâce à la proposition 1.3.

(A noter que ce lemme reste vrai si l'on prend un fermé à la place d'un compact.)

THEOREME 1.9. *Soit un ensemble $A \subset \Omega$. Les propositions suivantes sont équivalentes :*

(i) A est un ensemble $\mathcal{H}$-polaire.

(ii) A est un ensemble $\mathcal{H}_1$ et $\mathcal{H}_2$-polaire.

DEMONSTRATION. (i) $\Rightarrow$ (ii). Evident.

(ii) $\Rightarrow$ (i). D'abord, A étant $\mathcal{H}_1$-polaire, il existe une fonction $\mathcal{H}_1$-surharmonique $v_1 \geqslant 0$ telle que

$$A \subset v_1^{-1}(+\infty) = \bigcap_{n=1}^{\infty} \{v_1 > n\} = B$$

où B est un ensemble G_δ et $\mathcal{H}_1$-polaire; de même, $A \subset B'$, B' étant un ensemble G_δ et $\mathcal{H}_2$-polaire. D'autre part, l'ensemble $E = B \cap B'$, borélien et $\mathcal{H}_j$-polaire $(j = 1, 2)$, est φ-capacitable ([6], cor. 5.2.2). Considérons maintenant la capacité de la proposition 1.5 associée à un $\mathcal{H}$-potentiel $P = (p_1, p_2) \in \mathcal{P}_c$ avec $p_j > 0$, $j = 1, 2$, dans Ω. Alors

$$P_1^E = \sup_{\substack{K \text{ compact} \\ K \subset E}} P_1^K$$

K étant $\mathcal{H}_1$ et $\mathcal{H}_2$-polaire, on aura, d'après la démonstration du lemme 1.8, $P_1^K = 0$ dans $\complement K$; d'où $P_1^E(x) = 0$ pour tout $x \in \complement E$.

Comme E est $\mathcal{H}_1$-polaire, donc $\mathcal{H}_1$-négligeable, on aura $\hat{P}_1^E = 0$ (2.1.5,[1]) d'où $\hat{P}_1^A = 0$ dans Ω car $A \subset E$. On a aussi $\hat{P}_2^A = {}^{\mathcal{H}_2}\hat{R}_{p_2}^A = 0$ dans Ω car A est $\mathcal{H}_2$-polaire. Alors, grâce à la proposition 1.3, A est un ensemble $\mathcal{H}$-polaire.

<u>COROLLAIRE 1.10.</u> *La réunion d'une suite d'ensembles $\mathcal{H}$-polaires est un ensemble $\mathcal{H}$-polaire.*

<u>DEMONSTRATION.</u> En effet, tout ensemble $\mathcal{H}$-polaire étant $\mathcal{H}_j$-polaire $(j = 1, 2)$, cette réunion est un ensemble $\mathcal{H}_1$ et $\mathcal{H}_2$-polaire et, grâce au théorème précédent, il est $\mathcal{H}$-polaire.

II. EFFILEMENT ET TOPOLOGIES FINES

Définition 2.1. Un ensemble $E \subset \Omega$ est dit $\mathcal{H}$-effilé en un point $x \in \complement E$ si : 1) $x \in \complement \overline{E}$;

2) $x \in \overline{E}$ et il existe dans un voisinage de x un couple $\mathcal{H}$-hyperharmonique $(u_1, u_2) \geq (0, 0)$ tel que

$$\liminf_{y \to x, y \in E} u_j(y) > u_j(x), \qquad j = 1, 2 .$$

Un tel ensemble est évidemment $\mathcal{H}_1$ et $\mathcal{H}_2$-effilé en x.

Dans tout ce qui suit, on prendra $j = 1, 2$ et on notera par $\mathcal{U}(x)$ l'ensemble de tous les voisinages ouverts de x.

PROPOSITION 2.2. *1) Si E est un ensemble $\mathcal{H}$-effilé en $x \in \complement E$, il en sera de même pour tout sous-ensemble de E.*

2) Si E et F sont des ensembles $\mathcal{H}$-effilés en un point $x \in \complement(E \cup F)$, alors $E \cup F$ est un ensemble $\mathcal{H}$-effilé en x.

La démonstration de cette proposition est analogue à celle du cas harmonique.

PROPOSITION 2.3. *Pour tout ensemble E $\mathcal{H}$-effilé en un point $x \in \complement E$, on a*

$$\lim_{\mathcal{F}_x} (\mu_x^\omega)^* (E) = 0, \qquad \lim_{\mathcal{F}_x} (\lambda_x^\omega)^* (E) = 0, \qquad \lim_{\mathcal{F}_x} (\nu_x^\omega)^* (E) = 0,$$

où $\mathcal{F}_x$ est le filtre des sections d'ouverts $\mathcal{H}$-réguliers ω contenant le point x (ordonnés par inclusion).

DEMONSTRATION. Comme μ_x^ω et λ_x^ω sont les mesures harmoniques dans les espaces harmoniques $(\Omega, \mathcal{H}_1)$ et $(\Omega, \mathcal{H}_2)$ respectivement et que l'ensemble E est $\mathcal{H}_1$ et $\mathcal{H}_2$-effilé, alors les deux premières égalités sont vraies. La troisième égalité découle de la proposition 1.26(3) de [9].

THEOREME 2.4. *Soient un ensemble E de Ω, $x \in \complement E$, et un couple $(\varphi,\varphi_2) = \Phi$ de fonctions numériques définies, ≥ 0, dans un voisinage δ de x, continues en x et $0 < \varphi_j(x) < +\infty$ $(j = 1,2)$.*

Les conditions suivantes sont équivalentes :

(i) il existe $V, U \in \mathcal{U}(x)$, $U \subset V \subset \delta$, tels que

$$V_{\Phi_j}^{E \cap U}(x)^{(3)} < \varphi_j(x).$$

(ii) l'ensemble E est $\mathcal{H}$-effilé au point x.

(Remarquons que la partie (i) $\Rightarrow$ (ii) de ce théorème reste vraie pour $\varphi_j \geq 0$ et s.c.i. en x.)

DEMONSTRATION. (i) $\Rightarrow$ (ii). On peut trouver un couple $(u_1,u_2) \in {}_+\mathcal{H}^*(V)$ majorant (φ_1,φ_2) sur $E \cap U$ tel que $u_j(x) < \varphi_j(x)$. Si $x \in \bar{E}$, on aura

$$\liminf_{\substack{y \to x \\ y \in E}} u_j(y) = \liminf_{\substack{y \to x \\ y \in E \cap U}} u_j(y) \geq \liminf_{\substack{y \to x \\ y \in E \cap U}} \varphi_j(y) \geq \varphi_j(x) > u_j(x).$$

(ii) $\Rightarrow$ (i). Si $x \notin \bar{E}$, c'est évident. (On prend $U \in \mathcal{U}(x)$ "assez petit" de façon que $E \cap U = \phi$.)

---

(3) c'est la $\mathcal{H}$-réduite dans (l'espace) V .

Supposons maintenant que $x \in \bar{E} \setminus E$. On sait qu'il existe $V \in \mathcal{U}(x)$ et $(u_1,u_2) \in {}_+\mathcal{H}^*(V)$ tels que $u_j(x) < \liminf_{y \to x, y \in E} u_j(y)$.

On a toujours (en prenant au besoin le couple $(\lambda u_1, \lambda u_2)$ avec $\lambda > 0$ convenable) :

$$1) \qquad u_1(x) \leq \varphi_1(x) < \liminf_{y \to x, y \in E} u_1(y).$$

En ce qui concerne l'indice 2, trois éventualités peuvent se présenter :

$$2a) \qquad u_2(x) < \varphi_2(x) < \liminf_{y \to x, y \in E} u_2(y) \;;$$

$$2b) \qquad \varphi_2(x) \leq u_2(x) < \liminf_{y \to x, y \in E} u_2(y) \;;$$

$$2c) \qquad u_2(x) < \liminf_{y \to x, y \in E} u_2(y) \leq \varphi_2(x) \;.$$

Cas (1,2a) : On a le résultat grâce à la continuité de φ_j en x.

Cas (1,2b) : On se ramène au cas précédent en multipliant $\varphi_2(x)$ par un nombre $\alpha > 1$ convenable. En notant par $\Psi = (\psi_1, \psi_2) = (\varphi_1, \alpha\varphi_2)$, on remarque que, pour tout $U \in \mathcal{U}(x)$ contenu dans le voisinage V de la définition 2.1, on aura

$$V_{\Psi_2}^{E \cap U} = \alpha\, V_{\Phi_2}^{E \cap U} \qquad (4.3,[9]).$$

Cas (1,2c) : On essaiera de se ramener au cas précédent. Pour cela, on construira d'abord un couple (q_1,q_2) $\mathcal{H}$-surharmonique dans un voisinage de x, fini continu en x, tel que

$$0 < q_1(x) < q_2(x) \;.$$

En effet : D'après l'axiome III'(a) de [9], il existe un $\mathcal{H}$-potentiel $(p_1,p_2) \in \mathcal{P}_c$ tel que $p_j(x) > 0$ $(j = 1,2)$. Si $p_1(x) < p_2(x)$, il n'y a rien à démontrer. Sinon, pour un $\mathcal{H}$-potentiel (p_1, p_2) strict et fini continu dans Ω, il existe un voisinage $\mathcal{H}$-régulier ω de x tel que le couple $(p_1 - H^{\omega}_{p_1}, p_{2|\omega})$ a les propriétés désirées.

Maintenant, on va montrer qu'il existe un nombre $\lambda > 0$ tel que, dans un voisinage (ouvert) de x, le couple $(u_1+\lambda q_1, u_2 + \lambda q_2)$ satisfait aux inégalités du cas 2b). En effet, si l'on note $d_j = \varphi_j(x) - u_j(x)$, $j = 1,2$, on a, en rendant $q_1(x)$ assez petit, $d_2 q_1(x) < d_1 q_2(x)$. On prend alors

$$\lambda \in]d_2/q_2(x), \ d_1/q_1(x)[\ .$$

Enfin, la continuité de q_1, q_2, nous permet de conclure.

THEOREME 2.5. *Soient un ensemble E de Ω, $x \in \complement E$, et un couple $(\varphi_1, \varphi_2) = \Phi$ de fonctions numériques définies, ≥ 0, dans un voisinage δ de x, continues en x et $0 < \varphi_j(x) < +\infty$ $(j = 1,2)$. Les conditions suivantes sont équivalentes :*

i) il existe $V, U \in \mathcal{U}(x)$, $U \subset V \subset \delta$, tels que

$$\hat{V}^{E \cap U}_{\Phi_j}(x) < \varphi_j(x).$$

ii) l'ensemble E est $\mathcal{H}$-effilé au point x.

Pour démontrer ce théorème, il faut d'abord établir les lemmes 2.6 et 2.7 qu'on démontre, en utilisant les résultats de [9] et [10], par des raisonnements analogues à ceux du cas harmonique.

LEMME 2.6. *Pour toute suite croissante (E_n) d'ensembles de Ω et tout $\mathcal{H}$-potentiel $P = (p_1, p_2) \in \mathcal{P}_c$ on a :*

$$\sup_n P_j^{E_n} = P_j^E , \quad \sup_n \hat{P}_j^{E_n} = \hat{P}_j^E ,$$

où

$$E = \bigcup_{n=1}^{\infty} E_n \quad \text{et} \quad j = 1,2.$$

LEMME 2.7. *Pour tout ensemble* E *de* Ω *et tout* $\mathcal{H}$*-potentiel* $P = (p_1,p_2) \in \mathcal{P}_c$ *on a*

$$\hat{P}_j^E(x) = P_j^E(x), \quad \forall x \in \complement E \quad (j = 1,2).$$

DEMONSTRATION du théorème 2.5. (i) ⇒ (ii). On se place dans un voisinage $\mathcal{H}$-régulier ω de x (espace), $\omega \subset V$. D'après le théorème 5.17 de [9] , il existe un $\mathcal{H}$-potentiel $Q = (q_1,q_2)$, fini continu, tel que $q_j(x) > 0$. En multipliant au besoin (q_1,q_2) par un nombre convenable, on aura toujours

1) $$\omega \hat{\Phi}_1^{E \cap U}(x) < q_1(x) < \varphi_1(x).$$

En ce qui concerne l'indice 2, trois cas peuvent se présenter:

2a) $$\omega \hat{\Phi}_2^{E \cap U}(x) < q_2(x) < \varphi_2(x) ;$$

2b) $$\omega \hat{\Phi}_2^{E \cap U}(x) < \varphi_2(x) \leqslant q_2(x) ;$$

2c) $$q_2(x) \leqslant \omega \hat{\Phi}_2^{E \cap U}(x) < \varphi_2(x).$$

Cas (1,2a) : Il existe $W \in \mathcal{U}(x)$ tel que $\omega \hat{\Phi}_j^{E \cap W}(x) < q_j(x)$ et $q_j(y) < \varphi_j(y)$, $\forall y \in W$; donc $\hat{Q}_j^{E \cap W}(x) \leqslant \omega \hat{\Phi}_j^{E \cap W}(x) < q_j(x)$.

Comme $x \notin E \cap W$, alors on aura, grâce au lemme 2.7,

$$Q_j^{E \cap W}(x) = \hat{Q}_j^{E \cap W}(x) < q_j(x), \ j = 1,2.$$

Par conséquent (th. 2.4) l'ensemble E est $\mathcal{H}$-effilé en x.

Cas (1,2b) : En considérant le $\mathcal{H}$-potentiel $(q_1, \alpha q_2)$, où α est un nombre convenable, $0 < \alpha < 1$, on se ramène au cas précédent.

Cas (1,2c) : En multipliant φ_2 par un nombre λ convenable, $0 < \lambda < 1$, on se ramène au cas (1,2a) pour le couple $(\psi_1,\psi_2) = (\varphi_1,\lambda\varphi_2)$.

(ii) $\Rightarrow$ (i). Comme $V\hat{\Phi}_j^{E \cap U} \leq V\Phi_j^{E \cap U}$, on conclut grâce au théorème 2.4.

En généralisant la notion de l' $\mathcal{H}$-effilement au cas d'un point x quelconque, on pourra alors poser la

Définition 2.8. Soit un ensemble $E \subset \Omega$ et un point $x \in \Omega$. On dit que l'ensemble E est <u>$\mathcal{H}$-effilé</u> au point x s'il existe $V,U \in \mathcal{U}(x)$, $U \subset V$, tels que

$$V\hat{\mathbb{1}}_1^{E \cap U}(x) < 1 \ , \quad V\hat{\mathbb{1}}_2^{E \cap U}(x) < 1$$

où

$$\mathbb{1} = (1,1).$$

THEOREME 2.9. *Soit $x \in \Omega$, $E \subset \Omega$. Les conditions suivantes sont équivalentes :*

(i) *l'ensemble E est $\mathcal{H}$-effilé en x ;*

(ii) *l'ensemble E est $\mathcal{H}_1$ et $\mathcal{H}_2$-effilé en x ;*

(iii) $\mu_x^E \neq \varepsilon_x$ *et* $\lambda_x^E \neq \varepsilon_x$;

(iv) *il existe un $\mathcal{H}$-potentiel $P = (p_1,p_2) \in \mathcal{P}_c$ tel que*

$$\hat{P}_j^E(x) < p_j(x), \quad j = 1,2 \ ;$$

(v) *il existe un couple* $S = (s_1, s_2) \in {}_+\mathcal{H}^*(\Omega)$ *fini, continu en* x, *tel que*

$$\hat{S}_j^E(x) < s_j(x) \quad , \quad j = 1,2.$$

DEMONSTRATION. (i) ⇒ (ii). D'abord, on a

$$\mathcal{H}_{1_{R_1^E \cap U}} \leq \mathbb{1}_1^{E \cap U} \quad , \quad \mathcal{H}_{2_{R_1^E \cap U}} = \mathbb{1}_2^{E \cap U} \qquad (4.3,[9]).$$

D'autre part, dans un espace harmonique, l'effilement équivaut à l'effilement local (5.3.1,[1]). D'où le résultat.

(ii) ⇒ (iii). On appliquera les résultats connus du cas harmonique car les mesures μ_x^E , λ_x^E sont les balayées de ε_x respectivement dans l'espace harmonique $(\Omega,\mathcal{H}_1)$, $(\Omega,\mathcal{H}_2)$ ([10] , 7.13).

(iii) ⇒ (iv). Soit $P = (p_1,p_2)$ un $\mathcal{H}$-potentiel strict et fini continu dans Ω. Si $\hat{P}_1^E(x) = p_1(x)$, alors on aura

$$\int p_1 d\mu_x^E + \int p_2 d\nu_x^E = p_1(x) \text{ (4)}$$

et, grâce à la définition 1.6, $\mu_x^E = \varepsilon_x$, en contradiction avec l'hypothèse; donc

$$\hat{P}_1^E(x) < p_1(x) \ .$$

De même, on aura

$$\hat{P}_2^E(x) < p_2(x).$$

(iv) ⇒ (v). Pour (s_1,s_2), on prend un $\mathcal{H}$-potentiel strict et fini continu dans Ω.

---

(4) Pour tout $(u_1,u_2) \in {}_+\mathcal{H}^*(\Omega)$, on a : $\int u_1 d\mu_x^E + \int u_2 d\nu_x^E \leqslant u_1(x)$, $\int u_2 d\lambda_x^E \leqslant u_2(x)$.

(v) $\Rightarrow$ (i). 1) Supposons d'abord que $s_1(x) = s_2(x)$ et soit α un nombre réel tel que

$$\sup [\hat{S}_1^E(x), \hat{S}_2^E(x)] < \alpha < s_1(x) = s_2(x).$$

Soit encore $U \in \mathcal{U}(x)$ dans lequel on a $s_1 > \alpha$ et $s_2 > \alpha$. Alors on aura

$$\hat{1}_j^{E \cap U}(x) = \frac{1}{\alpha}\, \widehat{(\alpha,\alpha)}_j^{E \cap U}(x) \leq \frac{1}{\alpha}\, \hat{S}_j^{E \cap U}(x) < 1 \qquad (j = 1,2).$$

On en déduit que l'ensemble E est $\mathcal{H}$-effilé au point x.

2) Supposons maintenant que $s_1(x) < s_2(x)$. En multipliant s_2 par un nombre λ convenable, $0 < \lambda < 1$, on se ramène au cas 1).

3) Enfin, considérons le cas $s_1(x) > s_2(x)$. Comme dans la démonstration du théorème 2.4 [Cas (1,2c)], on peut trouver $\omega \in \mathcal{U}(x)$ et $(t_1,t_2) \in {}_+\mathcal{H}^*(\omega)$, fini continu, tel que $0 < t_1(x) < t_2(x)$. On se ramène ainsi au cas 2). (t_1,t_2) sera le couple $(s_1 + \lambda q_1, s_2 + \lambda q_2)|_\omega$ avec $\lambda > 0$ tel que

$$s_1(x) - s_2(x) < \lambda(q_2(x) - q_1(x)).$$

<u>COROLLAIRE 2.10.</u> *Pour tout $\mathcal{H}$-potentiel $P = (p_1,p_2)$ strict et fini continu dans Ω et tout ensemble $E \subset \Omega$, l'ensemble*

$$A = \{x \in \Omega : \hat{P}_1^E(x) < p_1(x),\ \hat{P}_2^E(x) < p_2(x)\}$$

coïncide avec l'ensemble des points de Ω où E est $\mathcal{H}$-effilé. (Pour le cas harmonique, voir, [4] .)

<u>DEMONSTRATION.</u> Soit $x \in A$. Grâce au théorème 2.9, l'ensemble E est $\mathcal{H}$-effilé en x. Inversement, si $x \in \Omega$ est un point où l'ensemble E est $\mathcal{H}$-effilé, on aura

$$\hat{P}_1^E(x) = \int p_1 d\mu_x^E + \int p_2 d\nu_x^E < p_1(x),$$

$$\hat{P}_2^E(x) = \int p_2 d\lambda_x^E < p_2(x),$$

car

$$(\mu_x^E, \nu_x^E) \neq (\varepsilon_x, 0) \ , \ (0, \lambda_x^E) \neq (0, \varepsilon_x) \ ;$$

voir aussi la note (4).

<u>Définition 2.11.</u> On dit qu'un ensemble $E \subset \Omega$ est <u>lisse</u> en un point $x \in \Omega$ si

$$\mu_x^E = \varepsilon_x \ , \quad \lambda_x^E = \varepsilon_x \quad , \quad \nu_x^E = 0 \quad .$$

<u>REMARQUE 2.12.</u> En fait, $\mu_x^E = \varepsilon_x$ implique $\nu_x^E = 0$.

En effet, pour tout $\mathcal{H}$-potentiel $(p_1, p_2) \in \mathcal{P}_c$, on a :

$$\hat{P}_1^E(x) = \int p_1 d\mu_x^E + \int p_2 d\nu_x^E \leqslant p_1(x)$$

donc

$$\int p_2 d\nu_x^E = 0 \text{ (car } \mu_x^E = \varepsilon_x).$$

Si $P = (p_1, p_2)$ est un $\mathcal{H}$-potentiel fini continu et strict, on peut voir que

$$\mu_x^E \neq \varepsilon_x \iff \hat{P}_1^E(x) < p_1(x).$$

<u>*PROPOSITION 2.13.*</u> *Soit un ensemble* $E \subset \Omega$ *et un point* $x \in \Omega$ *Les conditions suivantes sont équivalentes :*

(i) E *est lisse en* x .

(ii) E *est non* $\mathcal{H}_1$*-effilé et non* $\mathcal{H}_2$*-effilé en* x.

DEMONSTRATION. (i) ⇒ (ii). Evident.

(ii) ⇒ (i). C'est une conséquence immédiate de la remarque précédente.

COROLLAIRE 2.14. *Soit ω un ouvert relativement compact non vide et un point $z \in \partial\omega$. Les conditions suivantes sont équivalentes :*

(i) z est $\mathcal{H}$-régulier.

(ii) $\complement\omega$ est lisse en x .

DEMONSTRATION. (i) ⇒ (ii). Si $\complement\omega$ n'était pas lisse en z, alors l'une au moins des égalités de la définition 2.11 ne devrait pas être vraie. Compte tenu des 2.12, 4.3.1 [1] et 6.12 [9], z n'est pas $\mathcal{H}$-régulier.

(ii) ⇒ (i). Grâce à la proposition 2.13 et à 4.3.1 [1], z est $\mathcal{H}_1$-régulier et $\mathcal{H}_2$-régulier, donc, (6.12, [9]), z est $\mathcal{H}$-régulier.

COROLLAIRE 2.15. *Soit ω un ouvert relativement compact non vide et un point $z \in \partial\omega$. Alors, il existe un $\mathcal{H}$-potentiel $P = (p_1, p_2) \in \mathcal{P}_c$ tel que*

$$\hat{p}_j^{\complement\omega}(z) = p_j(z) \ (j = 1,2) \iff z \text{ est } \mathcal{H}\text{-régulier.}$$

DEMONSTRATION. On remarque d'abord que, pour tout couple $(u_1, u_2) \in {}_+\mathcal{H}^*(\Omega)$,

$$u_1(z) \geq \int u_1 d\mu_z^{\complement\omega} + \int u_2 d\nu_z^{\complement\omega} \ , \quad u_2(z) \geq \int u_2 d\lambda_z^{\complement\omega} \ .$$

Considérons maintenant un $\mathcal{H}$-potentiel $P = (p_1, p_2)$ fini continu et strict dans Ω. Grâce aux définitions 1.6, 2.11 et au corollaire 2.14, on conclut.

Définition 2.16. Soit ω un ouvert non vide $\subset \Omega$ et un point $z \in \partial\omega$. On dit que le couple (v_1,v_2) est une $\mathcal{H}$-barrière en z si

(i) $(v_1,v_2) \in {}_+\mathcal{H}^*(\omega \cap U)$, où U est un voisinage ouvert de z, et $v_j > 0$, $j = 1,2$.

(ii) $\lim\limits_{x \to z} v_j(x) = 0$, $j = 1,2$.

PROPOSITION 2.17. *Soit ω un ouvert relativement compact non vide $\subset \Omega$ et un point $z \in \partial\omega$. Les conditions suivantes sont équivalentes :*

(i) il existe une $\mathcal{H}$-barrière en z.

(ii) il existe une $\mathcal{H}_1$ et $\mathcal{H}_2$-barrière en z.

DEMONSTRATION. (i) $\Rightarrow$ (ii). Evident car $v_j \in {}_+\mathcal{H}^*_j(\omega \cap U)$ $(j = 1,2)$.

(ii) $\Rightarrow$ (i). D'après [1], p. 136, z est $\mathcal{H}_1$ et $\mathcal{H}_2$-régulier, donc, (6.12 [9]), z est $\mathcal{H}$-régulier. Considérons maintenant un $\mathcal{H}$-potentiel $P = (p_1,p_2)$ fini continu et strict dans Ω.

Le couple $(v_1,v_2) = (p_1 - H_1^{\omega,P}, p_2 - H_2^{\omega,P}) \in {}_+\mathcal{H}^*(\omega)$ (voir 6.3,[9]) et $v_j > 0$, $j = 1,2$. Comme z est un point $\mathcal{H}$-régulier, on aura $\lim\limits_{x \to z} v_j(x) = 0$.

COROLLAIRE 2.18. *On a l'équivalence :*

z est $\mathcal{H}$-régulier $\Longleftrightarrow$ il existe une $\mathcal{H}$-barrière en z.

C'est une conséquence de 6.12 [9] et 2.17.

REMARQUE 2.19. Supposons que l'une des conditions de 8.4 [10] est vérifiée. Soit $\omega \in \mathcal{U}_c$ et $z \in \partial\omega$. Alors, on a :

$\nu_x^\omega \to 0$ vaguement quand $x \to z$, $x \in \omega$ $\Longleftrightarrow$ il existe une $\mathcal{H}_1$-barrière en z.

D'abord, on voit que la fonction p_1^ω de la démonstration de 6.15 [9] est une $\mathcal{H}_1$-barrière en z. On utilise aussi 6.11 [9].

Définition 2.20. Un ensemble $A \subset \Omega$ est dit totalement $\mathcal{H}$-effilé s'il est $\mathcal{H}$-effilé en tout point $x \in \Omega$. Il est dit $\mathcal{H}$-semipolaire s'il est une réunion dénombrable d'ensembles totalement $\mathcal{H}$-effilés.

PROPOSITION 2.21. *Soit un ensemble non vide* $\mathcal{G} \subset {}_+\mathcal{H}^*(\Omega)$ *et* $(v_1, v_2) = \inf \mathcal{G}$.

Alors, l'ensemble $E = \{x \in \Omega : \hat{v}_1(x) < v_1(x)\ ,\ \hat{v}_2(x) < v_2(x)\}$ *est* $\mathcal{H}$-*semipolaire.*

DEMONSTRATION. L'ensemble $E_j = \{x \in \Omega : \hat{v}_j(x) < v_j(x)\}$ est $\mathcal{H}_j$-semipolaire, $j = 1,2$, (3.3.4, [1]). Grâce à la définition 2.20 et au théorème 2.9, l'ensemble E est $\mathcal{H}$-semi-polaire car il est une réunion dénombrable d'ensembles (à la fois) $\mathcal{H}_1$ et $\mathcal{H}_2$-semipolaires.

COROLLAIRE 2.22. *Pour tout ensemble* $E \subset \Omega$ *et tout couple* $\Phi = (\varphi_1, \varphi_2)$ *de fonctions numériques* ≥ 0, *l'ensemble*

$$A = \{x \in \Omega : \hat{\Phi}_1^E(x) < \Phi_1^E(x),\ \hat{\Phi}_2^E(x) < \Phi_2^E(x)\}$$

est $\mathcal{H}$-*semipolaire.*

REMARQUE 2.23. 1) Grâce à 2.20 et 2.9, l'étude de la $\mathcal{H}$-semi-polarité se ramène à celle de la $\mathcal{H}_j$-semipolarité ($j = 1,2$); donc, d'autres propriétés analogues à celles du cas harmonique peuvent être établies.

2) Dans le cas du bilaplacien ou du composé des opérateurs elliptiques L_1, L_2, les notions polaire, semipolaire, bipolaire, bi-semipolaire coïncident (voir partie XII, [10] et théorème 36.1, [7]).

Considérons maintenant la famille $\mathcal{O}_\varphi$ de tous les ensembles $G \subset \Omega$ pour lesquels $\complement G$ est $\mathcal{H}$-effilé en tout point $x \in G$[5], et la topologie $\mathcal{O}_f$ qui est la moins fine rendant les couples de ${}_+\mathcal{H}^*(\Omega)$ continus. Notons encore par $\mathcal{O}_1$, $\mathcal{O}_2$ les topologies fines associées respectivement aux espaces harmoniques $(\Omega, \mathcal{H}_1)$, $(\Omega, \mathcal{H}_2)$ et par $\mathcal{A}_\varphi(x)$[5], $\mathcal{A}_f(x)$, $\mathcal{A}_1(x)$[6], $\mathcal{A}_2(x)$[6], le système de voisinages de x correspondant à ces topologies.

THEOREME 2.24. *1) $\mathcal{O}_\varphi$ est une topologie sur Ω plus fine que la topologie initiale et l'on a $\mathcal{O}_\varphi = \mathcal{O}_1 \cap \mathcal{O}_2$.*

2) a) $\mathcal{O}_f$ est engendrée par $\mathcal{O}_1 \cup \mathcal{O}_2$.

b) $\mathcal{O}_\varphi \subset \mathcal{O}_j \subset \mathcal{O}_f$ et $\mathcal{A}_\varphi(x) \subset \mathcal{A}_1(x) \cap \mathcal{A}_2(x) \subset \mathcal{A}_j(x) \subset \mathcal{A}_f(x)$ $(j = 1,2)$.

3) $\mathcal{A}_f(x) = \{U \subset \Omega : x \in U, \complement U = e_1 \cup e_2$ où e_j est $\mathcal{H}_j$-effilé en $x\}$.

---

(5) voir le début de ce chapitre (2.1, 2.2).

(6) voir chapitre III, §1 de [1] .

DEMONSTRATION. 1) Si $G_1, G_2 \in \mathcal{O}_\varphi$, alors $G_1 \cap G_2 \in \mathcal{O}_\varphi$ car pour tout $x \in G_1 \cap G_2$ l'ensemble $\complement(G_1 \cap G_2) = \complement G_1 \cup \complement G_2$ est $\mathcal{H}$-effilé en x (2.2).

Pour toute famille $(G_i)_{i \in I}$ d'ensembles $G_i \in \mathcal{O}_\varphi$ on a $\bigcup_{i \in I} G_i \in \mathcal{O}_\varphi$ car, pour tout x de cette réunion, il existe un indice $i_o \in I$ tel que $x \in G_{i_o}$ et d'autre part

$$\complement \bigcup_{i \in I} G_i = \bigcap_{i \in I} \complement G_i \subset \complement G_{i_o} .$$

Si G est un ouvert de la topologie initiale, alors $G \in \mathcal{O}_\varphi$ car pour tout $x \in G$ on a $x \notin \overline{\complement G} = \complement G$ (2.1).

Enfin grâce au théorème 2.9, on a :

$$G \in \mathcal{O}_\varphi \iff G \in \mathcal{O}_1 \text{ et } G \in \mathcal{O}_2 .$$

2) La définition de différentes topologies ci-dessus et le fait que, grâce à 3.1.3 de [1] et 2.9, on a

$$\mathcal{A}_1(x) \cap \mathcal{A}_2(x) = \{U \subset \Omega : x \in U, \complement U \ \ \mathcal{H}\text{-effilé en } x\}$$

nous permettent de conclure.

3) Soit $U \in \mathcal{A}_f(x)$. Comme les ensembles du type $G = G_1 \cap G_2$, où $G_j \in \mathcal{O}_j$ $(j = 1,2)$, forment une base de la topologie $\mathcal{O}_f$, alors il existe un tel $G \in \mathcal{O}_f$ tel que $x \in G \subset U$; il vient $\complement U \subset \complement G = \complement G_1 \cup \complement G_2 = e_1 \cup e_2$, où $e_j = \complement G_j$ est $\mathcal{H}_j$-effilé en tout point de $\complement e_j$ $(j = 1,2)$.

D'autre part, puisque $x \notin \complement G$ donc $x \notin e_1$, $x \notin e_2$ et $x \in \complement e_1 \cap \complement e_2$, on peut trouver des ensembles $e'_j \subset e_j$ tels que $\complement U = e'_1 \cup e'_2$ et que e'_j est $\mathcal{H}_j$-effilé en x $(j = 1,2)$.

Inversement : Soit $U \subset \Omega$ tel que $x \in U$ et $\complement U = e_1 \cup e_2$ où e_j est $\mathcal{H}_j$-effilé en x. D'abord, on a $x \in \complement e_1$, $x \in \complement e_2$ et $\complement e_1 \cap \complement e_2 = U$. Mais $\complement e_j \in \mathcal{A}_j(x)$ (3.1.3, [1] ; il existe donc $U_j \in \mathcal{O}_j$ tels que $x \in U_j \subset \complement e_j$ $(j = 1,2)$. Comme $x \in U_1 \cap U_2 \subset \complement e_1 \cap \complement e_2 = U$ et que $U_1 \cap U_2 \in \mathcal{O}_f$, alors $U \in \mathcal{A}_f(x)$.

Une conséquence immédiate de la troisième partie du théorème 2.24 est le

<u>*COROLLAIRE 2.25.*</u> *Soit* $U \subset \Omega$. *On a*

$$U \in \mathcal{A}_f(x) \iff U = U_1 \cap U_2 \quad \text{où} \quad U_j \in \mathcal{A}_j(x),\ j = 1,2.$$

III. EXEMPLES.

On se place dans l'un des espaces biharmoniques $(\Omega, \mathcal{H})$ étudiés dans la partie XII de [10].[Ω est l'espace euclidien R^m.]

1) Regardons d'abord quelques exemples concernant la polarité.

a) L_j est un opérateur différentiel linéaire du second ordre elliptique $(j = 1,2)$ et $\Omega = R^m$, $m > 4$ (p.43, [10]).

Tout point de Ω est $\mathcal{H}_1$ et $\mathcal{H}_2$-polaire ([7] , 36.1); il est donc $\mathcal{H}$-polaire (théorème 1.9).

b) $L_1 = \Delta$ (laplacien), $L_2 = G$ (opérateur de la chaleur) ou vice versa et $\Omega = R^m$ $(m > 3)$.

Tout point de Ω est $\mathcal{H}_1$ et $\mathcal{H}_2$-polaire ([1] , p. 79); il est donc $\mathcal{H}$-polaire (1.9).

c) $L_1 = G$, $L_2 = G^*$ (l'adjoint de G) ou vice versa et $\Omega = R^m$ ($m \geq 2$). Tout point de Ω est $\mathcal{H}_1$ et $\mathcal{H}_2$-polaire; il est donc $\mathcal{H}$-polaire.

Remarquons que les exemples a) et b) restent valables si l'on prend comme espace une boule ouverte de R^m($m \geq 2$).

2) Examinons maintenant quelques exemples concernant l'effilement.

a) Soit ω un ouvert $\mathcal{H}$-régulier (1.4, 1.22, [9]). Comme tous les points de $\partial\omega$ sont $\mathcal{H}_1$ et $\mathcal{H}_2$-réguliers, alors $\complement\omega$ est lisse en tout point de $\partial\omega$ (proposition 2.13).

b) Soit $L_1 = \Delta$, $L_2 = G$ (ou vice versa) et ω une boule ouverte, son centre excepté, dans R^m ($m > 3$). Le centre est un point $\mathcal{H}_1$ et $\mathcal{H}_2$-irrégulier; il est donc un point de $\mathcal{H}$-effilement de $\complement\omega$ (2.9).

c) Soit $L_1 = \Delta$, $L_2 = G$, et ω un pavé ouvert, aux arêtes parallèles aux axes, dans R^m($m > 3$).Les points de la face supérieure (dans la direction Ox_m), sa frontière exceptée, sont des points $\mathcal{H}_1$-réguliers et $\mathcal{H}_2$-irréguliers; donc $\complement\omega$ n'est ni $\mathcal{H}$-effilé ni lisse en ces points-là. Les points du reste de sa frontière sont $\mathcal{H}_1$ et $\mathcal{H}_2$-réguliers (voir aussi [8]), donc ils sont $\mathcal{H}$-réguliers (6.12, [9]) et $\complement\omega$ est lisse en ces points-là (2.14).

d) Si $L_1 = G$, $L_2 = G^*$, et ω un pavé ouvert, aux arêtes parallèles aux axes, dans R^m ($m \geq 2$), alors, les points de la face supérieure, sa frontière exclue, sont $\mathcal{H}_1$-irréguliers et $\mathcal{H}_2$-réguliers (donc $\complement\omega$ n'est ni $\mathcal{H}$-effilé ni lisse en ces points) et les points de la face inférieure sans sa frontière sont

$\mathcal{H}_1$-réguliers et $\mathcal{H}_2$-irréguliers (donc $\complement\omega$ n'est ni $\mathcal{H}$-effilé ni lisse en ces points); enfin, les points des faces latérales (leurs frontières comprises) sont $\mathcal{H}_1$ et $\mathcal{H}_2$-réguliers, donc $\complement\omega$ est lisse en ces points-là.

e) On prend comme espace une boule ouverte de centre O dans R^3. A partir d'une épine de Lebesgue dans la direction Oz, on trouve un domaine de révolution autour de l'axe z'Oz ayant la pointe O de l'épine comme point Δ-irrégulier. On peut voir que ce point est G-régulier, où G désigne l'opérateur de la chaleur. [Pour cela, on résout le problème de Dirichlet d'abord dans le domaine partiel situé au-dessous du plan xOy et, ensuite, dans le domaine partiel situé au-dessus de ce plan; on voit aussi que localement la propriété de moyenne est satisfaite (voir [8], p. 163-164).]

REMARQUE 3.3. Si ω est un ouvert relativement compact non vide et si R_j est l'ensemble des points $\mathcal{H}_j$-réguliers de $\partial\omega$ $(j = 1,2)$, on aura :

$$\partial\omega = (R_1 \cap R_2) \cup (\complement R_1 \cap \complement R_2) \cup (\complement R_1 \cap R_2) \cup (R_1 \cap \complement R_2).$$

REMARQUE 3.4. Si $\mathcal{H}_1 = \mathcal{H}_2$, alors les points de $\mathcal{H}_1$, $\mathcal{H}_2$, $\mathcal{H}$-régularité (resp. polarité; effilement) coïncident; donc toutes les topologies fines précédentes (ch. II) coïncident.

Même conclusion au cas où L_1, L_2 sont des opérateurs linéaires du second ordre elliptiques dans R^m, $m > 4$, (voir [7], p.566, p. 568).

B I B L I O G R A P H I E

[1] H.BAUER.

Harmonische Räume und ihre Potentialtheorie,
Lecture notes, n° 22, Springer-Verlag, 1966.

[2] M.BRELOT.

Eléments de la théorie classique du potentiel,
4ème édition, Centre de documentation universitaire, Paris, 1969.

[3] M.BRELOT.

Lectures on potential theory,
Tata Institute, Bombay, 1960.

[4] C.CONSTANTINESCU.

Some properties of the balayage of measures on a harmonic space,
Ann. Inst. Fourier, 17,1 (1967), 273-293.

[5] C.CONSTANTINESCU,A.CORNEA.

On the axiomatic of harmonic functions (I),
13,2 (1963), 373-388.

[6] C.CONSTANTINESCU,A.CORNEA.

Potential theory on harmonic spaces,
Springer-Verlag, 1972.

[7] R.-M.HERVÉ.

Recherches axiomatiques sur la théorie des fonctions surharmoniques et du potentiel,
Ann. Inst. Fourier, 12 (1962), 415-571.

[8] E.P.SMYRNELIS.

Sur les moyennes des fonctions paraboliques,
Bull. Sc. math., 2ème série, 93 (1969), 163-173.

[9] E.P.SMYRNELIS.

Axiomatique des fonctions biharmoniques ($1^{\text{ère}}$ section), Ann. Inst. Fourier, 25,1 (1975), 35-97.

[10] E.P.SMYRNELIS.

Axiomatique des fonctions biharmoniques ($2^{\text{ème}}$ section), Ann. Inst. Fourier, 26,3 (1976), 1-47.
[p.10, 13e ligne de 8.1; lire: $\Omega\setminus\mathbb{R}$ au lieu de : $\omega\setminus\mathbb{R}$.
p. 38; lire THEOREME 11.10.-....et v_2 une fonction finie $\geqslant 0$ de $\mathcal{H}_2^*(\Omega)$....]

[11] E.P.SMYRNELIS.

Sur les fonctions hyperharmoniques d'ordre 2, à paraître dans "Séminaire de théorie du potentiel", Paris, N° 3, Lecture Notes in mathematics, Springer-Verlag.

Emmanuel P.SMYRNELIS
EQUIPE D'ANALYSE - ERA 294
Université Paris 6
Mathématiques - Tour 46
4 Place Jussieu
75230 PARIS - CEDEX 05

SUR LES FONCTIONS HYPERHARMONIQUES D'ORDRE 2

par Emmanuel P. SMYRNELIS *

Dans [8], on a introduit les fonctions hyperharmoniques d'ordre 2 dans un espace biharmonique par analogie avec les fonctions v_1 qui dans le cas classique satisfont $\Delta v_1 = -v_2$ où v_2 est une fonction surharmonique.
Comme exemple, nous citons les fonctions de Green d'ordre 2 pour le bilaplacien qui ont été utilisées dans le cas classique pour résoudre le problème de Riquier ([6] , [5]).

A cause de leur intérêt, nous allons essayer de pousser un peu plus loin l'étude de fonctions hyperharmoniques d'ordre 2, déjà amorcée ([8]), en donnant des propriétés et des caractérisations nouvelles. Dans ce travail, on introduit, d'autre part, la polarité d'ordre 2 (liée à ces fonctions) et, en remarquant que tout ensemble polaire d'ordre 2 est $\mathcal{H}_1$-polaire, on montre que la réciproque n'est pas vraie. Enfin, on applique ces résultats au système

$$L_1 u_1 = -u_2 \qquad , \qquad L_2 u_2 \leq 0$$

* Cet article est la rédaction détaillée de l'exposé du 6/01/77

où L_1 , L_2 sont des opérateurs différentiels linéaires du second ordre elliptiques et, plus particulièrement, on étudie le système :

$$\Delta v_1 = -v_2 \quad , \quad \Delta v_2 \leq 0 .$$

1.PRELIMINAIRES ET RAPPELS.

On se place dans un espace biharmonique fort $(\Omega, \mathcal{H})$ ([7]) et l'on suppose que la condition suivante (ou l'une des conditions équivalentes de 8.4 [8]) est vérifiée :
" $\nu_x^\omega \neq 0$ pour tout $\omega \in \mathcal{U}_c$ et tout $x \in \omega$ " (*).

1.DEFINITION. ([8] , partie XI). On définit les opérateurs :

$$\Gamma_1 f(x) = \limsup_{\substack{\omega \searrow x \\ \omega \in \mathcal{U}_c}} \frac{f(x) - \int f d\mu_x^\omega}{\int d\nu_x^\omega}$$

$$\Gamma_1' f(x) = \liminf_{\substack{\omega \searrow x \\ \omega \in \mathcal{U}_c}} \frac{f(x) - \int f d\mu_x^\omega}{\int d\nu_x^\omega}$$

où f est une fonction numérique définie dans Ω telle que le numérateur ait toujours un sens.

Il est démontré dans le théorème 11.3 de [8] que, si $(v_1,v_2) \in \mathcal{E}_i(U)$, $U \in \mathcal{U}$, l'inégalité
" $\Gamma_1 v_1(x) \geq v_2(x)$ en tout point $x \in U$ où $v_1(x)$ est finie et $v_2 \in \mathcal{H}_2^*(U)$" caractérise les couples $\mathcal{H}$-hyperharmoniques dans U.

(*) Pour toutes les notions et notations de ce travail, voir pp.43, 44,57,75,78,84 de [7] et la partie VIII de [8] .

2.DEFINITION. ([8] , 11.5). Une fonction v s.c.i., $> -\infty$ dans $U \in \mathcal{U}$ est dite hyperharmonique d'ordre 2 si $\Gamma_1 v$ est $\mathcal{H}_2$-hyperharmonique dans U.

Naturellement, si $(h_1,h_2) \in \mathcal{H}(U)$, alors h_1 est hyperharmonique d'ordre 2.

3.DEFINITION. ([8] ,11.7). Soit v_2 une fonction $\mathcal{H}_2$-hyperharmonique ≥ 0 dans Ω ; on appelle fonction hyperharmonique pure d'ordre 2 (associée à v_2) le plus petit $v_1 \geq 0$ tel que $(v_1,v_2) \in {}_+\mathcal{H}^*(\Omega)$. [On sait qu'une telle fonction existe toujours ([8] , lemme 11.6).]

Soit maintenant $U \in \mathcal{U}_c$. On sait qu'il existe $(u_1,u_2) \in \mathcal{H}(U)$ avec $u_j > 0$, $j = 1,2$ (6.9, [7]). Prenons $\omega \in \mathcal{U}_c$, $\bar{\omega} \subset U$. La fonction $p_1^{\omega}(x) = \int u_2 d\nu_x$ est un $\mathcal{H}_1$-potentiel dans ω (6.15, [7]) strictement surharmonique. Par rapport à ce potentiel, on considère le noyau V_1^{ω} , $V_1^{\omega} 1 = p_1^{\omega}$, et l'opérateur de Dynkin associé L_1 .

4.THEOREME. ([8] , 11.8). *Soit v_1 la fonction hyperharmonique pure d'ordre 2 associée à $v_2 \in {}_+\mathcal{H}_2^*(\Omega)$. Alors, pour tout ω ouvert $\mathcal{H}_1$-régulier et tout $x \in \omega$, on a :*

$$v_1(x) = \int v_1 d\mu_x^{\omega} + V_1^{\omega} \frac{v_2}{u_2}(x) .$$

5.THEOREME. ([8] , 11.9) *Soit v_1 comme dans le théorème 4. Si v_1 est $\mathcal{H}_1$-surharmonique et v_2 finie continue dans Ω, alors, on aura :*

$\Gamma_1 v_1 = v_2$ dans Ω, c'est-à-dire, v_1 est une fonction hyperharmonique d'ordre 2.

6.THEOREME. ([8] , 11.10). *Soit v_1 une fonction finie continue ≥ 0 dans Ω majorée par un $\mathcal{H}_1$-potentiel p_1 et v_2 une fonction finie ≥ 0 de $\mathcal{H}_2^*(\Omega)$ (*). Si $\Gamma_1 v_1 = v_2$ dans Ω, alors v_1 est la fonction hyperharmonique pure d'ordre 2 associée à v_2.*

Dans les théorèmes 5 et 6 , on a établi quelques liens entre les deux notions des définitions 2 et 3 .

A propos de ces théorèmes et notions, quelques remarques sont utiles :

7.REMARQUE. a) Si $L_1 = L_2$ est parabolique, si A est un ensemble $\mathcal{H}_j$-absorbant $\subset \mathbb{R}^m$ $(m \geq 2)$ et si

$$v_j = \begin{cases} +\infty & \text{dans } \complement A \\ 0 & \text{dans } A \end{cases} \qquad (j = 1, 2)$$

alors v_1 est la fonction hyperharmonique pure d'ordre 2 (associée à v_2) et l'on aura $\Gamma_1 v_1 = v_2$ (**)

(voir aussi 9.1, 9,6 de [8]).

b) Si $(h_1, h_2) \in {}_+\mathcal{H}(\Omega)$, on aura $\Gamma_1 h_1 = h_2$.

Soit p_1 la partie potentiel de h_1 dans $(\Omega, \mathcal{H}_1)$; alors on a $\Gamma_1 p_1 = h_2$ et p_1 est la fonction hyperharmonique pure d'ordre 2 associée à h_2 (théorème 6).

c) Si $(w_1, v_2) \in {}_+\mathcal{S}(\Omega)$, alors la fonction v_1 hyperharmonique pure d'ordre 2 associée à v_2 est un $\mathcal{H}_1$-potentiel car $v_1 \leq p_1$ où p_1 est la partie potentielle de w_1 dans $(\Omega, \mathcal{H}_1)$.

(*) Dans le théorème 11.10 de 8 , mettre: $\mathcal{H}_2^*(\Omega)$, à la place de : Ω.

(**) On fera toujours la convention : $\infty - \infty = \infty$.

d) Si L_1 est elliptique, si L_2 est parabolique et $v_2 = +\infty$ ou comme dans a), alors la fonction hyperharmonique pure d'ordre 2 associée à v_2 est $v_1 = +\infty$ et $\Gamma_1 v_1 = v_2$ ou $\Gamma_1 v_1 \geqslant v_2$ (*) .

Si L_j est elliptique ou parabolique $(j = 1, 2)$, alors la fonction hyperharmonique pure d'ordre 2 associée à $v_2 = +\infty$ est $v_1 = +\infty$ et $\Gamma_1 v_1 = v_2$.

2. QUELQUES PROPRIETES.

Considérons l'ensemble

$\mathcal{M}_1(\Omega) = \{v_1 \mid \exists\ v_2 : v_1$ est la fonction hyperharmonique pure d'ordre 2 associée à $v_2\}$.

On remarque qu'il n'est pas possible d'associer toujours à chaque $v_1 \in {}_+\mathcal{H}_1^*(\Omega)$ une telle fonction v_2 ; pour cela, on considère, par exemple, une fonction $h_1 \in {}_+\mathcal{H}_1(\Omega)$, $h_1 \not\equiv 0$.

8. LEMME. *Soient u_2 , $v_2 \in {}_+\mathcal{H}_2^*(\Omega)$. Si $u_2 \geqslant v_2$, alors les fonctions hyperharmoniques pures d'ordre 2 associées respectives satisfont à une inégalité dans le même sens.*

C'est une conséquence immédiate de la définition 3.

9. LEMME. *Soit une suite croissante $(v_1^n, v_2^n) \in {}_+\mathcal{H}^*(\Omega)$ où v_1^n est la fonction hyperharmonique pure d'ordre 2 associée à v_2^n $(\forall\, n \in N)$. Alors $\sup_n v_1^n$ est la fonction hyperharmonique pure d'ordre 2 associée à $\sup_n v_2^n$.*

DEMONSTRATION. D'abord, si w_1 est la fonction hyperharmonique pure d'ordre 2 associée à $\sup_n v_2^n$, on aura $w_1 \leqslant \sup_n v_1^n$. D'autre part, d'après le lemme 8, on a $w_1 \geqslant v_1^n$, $\forall\, n \in N$, donc

$w_1 \geqslant \sup_n v_1^n$. Par conséquent, $w_1 = \sup_n v_1^n$.

10. LEMME. *Toute fonction v_1 de $\mathcal{K}_1(\Omega)$ est limite d'une suite croissante de fonctions de $\mathcal{K}_1(\Omega)$ finies continues (qui, en fait sont des $\mathcal{H}_1$-potentiels).*

DEMONSTRATION. Comme $v_1 \in \mathcal{K}_1(\Omega)$, il existe, par définition, une fonction v_2 telle que $(v_1, v_2) \in {}_+\mathcal{H}^*(\Omega)$. D'après le théorème 7.8. de [8] , il existe une suite croissante de $\mathcal{H}$-potentiels finis continus $(p_1^n, p_2^n)_{n\in N}$ ayant comme limite le couple (v_1, v_2). Par hypothèse, $\sup_n p_1^n = v_1$ est la fonction hyperharmonique pure d'ordre 2 associée à $\sup_n p_2^n = v_2$. Soit maintenant q_1^n la fonction hyperharmonique pure d'ordre 2 associée à p_2^n ($\forall$ n $\in$ N). Comme $q_1^n \leqslant p_1^n$, alors q_1^n est un $\mathcal{H}_1$-potentiel et, grâce au théorème 4, q_1^n est une fonction finie continue. La suite $(p_2^n)_n$ étant croissante, il en sera de même pour la suite $(q_1^n)_n$ (lemme 8), donc la suite $(q_1^n , p_2^n)_n$ est croissante. D'après le lemme 9, $\sup_n q_1^n$ est la fonction hyperharmonique pure d'ordre 2 associée à $\sup_n p_2^n = v_2$. Grâce à l'hypothèse, on aura donc $v_1 = \sup_n q_1^n$.

11. THEOREME. *$\mathcal{K}_1(\Omega)$ est un cône convexe.*

DEMONSTRATION. 1) Si $v_1 \in \mathcal{K}_1(\Omega)$, alors $\alpha v_1 \in \mathcal{K}_1(\Omega)$ pour tout α réel > 0 (pour $\alpha = 0$, c'est trivial si l'on prend $0.\infty = 0$). En effet, en considérant les ensembles

$$A = \{u_1 : (u_1, v_2) \in {}_+\mathcal{H}^*(\Omega)\} ,$$

$$B = \{w_1 : (w_1, \alpha v_2) \in {}_+\mathcal{H}^*(\Omega)\} ,$$

on voit que αv_1 est la fonction hyperharmonique pure d'ordre 2 associée à αv_2 .

2) Si $u_1, v_1 \in \mathcal{M}_1(\Omega)$, alors $u_1 + v_1 \in \mathcal{M}_1(\Omega)$.
En effet, grâce à la démonstration du lemme 10, on a

$(u_1, u_2) = (\sup_n u_1^n, \sup_n u_2^n)$, $(v_1, v_2) = (\sup_n v_1^n, \sup v_2^n)$

où $(u_1^n, u_2^n)_n$, $(v_1^n, u_2^n)_n$ sont des suites croissantes de $\mathcal{H}$-potentiels finis continus et où u_1^n, v_1^n sont les fonctions hyperharmoniques pures d'ordre 2 associées respectivement à u_2^n, v_2^n ($\forall n \in N$). D'après les théorèmes 5 et 6, $u_1^n + v_1^n \in \mathcal{M}_1(\Omega)$. Mais, on a vu que $\sup_n(u_1^n + v_1^n)$ est la fonction hyperharmonique d'ordre 2 associée à $\sup_n(u_2^n + v_2^n)$ (lemme 9). Par conséquent, $u_1 + v_1 = \lim_n(u_1^n + v_1^n) \in \mathcal{M}_1(\Omega)$.

Dans le cas elliptique, l'égalité démontrée au théorème 4 caractérise les fonctions hyperharmoniques pures d'ordre 2. Plus précisément :

<u>*12.PROPOSITION.*</u> *Soit $v_1 \in \mathcal{P}^{\mathcal{H}_1}$, $v_2 \in {}_+\mathcal{S}_2(\Omega)$ et $(\Omega, \mathcal{H}_1)$ un espace harmonique de M.Brelot. Si l'on a*

$$v_1(x) = \int v_1 \, d\,\mu_x^\omega + V_1^\omega \frac{v_2}{u_2}(x)$$

pour tout ω ouvert $\mathcal{H}_1$-régulier et tout $x \in \omega$, alors v_1 est la fonction hyperharmonique pure d'ordre 2 associée à v_2.

<u>DEMONSTRATION</u>. D'abord, on remarque que $V_1^\omega \dfrac{H_{f_2}^\omega}{u_2}(x) = \int f_2 d\nu_x$, où $f_2 \in C(\partial\omega)$, où ω est un ouvert $\mathcal{H}$-régulier et $x \in \omega$ (11.2, [8]) ; donc $(v_1, v_2) \in {}_+\mathcal{S}(\Omega)$. D'autre part, si w_1 est la fonction hyperharmonique pure d'ordre 2 associée à v_2, on aura : $w_1(x) = \int w_1 d\mu_x^\omega + V_1^\omega \dfrac{v_2}{u_2}(x)$, pour tout ω ouvert $\mathcal{H}_1$-régulier et pour tout $x \in \omega$ (théorème 4).

Soit maintenant un point $x \in \Omega$. Il existe une suite croissante (ω_n) d'ouverts $\mathcal{H}_1$-réguliers, contenant x, telle que $\bigcup_{n=1}^{\infty} \omega_n = \Omega$. On a donc :

$$v_1(x) - \overline{H}^{\omega_n}_{v_1}(x) = w_1(x) - \overline{H}^{\omega_n}_{w_1}(x).$$

Comme les fonctions v_1, w_1 sont des $\mathcal{H}_1$-potentiels dans Ω, alors $\lim_n \overline{H}^{\omega_n}_{v_1}(x) = \lim_n \overline{H}^{\omega_n}_{w_1}(x) = 0$; donc, en passant à la limite, on a $v_1(x) = w_1(x)$.

<u>13.PROPOSITION.</u> *Il existe* $q_1 \in \mathcal{H}_1(\Omega)$ *tel que :*

$q_1(x) > \int q_1 d\mu^\omega_x + \int q_2 d\nu^\omega_x$, $q_2(x) > \int q_2 d\lambda^\omega_x$, $\forall\, \omega$ *ouvert* $\mathcal{H}$*-régulier,* $\forall\, x \in \omega$.

<u>DEMONSTRATION.</u> Soit (p_1, p_2) un $\mathcal{H}$-potentiel dans Ω , fini continu et strict (1.6, 1.7, [9]) et q_1 la fonction hyperharmonique pure d'ordre 2 associée à p_2. Mais

$$q_1(x) = H^\omega_{q_1}(x) + V^\omega_1 \frac{p_2}{u_2}(x) > H^\omega_{q_1}(x) + V^\omega_1 \frac{H^\omega_{p_2}}{u_2}(x)$$

pour tout ω ouvert $\mathcal{H}$-régulier et $x \in \omega$ (théorème 4).

D'autre part, (11.2, [8]), on a

$$V^\omega_1 \frac{H^{\omega,f}_2}{u_2}(x) = \int f_2\, d\nu^\omega_x \quad , \quad \forall\, f = (0, f_2) \in C(\partial\omega) \times C(\partial\omega).$$

Par conséquent, si l'on pose $q_2 = p_2$, on aura

$$q_1(x) > \int q_1\, d\mu^\omega_x + \int q_2 d\nu^\omega_x \quad , \quad q_2(x) > \int q_2 d\lambda^\omega_x \quad .$$

<u>14.REMARQUE.</u> On voit d'abord que $q_1 \leq p_1$, donc q_1 est un $\mathcal{H}_1$-potentiel et, grâce au théorème 4, q_1 est finie continue.

D'autre part, grâce au théorème 5, on a : $\Gamma_1 q_1 = q_2$ dans Ω .

<u>3. POLARITE D'ORDRE 2.</u>

Soit l'ensemble :

$\mathcal{P}_1(\Omega) = \{s_1 : s_1 \in \mathcal{H}_1(\Omega)$, $s_1 < +\infty$ sur un ensemble dense de Ω }.

On remarque que $\mathcal{N}_1(\Omega)$ est un cône convexe $\subset \mathcal{P}\mathcal{H}^1(\Omega)$, (théorème 11, remarque 7 c).

__15.DEFINITION.__ Un ensemble $A \subset \Omega$ est dit __polaire d'ordre 2__ s'il existe $s_1 \in \mathcal{N}_1(\Omega)$ telle que $A \subset s_1^{-1}(+\infty)$.

Comme $\mathcal{N}_1(\Omega) \subset {}_+\mathcal{S}_1(\Omega)$, alors tout ensemble polaire d'ordre 2 est $\mathcal{H}_1$-polaire. Cette inclusion étant stricte (voir p.), on verra, dans le paragraphe consacré aux applications, que tout ensemble $\mathcal{H}_1$-polaire n'est pas polaire d'ordre 2.

__16.THEOREME.__ *La réunion d'une suite $(A_n)_{n \in N}$ d'ensembles polaires d'ordre 2 est un ensemble polaire d'ordre 2.*

__DEMONSTRATION.__ 1) D'abord, on voit que l'ensemble $A_1 \cup A_2$ (ou, plus généralement, l'ensemble $A_1 \cup A_2 \cup \ldots\ldots \cup A_m$) est polaire d'ordre 2. En effet, soit $u_1, v_1 \in \mathcal{N}_1(\Omega)$ telles que $A_1 \subset u_1^{-1}(+\infty)$, $A_2 \subset v_1^{-1}(+\infty)$. Comme $A_1 \cup A_2 \subset (u_1 + v_1)^{-1}(+\infty)$ et que $\mathcal{N}_1(\Omega)$ est un cône convexe, on conclut.

2) Soit maintenant $s_1^n \in \mathcal{N}_1(\Omega)$ tel que $A_n \subset (s_1^n)^{-1}(+\infty)$, $\forall\, n \in N$, $[(s_1^n, s_2^n) \in {}_+\mathcal{S}(\Omega)]$.

En considérant au besoin les fonctions $\lambda_n s_1^n = t_1^n$, avec λ_n un nombre réel > 0 convenable, on montre que le couple (t_1, t_2), où $t_j = \sum_n t_j^n$ $(j = 1, 2)$, est $\mathcal{H}$-surharmonique (positif) dans Ω.

(La démonstration est inspirée de celle de 2.8.2 de [1].)

3) On va montrer que $t_1 \in \mathcal{N}_1(\Omega)$ et que

$$A = \bigcup_{n=1}^{\infty} A_n \subset t_1^{-1}(+\infty).$$

On considère la fonction $w_1^n = t_1^1 + t_1^2 + \ldots t_1^n$ qui est la fonction hyperharmonique pure d'ordre 2 associée à

$w_2^n = t_2^1 + t_2^2 \ldots\ldots + t_2^n$ (théorème 11). La suite $(w_1^n, w_2^n)_n$ est croissante et l'on sait que $w_1 = \sup_n w_1^n$ est la fonction hyperharmonique pure d'ordre 2 associée à $w_2 = \sup_n w_2^n$ (lemme 9). Pour tout $n \in N$, on a

$$A_1 \cup A_2 \cup \ldots\ldots\ldots \cup A_n \subset (w_1^n)^{-1}(+\infty) \quad ;$$

donc $A \subset w_1^{-1}(+\infty)$. Or $w_j = t_j$; d'où le résultat.

4. APPLICATIONS. ETUDE DU SYSTEME $\Delta v_1 = -v_2$, $\Delta v_2 \leqslant 0$.

Soit L_j $(j = 1, 2)$ un opérateur différentiel linéaire du second ordre elliptique ou parabolique. Les résultats de ce travail s'appliquent aux espaces biharmoniques forts $(\Omega, \mathcal{H})$, où $\Omega = \mathbb{R}^m$ et $\mathcal{H}$ est le faisceau des solutions classiques du système $L_1 u_1 = - u_2$, $L_2 u_2 = 0$ ([8]).

L'étude du cas $L_1 = L_2 = \Delta$, qui présente un intérêt particulier, nous occupera dans la suite.

On se placera toujours dans l'espace $\Omega = \mathbb{R}^m$, $m \geq 4$.

17. THEOREME. *Soit p_1 un potentiel et p_2 une fonction surharmonique (dans Ω).*

Les conditions suivantes sont équivalentes :

(i) *p_1 est la fonction hyperharmonique pure d'ordre 2 associée à p_2.*

(ii) *$\Delta p_1 = -p_2$ au sens des distributions.*

On démontrera d'abord le lemme suivant :

18. LEMME. *1) Si v_1 est la fonction hyperharmonique pure d'ordre 2 associée à v_2 dans Ω , alors, pour tout ω*

ouvert très régulier (*) *(par exemple, une boule ouverte) et tout* $x \in \omega$*, on a :*

$$v_1(x) = \int v_1 \, d\mu_x^\omega + G^\omega v_2(x) \quad (**) .$$

2) La réciproque est vraie si v_1 *est un potentiel et* v_2 *une fonction surharmonique > 0 (dans* Ω *).*

DEMONSTRATION. Les raisonnements sont analogues avec ceux du théorème 4 et de la proposition 12.

Remarquons seulement que le théorème 11.3 [8] reste valable si l'on remplace l'opérateur Γ_1 par l'opérateur

$$\bar{\Delta} f(x) = \limsup_{\omega \searrow x} \frac{f(x) - \int f d\mu_x^\omega}{G^\omega 1(x)} ,$$ car le problème aux limites

$\Delta h = -1$ dans ω et $\lim_{\omega \ni x \to y} h(x) = 0$, $\forall$ $y \in \partial\omega$, donne $h(x) = G^\omega 1(x) = \int d\nu_x^\omega$.

DEMONSTRATION DU THEOREME 17. (i) $\Rightarrow$ (ii) . D'après le lemme 10, il existe une suite croissante $(p_1^n , p_2^n)_n$ de $\mathcal{H}$-potentiels finis continus dans $\mathbb{R}^m$ tels que $\lim_n p_j^n = p_j \, (j = 1,2)$ où p_1^n est la fonction hyperharmonique pure d'ordre 2 associée à p_2^n .
On aura donc $p_1^n = H^\omega_{p_1^n} + G^\omega p_2^n$ (lemme 18) ; d'où
$\Delta p_1^n = \Delta(p_1^n - H^\omega_{p_1^n}) = - p_2^n$ au sens des distributions ([2] , p.292, 294), autrement dit, $\int p_1^n \Delta \varphi \, dx = - \int p_2^n \varphi \, dx$ où $\varphi \in C_K^\infty$.
Par conséquent, en passant à la limite on a :

$$\int p_1 \Delta \varphi \, dx = - \int p_2 \varphi \, dx .$$

(*) Voir [2] , p. 292.

(**) Il s'agit en fait de la restriction de v_2 à ω ; G^ω est l'opérateur de Green.

(ii) ⇒ (i). Comme $p_1 - H^{\omega}_{p_1}$ est un potentiel dans ω ouvert très régulier, et que $\Delta(p_1 - H^{\omega}_{p_1}) = -p_2$ dans ω, alors on aura

$$p_1 - H^{\omega}_{p_1} = G^{\omega}_{p_2} = \int g^{\omega}(x,y)\, p_2(y)\,dy$$

([3] , p. 44-47 ; [2] , p. 292-295).

On conclut grâce à la seconde partie du lemme 18.

<u>19. PROPOSITION.</u> *Le couple* $\left(\frac{1}{r^{m-4}}, \frac{k_m}{r^{m-2}}\right) \in \mathcal{P}$.

(r est la distance euclidienne, k_m *est une constante > 0 dépendant de* m*).*

<u>DEMONSTRATION.</u> Comme en dehors du pôle, on a :

$\Delta \frac{1}{r^{m-4}} = - \frac{k_m}{r^{m-2}}$, $\Delta \frac{k_m}{r^{m-2}} \leqslant 0$, où $k_m = 2(m-4)$ ([6],p.27),

alors le couple $\left(\frac{1}{r^{m-4}}, \frac{k_m}{r^{m-2}}\right) \in {}_{+}\mathcal{S}(\Omega)$ ([8] , 12.3). Prenons

maintenant un couple $(h_1, h_2) \in {}_{+}\mathcal{H}(\Omega)$ tel que $h_1 \leqslant \frac{1}{r^{m-4}}$,

$h_2 \leqslant \frac{k_m}{r^{m-2}}$. D'abord, $h_2 = 0$ car $\frac{1}{r^{m-2}}$ est le noyau newtonien dans $\mathbb{R}^m$; donc h_1 est une fonction harmonique. Mais $\frac{1}{r^{m-4}}$ est un potentiel (fonction surharmonique $\geqslant 0$ s'annulant au point à l'infini) ; par conséquent, la relation $0 \leqslant h_1 \leqslant \frac{1}{r^{m-4}}$ entraîne $h_1 = 0$. Grace à 5.16 [7] , on conclut.

<u>20. PROPOSITION.</u> *Soit un point* $y_0 \in \Omega$. *La fonction*

$s_1(x) = \frac{1}{||x - y_0||^{m-4}}$ *est la fonction hyperharmonique pure d'ordre 2 associée à* $s_2(x) = \dfrac{k_m}{||x - y_0||^{m-2}}$.

DEMONSTRATION. C'est une conséquence directe de la proposition 19 (voir aussi sa démonstration) et du théorème 17.

21. PROPOSITION. Soit $p_1 \in \mathcal{N}_1(\Omega)$, *associée à un* Δ-*potentiel* p_2. *Alors*

$$p_1 = K_1 * \sigma$$

où $K_1(x, y) = \dfrac{1}{||x - y||^{m-4}}$ *et où* σ *est la mesure* $\geqslant 0$ *associée à* p_2 *par rapport au noyau* $K_2(x, y) = \dfrac{k_m}{||x - y||^{m-2}}$.

DEMONSTRATION. Grâce au théorème 17, on a $\Delta p_1 = -p_2$ au sens des distributions, et, d'après p. 44-47 de [3], on aura :

$$p_1 = (K_2 * K_2) * \mu ,$$

où $\mu = \lambda \cdot \sigma$ avec λ une constante > 0 . De même, $K_1 = \lambda K_2 * K_2$. Par conséquent, $p_1 = K_1 * \sigma$.

Quand on a défini la polarité d'ordre 2 (§ 3), on a supposé l'existence d'une fonction de $\mathcal{M}_1(\Omega)$, finie sur un ensemble dense. De telles fonctions existent, comme, par exemple, le noyau $\dfrac{1}{r^{m-4}}$ (proposition 20).

Plus généralement, on a :

22. PROPOSITION. Soit p_2 *un* Δ-*potentiel dans* Ω *dont la mesure associée est de masse totale finie. Alors, la fonction* p_1 *hyperharmonique pure d'ordre 2 , associée à* p_2, *est un*

Δ-potentiel dans Ω *[d'où* $(p_1, p_2) \in \mathcal{P}(\Omega)]$.

DEMONSTRATION. Soit σ la mesure associée au potentiel p_2 par rapport au noyau K_2.

Considérons la fonction $p_1(x) = \int K_1(x, y)\, d\sigma(y)$. On montrera d'abord que p_1 est la fonction hyperharmonique pure d'ordre 2 associée à p_2. En effet, pour toute boule ouverte ω, on a

$$K_1(x, y) = \int_{\partial\omega} K_1(z, y)\, d\mu_x^{\omega}(z) + \int_{\omega} g^{\omega}(x, z)\, K_2(z, y)\, dz$$

(proposition 20 et lemme 18), d'où

$$p_1(x) = \int_{\partial\omega} p_1(z)\, d\mu_x^{\omega}(z) + \int_{\omega} g^{\omega}(x, z)\, p_2(z)\, dz \quad (\forall\, x \in \omega) .$$

Puisque $\bar{\Delta} p_1(x) \geqslant p_2(x)$ pour tout $x \in \Omega$, alors $(p_1, p_2) \in {}_{+}\mathcal{H}^{*}(\Omega)$ (comme pour la démonstration du lemme 18).

On verra maintenant que la fonction p_1 est finie sur un ensemble dense de Ω . Soit un point x de Ω et ω une boule ouverte de centre x et de rayon R, $0 < R < 1$.
Comme $\sigma = \sigma|_{\omega} + \sigma|_{\complement\omega}$ et que $\dfrac{1}{||x - y||^{m-4}} \leqslant \dfrac{1}{R^{m-4}}$, $\forall\, y \in \complement\omega$, alors $K_1\, \sigma|_{\complement\omega}(x) < +\infty$. D'autre part, on a $k_m \cdot K_1\, \sigma|_{\omega}(x) \leqslant K_2\, \sigma|_{\omega}(x)$, car $||x - y||^{m-2} \leqslant ||x - y||^{m-4}$, $\forall\, y \in \omega$. Par conséquent, p_1 est au moins finie sur l'ensemble $\{x \in \Omega : p_2(x) < +\infty\}$ qui est dense dans Ω.

Maintenant, on va montrer que la classe des ensembles polaires d'ordre 2 n'est pas vide et aussi qu'elle est plus petite que celle des ensembles $\mathcal{H}_1$-polaires.

23.PROPOSITION. *Tout point de* Ω *est un ensemble polaire d'ordre 2 .*

En effet, soit $y_o \in \Omega$. La fonction s_1 de la proposition 20 appartient à $\mathcal{N}_1(\Omega)$; de plus, elle est finie dans $\Omega - \{y_o\}$ et $s_1(y_o) = +\infty$.

Notons aussi qu'un segment dans Ω est un ensemble polaire d'ordre 2 (et Δ-polaire).

On a vu que tout ensemble polaire d'ordre 2 est Δ-polaire. Mais la réciproque n'est pas vraie.

Plus précisément, on a :

24. PROPOSITION. *Soit un ensemble* $A \subset \mathbb{R}^m$ $(m > 4)$. *Si sa projection* A' *sur* $\mathbb{R}^{m-2}$ (*) *contient un ensemble* B *de* $\mathbb{R}^{m-2}$ *non* Δ-*polaire* (*dans* $\mathbb{R}^{m-2}$), *alors l'ensemble* A *n'est pas polaire d'ordre 2.*

DEMONSTRATION. Supposons qu'il existe $p_1 \in \mathcal{N}(\mathbb{R}^m)$, associée à p_2, telle que $p_1 = +\infty$ sur A.

D'après la proposition 21, on a : $p_1 = K_1 * \sigma$, où σ est la mesure associée à p_2 par rapport au noyau K_2 . On transporte, par projection, la mesure σ dans $\mathbb{R}^{m-2}$ et l'on désigne par ν la nouvelle mesure. Maintenant, on se restreint à $\mathbb{R}^{m-2}$.

On aura donc

$$\int K_1(x, y)\, d\nu(y) = +\infty \quad \text{pour tout} \quad x \in B$$

[car $||x - y||$ diminue, donc $\dfrac{1}{||x-y||^{m-4}}$ augmente] ; donc B est Δ-polaire dans $\mathbb{R}^{m-2}$, ce qui n'est pas vrai. Par conséquent, A n'est pas polaire d'ordre 2.

Exemple. Les boules et les cubes (non triviaux !) de dimension m-3 et m-2 ne sont pas polaires d'ordre 2 dans $\mathbb{R}^m$, $m > 4$

(*) Considéré (par isomorphisme) comme sous-espace vectoriel de $\mathbb{R}^m$.

(mais ils sont Δ-polaires).

A noter enfin que la polarité d'ordre 2 pour le bilaplacien est un cas de la α-polarité par rapport au noyau $\frac{1}{r^{m-\alpha}}$ (de M.Riesz) avec $\alpha = 4$.

BIBLIOGRAPHIE

[1] H.BAUER.
Harmonische Räume und ihre Potentialtheorie, Lecture notes n° 22, Springer-Verlag, 1966.

[2] J.M.BONY.
Principe du maximum, inégalité de Harnack et unicité du problème de Cauchy pour les opérateurs elliptiques dégénérés, Ann. Inst. Fourier, 19(1), 1969, p. 277-304.

[3] M.BRELOT.
Eléments de la théorie classique du potentiel, (4e édition), Centre de documentation universitaire, Paris 1969.

[4] R.M.HERVÉ.
Recherches axiomatiques sur la théorie des fonctions surharmoniques et du potentiel, Ann. Inst. Fourier, 12, 1962, p. 415-571.

[5] M.ITO.
Sur les fonctions polyharmoniques et le problème de Riquier, Nagoya Math. J., 37, 1970, p. 81-90.

[6] M.NICOLESCO.
Les fonctions polyharmoniques, Hermann, Paris, 1936.

[7] E.P.SMYRNELIS.
Axiomatique des fonctions biharmoniques, 1ère section, Ann. Inst. Fourier, 25(1), 1975, p. 35-97.

[8] E.P.SMYRNELIS.
Axiomatique des fonctions biharmoniques,

2ème section, Ann. Inst. Fourier, 26(3), 1976, p. 1-47.

[9] E.P.SMYRNELIS.
Polarité et effilement dans les espaces biharmoniques, Séminaire de théorie du Potentiel, Paris, N° 3, Lecture Notes in Mathematics, Springer-Verlag.

Emmanuel P. SMYRNELIS

Université Paris 6 - Tour 46

EQUIPE D'ANALYSE - ERA 294

4, place Jussieu

75230 PARIS - CEDEX 05

. 521: G. Cherlin, Model Theoretic Algebra – Selected Topics. 234 pages. 1976.

. 522: C. O. Bloom and N. D. Kazarinoff, Short Wave Radiation blems in Inhomogeneous Media: Asymptotic Solutions. V. 104 jes. 1976.

. 523: S. A. Albeverio and R. J. Høegh-Krohn, Mathematical eory of Feynman Path Integrals. IV, 139 pages. 1976.

. 524: Séminaire Pierre Lelong (Analyse) Année 1974/75. Edité P. Lelong. V, 222 pages. 1976.

. 525: Structural Stability, the Theory of Catastrophes, and plications in the Sciences. Proceedings 1975. Edited by P. Hilton. 408 pages. 1976.

. 526: Probability in Banach Spaces. Proceedings 1975. Edited A. Beck. VI, 290 pages. 1976.

. 527: M. Denker, Ch. Grillenberger, and K. Sigmund, Ergodic eory on Compact Spaces. IV, 360 pages. 1976.

. 528: J. E. Humphreys, Ordinary and Modular Representations Chevalley Groups. III, 127 pages. 1976.

. 529: J. Grandell, Doubly Stochastic Poisson Processes. X, 4 pages. 1976.

. 530: S. S. Gelbart, Weil's Representation and the Spectrum the Metaplectic Group. VII, 140 pages. 1976.

. 531: Y.-C. Wong, The Topology of Uniform Convergence on der-Bounded Sets. VI, 163 pages. 1976.

. 532: Théorie Ergodique. Proceedings 1973/1974. Edité par P. Conze and M. S. Keane. VIII, 227 pages. 1976.

. 533: F. R. Cohen, T. J. Lada, and J. P. May, The Homology of ated Loop Spaces. IX, 490 pages. 1976.

. 534: C. Preston, Random Fields. V, 200 pages. 1976.

. 535: Singularités d'Applications Differentiables. Plans-sur-Bex. 75. Edité par O. Burlet et F. Ronga. V, 253 pages. 1976.

. 536: W. M. Schmidt, Equations over Finite Fields. An Elementary proach. IX, 267 pages. 1976.

. 537: Set Theory and Hierarchy Theory. Bierutowice, Poland 75. A Memorial Tribute to Andrzej Mostowski. Edited by W. Marek, Srebrny and A. Zarach. XIII, 345 pages. 1976.

. 538: G. Fischer, Complex Analytic Geometry. VII, 201 pages. 76.

. 539: A. Badrikian, J. F. C. Kingman et J. Kuelbs, Ecole d'Eté de obabilités de Saint Flour V-1975. Edité par P.-L. Hennequin. IX, 4 pages. 1976.

. 540: Categorical Topology, Proceedings 1975. Edited by E. Binz d H. Herrlich. XV, 719 pages. 1976.

. 541: Measure Theory, Oberwolfach 1975. Proceedings. Edited A. Bellow and D. Kölzow. XIV, 430 pages. 1976.

. 542: D. A. Edwards and H. M. Hastings, Čech and Steenrod motopy Theories with Applications to Geometric Topology. VII, 6 pages. 1976.

. 543: Nonlinear Operators and the Calculus of Variations, uxelles 1975. Edited by J. P. Gossez, E. J. Lami Dozo, J. Mawhin, d L. Waelbroeck, VII, 237 pages. 1976.

. 544: Robert P. Langlands, On the Functional Equations Satis- d by Eisenstein Series. VII, 337 pages. 1976.

. 545: Noncommutative Ring Theory. Kent State 1975. Edited by I. Cozzens and F. L. Sandomierski. V, 212 pages. 1976.

. 546: K. Mahler, Lectures on Transcendental Numbers. Edited d Completed by B. Diviš and W. J. Le Veque. XXI, 254 pages. 76.

. 547: A. Mukherjea and N. A. Tserpes, Measures on Topological migroups: Convolution Products and Random Walks. V, 197 ges. 1976.

. 548: D. A. Hejhal, The Selberg Trace Formula for PSL (2,ℝ). lume I. VI, 516 pages. 1976.

. 549: Brauer Groups, Evanston 1975. Proceedings. Edited by Zelinsky. V, 187 pages. 1976.

. 550: Proceedings of the Third Japan – USSR Symposium on obability Theory. Edited by G. Maruyama and J. V. Prokhorov. VI, 2 pages. 1976.

Vol. 551: Algebraic K-Theory, Evanston 1976. Proceedings. Edited by M. R. Stein. XI, 409 pages. 1976.

Vol. 552: C. G. Gibson, K. Wirthmüller, A. A. du Plessis and E. J. N. Looijenga. Topological Stability of Smooth Mappings. V, 155 pages. 1976.

Vol. 553: M. Petrich, Categories of Algebraic Systems. Vector and Projective Spaces, Semigroups, Rings and Lattices. VIII, 217 pages. 1976.

Vol. 554: J. D. H. Smith, Mal'cev Varieties. VIII, 158 pages. 1976.

Vol. 555: M. Ishida, The Genus Fields of Algebraic Number Fields. VII, 116 pages. 1976.

Vol. 556: Approximation Theory. Bonn 1976. Proceedings. Edited by R. Schaback and K. Scherer. VII, 466 pages. 1976.

Vol. 557: W. Iberkleid and T. Petrie, Smooth S^1 Manifolds. III, 163 pages. 1976.

Vol. 558: B. Weisfeiler, On Construction and Identification of Graphs. XIV, 237 pages. 1976.

Vol. 559: J.-P. Caubet, Le Mouvement Brownien Relativiste. IX, 212 pages. 1976.

Vol. 560: Combinatorial Mathematics, IV, Proceedings 1975. Edited by L. R. A. Casse and W. D. Wallis. VII, 249 pages. 1976.

Vol. 561: Function Theoretic Methods for Partial Differential Equations. Darmstadt 1976. Proceedings. Edited by V. E. Meister, N. Weck and W. L. Wendland. XVIII, 520 pages. 1976.

Vol. 562: R. W. Goodman, Nilpotent Lie Groups: Structure and Applications to Analysis. X, 210 pages. 1976.

Vol. 563: Séminaire de Théorie du Potentiel. Paris, No. 2. Proceedings 1975–1976. Edited by F. Hirsch and G. Mokobodzki. VI, 292 pages. 1976.

Vol. 564: Ordinary and Partial Differential Equations, Dundee 1976. Proceedings. Edited by W. N. Everitt and B. D. Sleeman. XVIII, 551 pages. 1976.

Vol. 565: Turbulence and Navier Stokes Equations. Proceedings 1975. Edited by R. Temam. IX, 194 pages. 1976.

Vol. 566: Empirical Distributions and Processes. Oberwolfach 1976. Proceedings. Edited by P. Gaenssler and P. Révész. VII, 146 pages. 1976.

Vol. 567: Séminaire Bourbaki vol. 1975/76. Exposés 471–488. IV, 303 pages. 1977.

Vol. 568: R. E. Gaines and J. L. Mawhin, Coincidence Degree, and Nonlinear Differential Equations. V, 262 pages. 1977.

Vol. 569: Cohomologie Etale SGA 4½. Séminaire de Géométrie Algébrique du Bois-Marie. Edité par P. Deligne. V, 312 pages. 1977.

Vol. 570: Differential Geometrical Methods in Mathematical Physics, Bonn 1975. Proceedings. Edited by K. Bleuler and A. Reetz. VIII, 576 pages. 1977.

Vol. 571: Constructive Theory of Functions of Several Variables, Oberwolfach 1976. Proceedings. Edited by W. Schempp and K. Zeller. VI. 290 pages. 1977

Vol. 572: Sparse Matrix Techniques, Copenhagen 1976. Edited by V. A. Barker. V, 184 pages. 1977.

Vol. 573: Group Theory, Canberra 1975. Proceedings. Edited by R. A. Bryce, J. Cossey and M. F. Newman. VII, 146 pages. 1977.

Vol. 574: J. Moldestad, Computations in Higher Types. IV, 203 pages. 1977.

Vol. 575: K-Theory and Operator Algebras, Athens, Georgia 1975. Edited by B. B. Morrel and I. M. Singer. VI, 191 pages. 1977.

Vol. 576: V. S. Varadarajan, Harmonic Analysis on Real Reductive Groups. VI, 521 pages. 1977.

Vol. 577: J. P. May, E_∞ Ring Spaces and E_∞ Ring Spectra. IV, 268 pages. 1977.

Vol. 578: Séminaire Pierre Lelong (Analyse) Année 1975/76. Edité par P. Lelong. VI, 327 pages. 1977.

Vol. 579: Combinatoire et Représentation du Groupe Symétrique, Strasbourg 1976. Proceedings 1976. Edité par D. Foata. IV, 339 pages. 1977.

Vol. 580: C. Castaing and M. Valadier, Convex Analysis and Measurable Multifunctions. VIII, 278 pages. 1977.

Vol. 581: Séminaire de Probabilités XI, Université de Strasbourg. Proceedings 1975/1976. Edité par C. Dellacherie, P. A. Meyer et M. Weil. VI, 574 pages. 1977.

Vol. 582: J. M. G. Fell, Induced Representations and Banach *-Algebraic Bundles. IV, 349 pages. 1977.

Vol. 583: W. Hirsch, C. C. Pugh and M. Shub, Invariant Manifolds. IV, 149 pages. 1977.

Vol. 584: C. Brezinski, Accélération de la Convergence en Analyse Numérique. IV, 313 pages. 1977.

Vol. 585: T. A. Springer, Invariant Theory. VI, 112 pages. 1977.

Vol. 586: Séminaire d'Algèbre Paul Dubreil, Paris 1975–1976 (29ème Année). Edited by M. P. Malliavin. VI, 188 pages. 1977.

Vol. 587: Non-Commutative Harmonic Analysis. Proceedings 1976. Edited by J. Carmona and M. Vergne. IV, 240 pages. 1977.

Vol. 588: P. Molino, Théorie des G-Structures: Le Problème d'Equivalence. VI, 163 pages. 1977.

Vol. 589: Cohomologie l-adique et Fonctions L. Séminaire de Géométrie Algébrique du Bois-Marie 1965–66, SGA 5. Edité par L. Illusie. XII, 484 pages. 1977.

Vol. 590: H. Matsumoto, Analyse Harmonique dans les Systèmes de Tits Bornologiques de Type Affine. IV, 219 pages. 1977.

Vol. 591: G. A. Anderson, Surgery with Coefficients. VIII, 157 pages. 1977.

Vol. 592: D. Voigt, Induzierte Darstellungen in der Theorie der endlichen, algebraischen Gruppen. V, 413 Seiten. 1977.

Vol. 593: K. Barbey and H. König, Abstract Analytic Function Theory and Hardy Algebras. VIII, 260 pages. 1977.

Vol. 594: Singular Perturbations and Boundary Layer Theory, Lyon 1976. Edited by C. M. Brauner, B. Gay, and J. Mathieu. VIII, 539 pages. 1977.

Vol. 595: W. Hazod, Stetige Faltungshalbgruppen von Wahrscheinlichkeitsmaßen und erzeugende Distributionen. XIII, 157 Seiten. 1977.

Vol. 596: K. Deimling, Ordinary Differential Equations in Banach Spaces. VI, 137 pages. 1977.

Vol. 597: Geometry and Topology, Rio de Janeiro, July 1976. Proceedings. Edited by J. Palis and M. do Carmo. VI, 866 pages. 1977.

Vol. 598: J. Hoffmann-Jørgensen, T. M. Liggett et J. Neveu, Ecole d'Eté de Probabilités de Saint-Flour VI – 1976. Edité par P.-L. Hennequin. XII, 447 pages. 1977.

Vol. 599: Complex Analysis, Kentucky 1976. Proceedings. Edited by J. D. Buckholtz and T. J. Suffridge. X, 159 pages. 1977.

Vol. 600: W. Stoll, Value Distribution on Parabolic Spaces. VIII, 216 pages. 1977.

Vol. 601: Modular Functions of one Variable V, Bonn 1976. Proceedings. Edited by J.-P. Serre and D. B. Zagier. VI, 294 pages. 1977.

Vol. 602: J. P. Brezin, Harmonic Analysis on Compact Solvmanifolds. VIII, 179 pages. 1977.

Vol. 603: B. Moishezon, Complex Surfaces and Connected Sums of Complex Projective Planes. IV, 234 pages. 1977.

Vol. 604: Banach Spaces of Analytic Functions, Kent, Ohio 1976. Proceedings. Edited by J. Baker, C. Cleaver and Joseph Diestel. VI, 141 pages. 1977.

Vol. 605: Sario et al., Classification Theory of Riemannian Manifolds. XX, 498 pages. 1977.

Vol. 606: Mathematical Aspects of Finite Element Methods. Proceedings 1975. Edited by I. Galligani and E. Magenes. VI, 362 pages. 1977.

Vol. 607: M. Métivier, Reelle und Vektorwertige Quasimartingale und die Theorie der Stochastischen Integration. X, 310 Seiten. 1977.

Vol. 608: Bigard et al., Groupes et Anneaux Réticulés. XIV, 334 pages. 1977.

Vol. 609: General Topology and Its Relations to Modern Analysis and Algebra IV. Proceedings 1976. Edited by J. Novák. XVIII, 22[illegible] pages. 1977.

Vol. 610: G. Jensen, Higher Order Contact of Submanifolds [illegible] Homogeneous Spaces. XII, 154 pages. 1977.

Vol. 611: M. Makkai and G. E. Reyes, First Order Categorical Logi[c] VIII, 301 pages. 1977.

Vol. 612: E. M. Kleinberg, Infinitary Combinatorics and the Axiom [of] Determinateness. VIII, 150 pages. 1977.

Vol. 613: E. Behrends et al., L^p-Structure in Real Banach Space[s] X, 108 pages. 1977.

Vol. 614: H. Yanagihara, Theory of Hopf Algebras Attached to Grou[p] Schemes. VIII, 308 pages. 1977.

Vol. 615: Turbulence Seminar, Proceedings 1976/77. Edited [by] P. Bernard and T. Ratiu. VI, 155 pages. 1977.

Vol. 616: Abelian Group Theory, 2nd New Mexico State Universi[ty] Conference, 1976. Proceedings. Edited by D. Arnold, R. Hunter an[d] E. Walker. X, 423 pages. 1977.

Vol. 617: K. J. Devlin, The Axiom of Constructibility: A Guide for th[e] Mathematician. VIII, 96 pages. 1977.

Vol. 618: I. I. Hirschman, Jr. and D. E. Hughes, Extreme Eigen Value[s] of Toeplitz Operators. VI, 145 pages. 1977.

Vol. 619: Set Theory and Hierarchy Theory V, Bierutowice 197[6] Edited by A. Lachlan, M. Srebrny, and A. Zarach. VIII, 358 page[s] 1977.

Vol. 620: H. Popp, Moduli Theory and Classification Theory [of] Algebraic Varieties. VIII, 189 pages. 1977.

Vol. 621: Kauffman et al., The Deficiency Index Problem. VI, 112 page[s] 1977.

Vol. 622: Combinatorial Mathematics V, Melbourne 1976. Procee[d]ings. Edited by C. Little. VIII, 213 pages. 1977.

Vol. 623: I. Erdelyi and R. Lange, Spectral Decompositions o[n] Banach Spaces. VIII, 122 pages. 1977.

Vol. 624: Y. Guivarc'h et al., Marches Aléatoires sur les Groupe[s] de Lie. VIII, 292 pages. 1977.

Vol. 625: J. P. Alexander et al., Odd Order Group Actions and W[itt] Classification of Innerproducts. IV, 202 pages. 1977.

Vol. 626: Number Theory Day, New York 1976. Proceedings. Edit[ed] by M. B. Nathanson. VI, 241 pages. 1977.

Vol. 627: Modular Functions of One Variable VI, Bonn 1976. Pr[o]ceedings. Edited by J.-P. Serre and D. B. Zagier. VI, 339 pages. 197[7].

Vol. 628: H. J. Baues, Obstruction Theory on the Homotopy Clas[si]fication of Maps. XII, 387 pages. 1977.

Vol. 629: W.A. Coppel, Dichotomies in Stability Theory. VI, 98 page[s] 1978.

Vol. 630: Numerical Analysis, Proceedings, Biennial Conferenc[e] Dundee 1977. Edited by G. A. Watson. XII, 199 pages. 1978.

Vol. 631: Numerical Treatment of Differential Equations. Proceedin[gs] 1976. Edited by R. Bulirsch, R. D. Grigorieff, and J. Schröder. [X,] 219 pages. 1978.

Vol. 632: J.-F. Boutot, Schéma de Picard Local. X, 165 pages. 197[8].

Vol. 633: N. R. Coleff and M. E. Herrera, Les Courants Résidue[ls] Associés à une Forme Méromorphe. X, 211 pages. 1978.

Vol. 634: H. Kurke et al., Die Approximationseigenschaft lokaler Ring[e.] IV, 204 Seiten. 1978.

Vol. 635: T. Y. Lam, Serre's Conjecture. XVI, 227 pages. 197[8].

Vol. 636: Journées de Statistique des Processus Stochastiques, Gr[e]noble 1977, Proceedings. Edité par Didier Dacunha-Castelle et B[er]nard Van Cutsem. VII, 202 pages. 1978.

Vol. 637: W. B. Jurkat, Meromorphe Differentialgleichungen. V[II,] 194 Seiten. 1978.

Vol. 638: P. Shanahan, The Atiyah-Singer Index Theorem, An Intr[o]duction. V, 224 pages. 1978.

Vol. 639: N. Adasch et al., Topological Vector Spaces. V, 125 page[s] 1978.